国家自然科学基金项目(41402124、41272155)资助
江苏省自然科学基金项目(BK20130177)资助
国家重点基础研究发展计划项目(2012CB214702)资助
江苏高校优势学科建设工程项目(PAPD)资助

四川盆地南部
下志留统龙马溪组页岩气成藏机理研究

Study on the Lower Silurian Longmaxi Formation Shale Gas Accumulation Mechanism in the Southern Sichuan Basin

陈尚斌　朱炎铭　著

科学出版社
北　京

内 容 简 介

本书以四川盆地南部下志留统龙马溪组富有机质页岩段为研究对象，采用野外调查、实验测试和理论研究等方法，以页岩气成藏机理为核心科学问题，基于对页岩有效厚度、埋藏深度、有机质丰度、成熟度、吸附含气性、岩石脆度、孔隙度和构造改造强度等页岩气成藏的关键要素分析，研究页岩储层的微观孔裂隙系统，探讨页岩气赋存的吸附态、游离态和溶解态等赋存机理，论述构造演化史-沉积埋藏史-烃源岩熟化史等配置关系，从页岩气系统角度揭示龙马溪组页岩气的成藏机理，以期发展中国页岩气成藏理论，提供有利区带预测和勘探开发部署依据。

本书可为四川盆地南部页岩气勘探开发提供依据，也可供页岩气及相关地质工作者、教学科研人员及高校学生参考使用。

图书在版编目（CIP）数据

四川盆地南部下志留统龙马溪组页岩气成藏机理研究/陈尚斌，朱炎铭著. —北京：科学出版社，2019.10

ISBN 978-7-03-062427-7

Ⅰ. ①四… Ⅱ. ①陈… ②朱… Ⅲ. ①四川盆地-早志留世-油气藏形成-研究 Ⅳ. ①P618.130.2

中国版本图书馆 CIP 数据核字（2019）第 214219 号

责任编辑：胡 凯 沈 旭/责任校对：杨聪敏

责任印制：张 伟/封面设计：许 瑞

科 学 出 版 社 出版

北京东黄城根北街 16 号

邮政编码：100717

http://www.sciencep.com

北京九州迅驰传媒文化有限公司 印刷

科学出版社发行 各地新华书店经销

*

2019 年 10 月第 一 版 开本：720×1000 1/16

2020 年 1 月第二次印刷 印张：12 3/4

字数：258 000

定价：99.00 元

（如有印装质量问题，我社负责调换）

前　言

中国南方海相地层发育区具有优越的页岩气成藏地质条件和丰富的页岩气资源，是我国油气资源的重要战略接替新领域。作者 2010 年指出（陈尚斌等，2010），在未来一个较长时期，页岩气资源评价理论与方法将是研究的主要方向，地质基础研究工作必受重视，勘探试井及与之相关的产能模拟、压裂等增产开发措施研究也会逐步展开。基于地质条件、成藏要素及油气产区特殊条件的综合分析，预测四川盆地南部地区下志留统龙马溪组会首先取得突破性进展。作者坚信，在一系列举措下，中国页岩气产业将迅速发展，会较早结束探索阶段而逐步向商业化方向发展。该文发表后不久，位于川南威远的中国首口页岩气井——威 201 井成功投产，龙马溪组产气层日产气量 2000m^3，正式拉开我国页岩气开发序幕。之后，涪陵页岩气的发现与开发，标志着我国页岩气加速迈进商业化发展阶段。中国已成为继美国和加拿大之后第三个页岩气商业性开发国家。

近年来，作者依托中国石油勘探开发研究院廊坊分院科技项目“四川盆地南部页岩气地质综合评价”、国家重点基础研究发展计划（973 计划）课题“页岩微孔缝结构与页岩气赋存富集研究”（2012CB214702）及国家自然科学基金（41402124、41272155）等科研项目，以四川盆地南部下志留统龙马溪组（下段）富有机质页岩段为研究对象，采用野外调查-实验测试-模拟-理论研究系统方法，以页岩气成藏机理为核心科学问题，基于对页岩有效厚度、埋藏深度、有机质丰度、成熟度、吸附含气性、岩石脆度、孔隙度和构造改造强度等页岩气成藏的关键要素分析，从沉积环境及其控制下的储层特征研究入手，着重研究页岩储层的微观孔裂隙系统，探讨页岩气赋存的吸附态、游离态和溶解态等赋存机理；从构造演化角度，深入研究构造演化史-沉积埋藏史-烃源岩熟化史等配置关系，进而从页岩气系统“源岩-储层-盖层”组合角度，揭示龙马溪组页岩气的成藏机理；以期在发展适合中国地质条件的页岩气成藏理论与提供页岩气有利区带科学预测和勘探开发部署依据两方面有所创新。

本书着重反映这一时期取得的创新性认识：1）运用多种分析测试手段系统研究龙马溪组下段页岩孔隙结构特征，指出源-储孔裂隙系统主要由宏观裂缝、显微裂隙和微米-纳米级孔隙组成，认为纳米孔、微孔和超微孔控制了页岩气赋存空间；2）从“沉积环境-成岩演化-孔裂隙系统纳米级孔隙结构”角度研究页岩气赋存机理，揭示龙马溪组页岩气源岩-储层吸附含气性特征及源-储甲烷最大吸附量的影响因素；3）系统分析龙马溪组页岩气的多期成藏特点，构建基于“源-储一体”和

“沉积成岩-构造演化-成熟生烃-赋存转换”综合控制的龙马溪组页岩气成藏模式；4)综合研究龙马溪组下段成藏关键要素及其配置关系，优选四川盆地南部两个有利区块，在精细程度上优于前人成果。

当前我国页岩气勘探开发取得了很大的进展与突破，根据 2015 年国土资源部资源评价的结果，全国页岩气技术可采资源量 21.8 万亿 m^3，全国累计探明页岩气地质储量 5441 亿 m^3。近年来，页岩气产量也有大幅增加，2018 年全国页岩气产量超过 100 亿 m^3。尽管如此，页岩气发展仍然面临诸多瓶颈，尤其是页岩气地质基础理论、页岩气勘探评价技术、页岩气储层精细描述及“甜点区”识别技术等基础性问题尚待进一步研究和攻关。因此，选择在现在出版本书，仍然具有积极意义，可为页岩气资源评价和勘探开发提供依据，也为页岩气“十三五”规划的落实添砖加瓦。

全书共分七章，第一章简要回顾 2012 年之前国内外的页岩气勘探开发进展，并就成藏机理现状进行综述；第二章对研究区四川盆地南部的地质背景进行介绍；第三章着重分析研究区沉积环境及其控制下的页岩气源岩-储层发育特征，包括有机地化特征；第四章主要从矿物与岩石物理学特征、储层孔裂隙系统及含气性特征等方面分析页岩气储层特征；第五章阐述了页岩气赋存机理，重点分析纳米级孔隙结构对页岩气赋存的控制；第六章综合页岩气系统与组合特征、关键成藏要素及配置、沉积埋藏史-成熟演化史-生烃作用史阐释页岩气成藏机理和成藏模式，并优选有利区；第七章对本书的内容进行总结。

与本书相关的研究工作得到了中国石油勘探开发研究院廊坊分院新能源所王红岩所长和刘洪林副所长等研究员的支持。中国石油大学(华东)陈世悦教授，南京大学季俊峰教授，中国地质大学(北京)唐书恒教授，中国矿业大学秦勇教授、姜波教授、郭英海教授、韦重韬教授、傅雪海教授、李壮福副教授和张井老师为本书提供了宝贵建议，方俊华、李伍、王阳、付常青、胡琳、陈洁、罗跃等在野外调查、实验测试与图件绘制等方面给予了协助和帮助。本书出版之际，向以上给予帮助的单位和个人表示诚挚的感谢！

本书力求内容丰富、图文并茂、论述有序，期望所呈现的成果和认识既能丰富页岩气地质学相关理论，又能推动我国页岩气的勘探开发，对促进我国页岩气勘探开发进程产生积极影响。

因作者的研究水平及编著经验有限，在四川盆地南部页岩气的认识、分析和总结以及书稿的编著上必然存在不足之处，恳请广大读者批评指正。

作　者

2019 年 1 月

目　录

第一章　绪　　论

第一节　现代页岩气的概念及其研究意义

鉴于现代意义的页岩气概念与传统意义上的泥页岩裂缝油气藏概念容易混淆，有必要对其概念进行界定。页岩气(shale gas)定义为主体富集于(富有机质)暗色泥页岩或高碳质泥页岩中，以吸附和游离状态为主要赋存形式的天然气(Curtis，2002；Montgomery et al.，2005；Chalmers and Bustin，2007a；Jarvie et al.，2007；张金川等，2008a)。需要说明：第一，页岩气属于典型的自生自储型天然气，其源岩和储层一体并包含了多种岩石类型——页岩、泥岩、粉砂质泥岩、泥质粉砂岩、夹层状粉砂岩、粉砂岩，甚至砂岩等细粒碎屑沉积岩层，而非单纯的页岩；第二，页岩气吸附于有机质与矿物颗粒表面，游离于泥页岩孔隙和裂隙中，并以这两种相态为主要赋存形式，但还包含其他多种可能的赋存形式，如少量以溶解态存在于干酪根、沥青、液态原油和残留水等溶剂中，甚至可能以固溶态形式存在等。

本书研究的页岩气为现代概念的页岩气，并非传统泥页岩裂缝油气概念。尽管传统的泥页岩裂隙气、泥页岩裂缝油气藏、裂缝性油气藏等与现代概念的页岩气有相似性，但传统的泥页岩裂缝油气是指赋存于泥页岩裂缝中的油气，没有考虑吸附作用机理和天然气的自生(原生)属性，主要理解为聚集于泥页岩裂缝中的游离相油气，与现代页岩气有很大区别(张金川等，2008a)(表 1-1)。

表 1-1　现代页岩气与传统泥页岩裂缝油气特征比较表[据张金川等(2008a)修改]

特征	现代典型页岩气	传统泥页岩裂缝油气
赋存相态	游离态+吸附态+其他相态	游离态
赋存介质	泥页岩及其砂岩(砂质岩)夹层中的裂缝、孔隙、有机质等	泥岩或页岩裂缝
生烃能力	生气能力强	有或无
烃产物	以气为主	通常以油的发现为主
天然气成因	生物成因、热成因及两者混合成因	热成因
成藏特点	原地聚集(或存在极短距离就近运移)	原地、就近或异地聚集
保存特点	抗构造破坏性较强	需要良好的封闭和保存条件
生产特点	采收率较低，生产周期长	采收率高，产量递减快，生产周期短

页岩气是一种非常规油气资源，据预测，全球页岩气资源量为 $456.2\times10^{12}m^3$，与煤层气及致密砂岩气之和相当，约占全球非常规天然气资源量的50%；主要分布在北美、中亚和中国、中东和北非、拉丁美洲、俄罗斯等地区，其中北美页岩气资源为 $108.7\times10^{12}m^3$，中亚和中国页岩气资源为 $99.8\times10^{12}m^3$，位居第二位(World Energy Council，2010)。美国成功开发页岩气，给美国的天然气领域带来了一场变革。美国2010年页岩气年产量为 $1359\times10^8m^3$(EIA，2012)，且产量持续增长，在美国干气产量中的比重也在逐步增加，特别是在2005年以后有了较大幅度增长，2008年、2009年和2010年页岩气产量占美国总干气产量的9%、14%和23%(EIA，2012)，很大程度上弥补了其他天然气产量的衰减，满足了消费的增长。这种巨大的商业利益及其对于保障能源安全与缓解能源短缺的意义，使得世界悄然兴起了页岩气研究的热潮。随着国民经济的快速发展，现阶段能源需求日益增强，减排限制趋于严格，油气供应缺口越来越大。尽管我国天然气产量大幅度提高，但随着需求量加大，对外依存度不断增加，2010年对外依存度达10%左右，导致我国的能源安全问题十分严峻，寻找我国油气资源的后备储量是国家当务之急。如果页岩气的勘探和开发能获突破，会对我国能源供需和结构等方面做出重要贡献。我国不同时代页岩广泛发育，初步评估表明我国页岩气资源十分丰富，页岩气可采资源量约占世界总量的20%(EIA，2011)；另据国土资源部油气资源战略研究中心2011年评估结果（董大忠等，2016），中国陆域可采资源量达 $25\times10^{12}m^3$，与美国相当。尽管我国页岩气研究和勘探起步较晚，尚处于初期阶段(张金川等，2008b；陈尚斌等，2010)，但已经明显加快了对页岩气的研究、勘探及开发进程(潘继平，2009；李建忠等，2009；潘仁芳等，2009)。

我国南方海相地层发育区具有优越的页岩气成藏地质条件和丰富的页岩气资源，有望成为我国油气资源的重要战略接替新领域，特别是将四川盆地南部地区(川南)的威远、泸州(或泸州—自贡—永川，或泸州—宜宾—自贡)龙马溪组作为未来勘探开发首选区及层位更为可行(陈尚斌等，2010)。中国对页岩气成藏机理未开展系统全面的研究工作，也影响了页岩气有利区带的科学预测和勘探开发的战略部署，因此，本书选取四川盆地南部下志留统龙马溪组作为研究对象，以成藏机理为立足点展开研究，富有理论和现实双重意义。

第二节　页岩气成藏机理研究概况

一、国外页岩气勘探开发概述

全球页岩气资源丰富，资源量 $456.23\times10^{12}m^3$，主要分布在北美、中亚和中国、拉丁美洲、俄罗斯、中东与北非等地区(Rogner，1997；Kawata and Fujita，2001；

EIA，2012)(图 1-1)。美国能源信息署(Energy Information Adminstration，EIA)提供的资料认为，全球页岩气技术可采资源量达 $187.5\times10^{12}m^3$，主要分布在中国、美国、阿根廷、墨西哥、南非、澳大利亚和加拿大等国家。

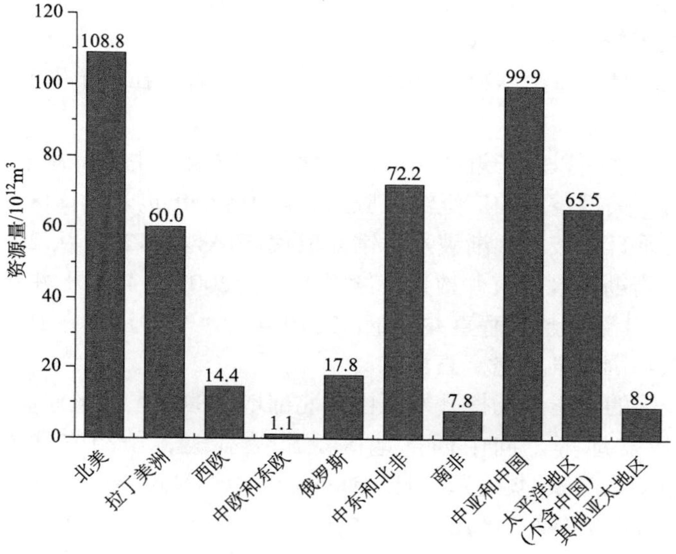

图 1-1 世界主要地区或国家页岩气资源量(EIA，2012)

但截至目前，美国是世界上页岩气商业开发最成功的国家，密歇根(Michigan)盆地 Antrim 页岩、阿巴拉契亚(Appalachian)盆地 Ohio 页岩、伊利诺伊(Illinois)盆地 New Albany 页岩、沃思堡(Fort Worth)盆地 Barnett 页岩和圣胡安(San Juan)盆地 Lewis 页岩这 5 个主要盆地页岩气商业开采活动正在稳步进行，其他区域也在大力发展。美国有潜力的盆地有 50 多个，目前已勘探盆地有 40 多个，已完钻页岩气井 5 万多口，有 60 多家企业参与页岩气开发，可采资源量 $(15\sim30)\times10^{12}m^3$。

美国的页岩气开采始于 1821 年，以纽约 Chautauga 县泥盆系 Dunkirk 页岩中第一口页岩气井成功完井为标志。此后，相继在宾夕法尼亚、俄亥俄等州钻探了一些浅井；之后，页岩气的开发沿 Erie 湖南岸向西扩展，于 19 世纪 70 年代延伸到俄亥俄州东北部。到 20 世纪 20 年代，页岩气的钻探工作已推进到西弗吉尼亚州、肯塔基州和印第安纳州。这是美国页岩气发展的第一个阶段。1921～1975 年是美国页岩气发展的第二个阶段，即从发现到工业化大规模生产的发展过程。20 世纪 90 年代以来，美国页岩气工业进入快速发展阶段，页岩气产量大幅度提高。密歇根盆地 Antrim 页岩和沃思堡盆地的 Barnett 页岩是页岩气勘探开发最活跃的页岩层系。1998年借鉴密歇根盆地Antrim裂缝型页岩气藏8年成功的勘探开发经验，美国发展和勘探开发伊利诺伊盆地New Albany页岩。由于重视和加强了页岩气的成藏机理和增产措施的研究，页岩气产量大幅度增加。20世纪90年代以来，页岩气产量稳步上升，尤其从2000年到2010年页岩气的产量增加了将近10倍，包括很多较早时期开发的页岩气井在内，产量都在稳步升高。尽管美国近十年天然气总产量维持在$5200\times10^8m^3$上下，但页岩气在整个天然气中所占的比例在逐年增加。

美国页岩气之所以能在近些年取得如此大的发展，主要得益于水平钻井与水力压裂两大增产关键技术的广泛深入应用。以Barnett页岩勘探区为例，从1997年起，传统的垂直井技术逐渐被水平钻井取代(EIA，2012)。从20世纪90年代起，Barnett页岩勘探区垂直井数量持续增加，从2003年起水平井数量迅速增加，到2007年水平井数量超过垂直井数量，2010年，水平井已经占Barnett页岩区块生产井的70%，因而其产量一直增加。

目前，美国的页岩气勘探开发正由东北部地区的阿巴拉契亚盆地、密歇根盆地、伊利诺伊盆地等，向中西部地区沃思堡盆地、圣胡安盆地及威利斯顿(Williston)盆地(Bakken页岩)、丹佛(Denver)盆地(Niobrara白垩系页岩)、阿纳达科(Anadarko)盆地(Woodford页岩)扩展，勘探广度上进一步拓展，并逐渐形成了区域性页岩气勘探开发局面。同时，美国在勘探深度上越来越深，盆地深层是拓展页岩气的新领域，如埋藏深度为3048～4115m的墨西哥湾Haynesville深层页岩气藏目前已步入勘探开发阶段(张焕芝和何艳青，2010)，其技术可采资源量为$7.1\times10^{12}m$，占美国页岩气总资源量的25.4%(Bowker，2007)。

尽管美国页岩气勘探开发已历经百余年，但大规模开发始于20世纪80年代，2000年以来美国页岩气产量进入快速增长时期，且随着技术进步、气价上涨和开采成本的降低，页岩气的产量将会逐渐提高。EIA根据1990～1999年美国天然气年产量(包括常规天然气、致密砂岩气、煤层气、页岩气)的增加趋势，结合各种天然气资源的分布特征和勘探开发技术进展情况，预测了2000～2035年美国天然气的年产量趋势，预计页岩气产量在美国天然气总量中的比重还将增加，很大程度上将弥补其他天然气产量的衰减，满足消费的增长。目前，尽管美国已经取得了骄人的开发成就，但依旧向研究与勘探的广度和深度、开发的高效度三位一体进一步发展，引领着页岩气勘探开发的方向。

美国页岩气商业开发的成功，促进了其他国家和地区页岩气的研究与勘探开发，加拿大、澳大利亚、新西兰、欧洲及中国都加大了页岩气的研究和资源评价勘探力度，其中加拿大D_2 Muskwa/Otter Park页岩，中国筇竹寺组$Є_1q$、龙马溪组S_1l和自流井组J_3z页岩，瑞典Alum页岩，波兰Silurian页岩，奥地利Mikulov页岩的勘探已有明显进展。

美国成功的页岩气勘探经验、丰富的资源量及能源需求的不断上涨是推动加拿大页岩气发展的主要动力。加拿大也是继美国之后，较早发现页岩气可观经济资源，并经历了资源评价、钻井评价、先导试验和试采等历程，进入商业开发初期阶段的国家。

加拿大页岩气资源分布广、层位多，预测页岩气资源量超过 $42.5\times10^{12}m^3$ (Dawson，2008)，主要分布在不列颠哥伦比亚(British Columbia)和艾伯塔(Alberta)地区的下白垩统、侏罗系、三叠系和泥盆系，尤其泥盆系 Muskwa 页岩，与美国 Barnett 页岩的埋藏深度相当，但厚度更大，渗透率更好，地质构造更简单且不含水(Shirley，2002)，估计页岩气资源量为 $1.98\times10^{12}m^3$，约为 Barnett 页岩的 2.5 倍。该地区有望成为北美洲最大的储气盆地。

当前，加拿大页岩气(包括煤层气)勘探研究主要集中在加拿大西部沉积盆地，横穿萨斯喀彻温省(Saskatchewan)的近 3/4、艾伯塔省(Alberta)的全部和不列颠哥伦比亚省(British Columbia)东北角的巨大的条带。此外，威利斯顿盆地也作为潜在的气源盆地，其白垩系、侏罗系、三叠系和泥盆系的页岩被确定为潜在气源层位。加拿大西部沉积盆地的页岩气开发还处于初期阶段，但是对页岩气的研究已经在很多地区和地层范围开展起来。目前，Montney 地区达到了商业开发阶段，Horn River 盆地部分处于先导试验阶段，部分处于先导钻探阶段。2009 年，加拿大页岩气产量达到 $72\times10^8m^3$，全部产于 Montney 和 Horn River 两个页岩气区带。据先进资源国际公司(Advanced Resources International, Inc.)预测，加拿大页岩气产量到 2020 年将超过 $625\times10^8m^3$ (Kuuskraa，2009)，在不久的将来页岩气资源将成为加拿大西部盆地重要的勘探目标之一。

欧洲也广泛发育不同时代的页岩。与北美相比，欧洲地质背景更复杂，区域分割性强。目前，欧洲主要开展页岩气资源潜力评估(Hartwig and Schulz，2010；Hartwig et al.，2010)，同时有多家公司在布井勘探。中国地质图书馆王淑玲等(2012)根据美国能源信息署(EIA)、美国国会研究机构(CRS)、美国加利福尼亚州能源委员会(CEC)等近年发布的关于页岩气状况的 4 份报告与“俄罗斯页岩烃的潜力评价”，编译了《国外页岩气资源及勘查开发现状》地学情报专辑，该资料翔实地整理了世界 14 个地理区域、34 个国家、97 个页岩气储层(或区块)的页岩气资源及勘查开发现状，内容很全面，因此本书不再赘述。

二、中国页岩气发展概述

从 20 世纪 60 年代开始，中国在常规油气勘探开发中已发现诸如四川盆地川中、川西南，松辽盆地古龙凹陷，渤海湾盆地辽河拗陷、济阳拗陷、临清拗陷，柴达木盆地茫崖拗陷、柴北缘，江汉盆地潜江拗陷，酒泉盆地青西油田、花海凹陷等区域内丰富的工业性泥页岩裂缝油气藏，并在西部(吐哈盆地、柴达木盆地、酒西盆地等)、中部(鄂尔多斯盆地、四川盆地、南襄盆地和江汉盆地)及东部(松辽盆地、渤海湾盆地和苏北盆地)等地开发了泥页岩裂缝中的石油和天然气(闫存章等,2009)。其中,1966 年在四川盆地威远构造上钻探的威 5 井,在寒武系筇竹寺组页岩中获得了日产气 $2.46\times10^4m^3$。这实际上是本章第一节中所述传统的泥页岩油气藏的范畴,均属于常规机理聚集的油气。而如果严格区分传统的泥页岩油气藏和现代页岩气概念的话,中国页岩气的研究和勘探工作尚处于初期阶段(张金川等,2008b;陈尚斌等,2010)。

作者(陈尚斌等,2010)借助维普中文科技期刊全文数据库,对1990～2009 年我国页岩气论文进行了系统检索,归纳论文在时间等方面的分布特征,并据此提出我国页岩气的研究尚处于起步探索阶段,且以 2004 年出现地质勘探类文献为界分为两个阶段。第一阶段是引入介绍国外页岩气基础理论及勘探开发实践阶段。主要是国内部分学者和科研机构早期敏锐地跟踪国外研究状况,并翻译评述,对我国页岩气勘探开发起步工作产生了重要的启发作用。第二阶段是逐步进入以寻找“证据”、框定资源、选择区域和验证目标为主的探索阶段。在页岩气地质研究上表现为寻证,在勘探上表现为找气,在开发试验上表现为摸索,总体上试图通过引进和消化国外相关理论与技术来解决中国的页岩气地质问题。今后一个相当长的时期,必然是一个积累页岩气地质基本信息,对全国页岩气资源及其分布规律、页岩气储层特性等一些页岩气地质核心问题展开大量工作和深入研究的阶段,并逐步开展适合于中国页岩气地质特点和开发技术的试验与探索,并从区域上开始对全国或区域页岩气产业发展战略展开思考。

可以说,21 世纪以来,中国页岩气从学术领域追踪、机理研究和资源潜力分析,到相关企业的大力呼吁跟进,再到政府的积极介入和科技投入,页岩气的研究、勘探开发迅速发展,从无到有,并主要在以下方面取得了阶段性成果。

(一)广泛达成对中国页岩气资源前景和开展页岩气研究必要性的共识

基于我国的不同地区和层位,对页岩气地质资源量进行了概略评估(唐嘉贵等,2008;张金川等,2008a;王红岩等,2009;李建忠等,2009;董大忠等,2009,2011;王社教等,2009;邹才能等,2010b;刘洪林等,2010;张大伟,2011;EIA,2011),普遍认为中国页岩气资源十分丰富,页岩气地质资源量介于 30×10^{12}～$166\times10^{12}m^3$,技术可采资源量 7×10^{12}～$100\times10^{12}m^3$(表 1-2),勘探和开发意义重大;根据张金川等(2009)、刘洪林等(2010)及国土资源部油气资源战略研究中心的最新评估(董大忠等,2016)对中国主要盆地和地区的页岩气资源量进行的初步估算,页岩气可采资源量分别约为 $26\times10^{12}m^3$、$30.7\times10^{12}m^3$ 和 $25\times10^{12}m^3$,均与美国的 $28.3\times10^{12}m^3$ 大致相当。现阶段能源需求日益增加,减排限制趋于严格，页岩气的研究和勘探应尽早深入开展，因此达成了对中国页岩气资源前景和深入开展页岩气研究必要性的广泛共识。

表 1-2　中国主要盆地和地区页岩气资源量初步评价结果

评价作者及机构	可采资源量/$10^{12}m^3$	
	区间值	均值/中值/期望值
Rogner，1997	100	
Kawata 和 Fujita，2001	99.9	(中亚和中国)
Curtis，2002；美国科罗拉多矿业大学	15～30	(中国主要地区)
张金川等，2009；中国地质大学(北京)		29
董大忠等，2009；中国石油勘探开发研究院	15～32	20
李建忠等，2009；中国石油勘探开发研究院	15.1～33.7	24.5
邹才能等，2010b；中国石油勘探开发研究院	10～15	
刘洪林等，2010；中国石油勘探开发研究院廊坊分院	21.4～45	30.7
张金川等，2010；中国地质大学(北京)	15～30	26.5
董大忠等，2011；中国石油勘探开发研究院	12～18	15
赵文智等，2012；中国石油勘探与生产分公司	7～10	
董大忠等，2016；国土资源部油气资源战略研究中心		25(陆域)
EIA，2011；美国能源信息署(EIA)		36.1(仅四川、塔里木盆地)

(二)重点推进针对中国地质特征的页岩气成藏机理研究

对于我国页岩气地质条件和成藏机理的研究，始于对美国页岩气基础理论及勘探开发实践技术的介绍。之后，主要依据美国五套页岩烃源岩、储层及页岩气等特征(Curtis，2002)与我国地质条件的对比分析，研究页岩气的成藏机理(张金川等，2004；李新景等，2007，2009；张林晔等，2009；陈尚斌等，2011a)、成藏条件(蒲泊伶等，2008；张雪芬等，2010；陈尚斌等，2011a)及主要成藏要素(张利萍和潘仁芳，2009)，为选区评估和资源量估算等工作奠定了较好的基础；也进行了与常规天然气、致密砂岩气、深盆气、根缘气等气藏类型的成藏特征及机理对比研究(张金川等，2004；薛会等，2006；孙超等，2007；徐波等，2009；王湘玉，2009；褚会丽等，2010)；与此同时，许多学者逐步开展针对中国地质特征的页岩气成藏机理的研究工作(陈更生等，2009；聂海宽等，2009；张金川等，2009；朱炎铭等，2010)，并取得了对成藏机理的基本认识；着力推进针对中国地质特征的页岩气成藏机理研究。

(三)基本确定初期阶段我国页岩气研究和勘探的区域和方向

从平面盆地分布看，四川盆地、鄂尔多斯盆地、渤海湾盆地和准噶尔盆地等具有较好的页岩气资源勘探前景；从垂向地层看，南北两分特点明显，南方为海相页岩而北方为湖相页岩，南方以古生界为主而北方以中生界和新生界为主，均具有页岩气成藏的基本地质条件和可能性。南方古生界发育 Z_3d 页岩、$Є_1$ 页岩($Є_1q$ 为主，与之相当的还有川黔鄂地区的$Є_1n$ 或$Є_1s$、苏浙皖地区的$Є_1h$、$Є_1l$ 等)、O_3f 页岩、S_1l 页岩等多套海相黑色硅质页岩建造，且早期常规油气勘探时上述海相页岩地层中许多地方已发现气藏或见到良好气显示。北方中生代发育的众多陆相湖盆，如松辽盆地 K_1q 黑色泥岩，渤海湾盆地 E_s^3 底部泥页岩，鄂尔多斯盆地 T_3y 张家滩、李家畔页岩，准噶尔盆地 P_2l(芦草沟组)和 J_1b(八道湾组)、J_1x(西山窑组)等，泥页岩地层广泛发育，并已被勘探实践证实绝大部分为大型盆地中的优质烃源岩。大多数学者倾向于将南方中上扬子地区(四川盆地)作为当前阶段我国页岩气勘探开发研究的主要区域(张金川等，2004；唐嘉贵等，2008；张林晔等，2008；王红岩等，2009；程克明等，2009；李建忠等，2009；王兰生等，2009；董大忠等，2009；王世谦等，2009；陈更生等，2009；王社教等，2009；张金川等，2009)。

中国海相沉积广泛，陆上古生界海相沉积面积约 $280\times10^4km^2$，各主要层系均有良好的烃源岩，演化程度普遍很高。已发现与海相地层(包括有机质丰度高的泥质岩、泥质碳酸盐岩)相关的大中型气田主要分布在四川、鄂尔多斯、塔里木三大盆地。与北美稳定地台相比，我国南方海相盆地在海相层系中存在多套高有机丰度的暗色碎屑岩沉积，尤其是古生界的下寒武统、上奥陶统和下志留统泥页岩(刘若冰等，2006；腾格尔等，2006；梁狄刚等，2008，2009；王清晨等，2008；李玉喜等，2009)。因此中国南方古生界海相发育区具有优越的页岩气成藏地质条件和丰富的页岩气资源，中上扬子地区(四川盆地及其周缘)是目前勘探的主要目标和方向(张金川等，2008c；唐嘉贵等，2008；王世谦等，2009；王社教等，2009；董大忠等，2009；王兰生等，2009；程克明等，2009；黄籍中，2009；朱炎铭等，2010；聂海宽和张金川，2010；蒲泊伶等，2010)。

(四)全面实施老井复查、勘探区块试验研究和勘探实践工作

页岩气研究初期，老井复查是开展的重点工作之一。经过初步统计分析，四川盆地南部研究区钻遇下古生界的钻井有威 5、威 9、威 18、威 22、威 28、阳深 1、阳深 2、宫深 1、付深 1、阳 63、阳 9、自深 1、盘 1、太 15、临 7、桐 18、东深 1 和隆 32 等井。经查，四川盆地威远地区的威 5、威 9、威 18、威 22 和威 28 等井下寒武统泥页岩均见气浸井涌和井喷，大量气测异常。阳深 2、宫深 1、付深 1、阳 63、阳 9、太 15 和隆 32 共 7 口井在下志留统龙马溪组发现气测异常 20 处。

目前，我国页岩气勘探工作主要集中在四川盆地及其周缘、鄂尔多斯盆地和西北地区主要盆地。截至 2011 年年底，中石油在川南、滇北地区优选了威远、长宁、昭通和富顺—永川 4 个有利区块，完钻 11 口评价井，其中 4 口直井获得工业气流。中石化在黔东、皖南、川东北完钻 5 口评价井，其中 2 口井获得工业气流，优选了建南和黄平等有利区块。中海油在皖浙等地区开展了页岩气勘探前期工作。延长石油在陕西延安地区有 3 口井获得陆相页岩气发现。中联煤在山西沁水盆地提出了寿阳、沁源和晋城三个页岩气有利区。截至 2015 年年底，中国共有页岩气探矿权区块 54 个，面积约 $17\times10^4km^2$，20 余家国内外企业在 11 个省区 5 大沉积盆地(区)开展页岩气勘探开发(董大忠等，2013，2014；郭彤楼和张汉荣，2014；郭旭升，2014；王志刚，2015)，累计完成二维地震 2.2×10^4km、三维地震 $2134km^2$，钻井 800 余口，压裂试气 270 余口井获页岩气流，并在四川盆地发现五峰组—龙马溪组特大型页岩气区，涪陵、长宁、威远 3 大页岩气田累计探明页岩气地质储量 $5441.29\times10^8m^3$，探明可采储量 $1360.33\times10^8m^3$，为中国页岩气快速上产奠定了良好的资源基础。

(五)页岩气与煤层气共探共采等相关问题进一步开展讨论

秦勇等(2005)曾提出济阳拗陷内常规油气井的开采深度一般大于 2000m，深部含煤地层会一同被油气井贯穿，且深部也存在某些有利于煤层气开采的地质条件，可以考虑煤层气与常规油气间的共探共采问题。赵忠英等(2007)对辽河盆地东部凹陷深部煤层气成藏条件评价时认为能够实现煤层气与常规油气共采。页岩气作为非常规油气资源，其与煤层气在成藏机理等方面具有相似之处已成为共识(Jenkins and Boyer，2008；江怀友等，2008a)，但是将两者结合起来进行共同研究、勘探和开采的问题尚未展开研究和讨论。仅黄籍中(2009)对四川盆地的页岩气和煤层气勘探前景进行了分析；李玉喜等(2009)提出深入研究页岩气、煤层气和致密砂岩气等多种类型天然气的共生特点和叠置成藏规律，并开展多种共生天然气资源勘查，探索其经济有效的多层合采开发技术，是这类天然气资源有效开发利用的一个新课题。作者在分析页岩气和煤层气资源分布特点的基础上，提出页岩气和煤层气联合研究与开发的可行性(陈尚斌等，2011b)；并以扬子地区二叠系龙潭组及其上下部组合地层为研究对象，分析了页岩气和煤层气的资源分布特点，讨论了成藏地质条件及气藏聚集模式，依据龙潭组及其上下部地层组合的分布特征和埋深、页岩气和煤层气的资源潜力等条件，确定作为开展页岩气和煤层气联合研究与开发的优选区域(陈尚斌等，2011b)。以上内容对页岩气和煤层气共探共采问题的研究有一定积极意义。

三、页岩气成藏机理研究现状

页岩气储层是典型的烃源岩，同时是储层，属于连续性油气藏(Schmoker，1980；Curtis，2002)，也是具有源岩-储层-盖层的典型页岩气系统(Jarvie，2003；Loucks and Ruppel，2007)。关于页岩气成藏(赋存富集)机理的研究，不同的学者从不同的角度展开了较为深入的研究。

(一)初步的页岩气系统及其评价体系研究

页岩气尽管属于非常规天然气，但也属于油气系统的范畴。对于页岩气系统，大致可以从烃源岩、储层及开发三个角度来认识和评价。因此一般对于页岩气系统，从生气能力、储气能力和开发性能三个方面进行评价。其中，用体现烃源岩质量的有机质丰度(总有机碳含量)、有机质成熟度、页岩厚度与深度、生烃强度评价页岩气的生气能力；用控制游离气和吸附气的孔隙度、含气饱和度、有机质丰度(TOC)、成熟度(压力和温度)评价页岩气的储气能力；用影响岩石裂缝、渗透率与连通性等的裂缝系统及脆度(岩石矿物成分)等评价开发性能。具体地，有机碳含量高，一般情况下要求有机碳含量大于2%，最好在2.5%～3.0%或3.0%以上；热成熟度达到生气阶段以上；富有机质泥页岩有效厚度一般在15m以上(若TOC小于2%，则厚度要在30m以上)；石英等脆性矿物含量超过20%[指标：石英/(石英+碳酸盐岩+黏土)](Rogner，1997；Jarvie et al.，2007；Curtis et al.，2009)。当前，较为普遍地将页岩地层厚度、页岩矿物组成、有机质含量、成熟度、孔隙度、渗透率、含气饱和度及裂缝发育等综合条件作为评价页岩气的主要指标(Curtis，2002；Pollastro et al.，2003；Montgomery et al.，2005；Boyer et al.，2006)，但是各指标的侧重点有所不同，比如Zhao等(2007)认为最重要的地质因素包括成熟度、厚度和总有机碳含量；而Bowker(2007)则认为页岩矿物成分和原位天然气体积是最重要的因素。因此，页岩气系统评价中各要素的配置关系有待进一步研究。

(二)页岩气系统的成因研究

页岩气系统的成因研究是页岩气成藏机理研究中的重要部分。目前，将页岩气系统分为三种类型：热成因气、生物成因气和混合成因气，其中以热成因气和生物成因气(Claypool，1998)为主。对于生物成因页岩气，Martini等(2003)研究了密歇根盆地Antrim页岩，认为干气吸附于有机质。对于热成因页岩气系统，Jarvie等(2007)将其详细地划分为高成熟、低成熟等多种类型；并认为和热史一样，成熟度窗口依赖于源岩类型和有机质分解速率-动力学。页岩中热成因气的形成有三种途径：一是干酪根分解成气体和沥青；二是沥青分解成油和气体；三是油气分解成气体、高碳含量的焦炭或者沥青残余物(二次裂解)；其中后者主要取决于系统中油的残余量和储层的吸附作用，这两个因素使 Barnett 页岩气体具有较大的资源潜力(Jarvie，2003；Jarvie et al.，2005，2007)。Hill 等(2007)用热解模拟详细讨论了沃思堡盆地 Barnett 页岩气的生成，认为页岩气生成体积依赖于有机质成熟度、丰度和富含有机质地层的厚度，也和在运移过程中保存下来的石油数量相关；残余石油干酪根及页岩矿物大概是页岩气生成的一个关键因素。Pollastro 等(2007)的研究也表明，最初生成的石油和伴生气来源于干酪根的分解，而 Barnett 页岩的非伴生天然气是在更高成熟度下由石油和沥青的二次裂解形成。Jarvie 等(2007)进一步指出，美国页岩气存在多种成因类型，需要展开更多的页岩气成因研究。

(三)页岩气赋存形式与赋存空间的研究

页岩气的赋存方式是页岩气成藏核心。页岩气可能存在游离态、吸附态、溶解态(还可能存在固溶态)等多种赋存形式(Javadpour et al.，2007；Krishna，2009；Ambrose et al.，2010；Kang et al.，2011)。页岩气以吸附或游离状态为主要存在方式这一机理得到了很大程度的认可，却难以解释美国沃思堡盆地 Barnett 页岩惊人的高产页岩气系统(Jarvie et al.，2007)等的问题。Curtis(2002)和 Jarvie 等(2007)学者普遍认为，页岩气主要通过化学或物理作用吸附于有机质(也包括物理化学共同作用而吸附)或者存储(吸附或溶解)于有机质内；或游离于因有机质分解、其他成岩作用和构造运动所形成的裂缝中，并指出吸附作用是页岩气聚集的基本方式之一，吸附态页岩气是页岩气藏的主要组成部分，在很大程度上决定了页岩气的富集程度。但不同的页岩，各种相态所占的比例不同，也取决于页岩分析的层段(Jarvie et al.，2005；Hill et al.，2007)。国内学者张金川等(2008a)将页岩气概括为主体上以吸附和游离状态赋存于泥页岩地层中的天然气聚集，其中吸附作用是页岩气成藏的重要机理之一。吸附能力与解吸能力是确定页岩气资源潜力的重要因素。有机质丰度(总有机质含量)、干酪根类型、成熟度、矿物组成和孔隙结构都会影响有机质的吸附能力，而吸附能力又影响排烃效率(Manger et al.，1991；Ramos，2004；Ross and Bustin，2007a)。有机碳含量高、镜质组或者惰性组含量高、成熟度高一般都会增加页岩的吸附能力(Chalmers and Bustin，2007a)。有机质类型中，Ⅲ型干酪根比Ⅰ型和Ⅱ型干酪根有更高的甲烷气体吸附量，这可能与Ⅲ型干酪根的微孔体积更大有关(Chalmers and Bustin，2008a)。但对不同成熟度(尤其是很高成熟度)干酪根的显微孔隙结构特征以及变化的影响因素需要进一步的研究。对于阿巴拉契亚盆地，Schettler 和 Parmely(1990)认为页岩吸附气体的能力主要与伊利石有关，干酪根的吸附其次；Bowker(2007)在分析 Barnett 页岩获得页岩气高产成功的基本控制因素时指出，由 Barnett 页岩萃取的黏土矿物的等温吸附结果表明，黏土没有吸附甲烷。Lu 等(1995)也认为在 TOC 含量低的情况下，吸附气的储存空间可以由甲烷吸附在伊利石上来弥补。其他研究指出，甲烷的吸附量与 TOC 存在线性关系(Lu et al.，1995；Ramos，2004；Ross，2004)；Manger 等(1991)推测吸附气与 TOC 存在紧密关系。对于吸附态页岩气含量占页岩气总含量的比例，Curtis(2002)、Mavor(2003)、李新景等(2007)、聂海宽等(2009)、Martini 等(2003)、Bowker(2007)、Kinley 等(2008)和 Montgomery(2005)等做了相关的研究分析，其所认为的比例差异性较大。Ross 和 Bustin(2007a，2008)研究了加拿大东北部上侏罗统 Gordondale 地层的页岩气地质资源量，并指出储层温度对甲烷吸附能力有很大的影响，温度越高，甲烷吸附能力越小。张雪芬等(2010)总结了页岩成分、结构和地质条件对页岩气的赋存形式和相对含量的影响。可见，对于页岩气赋存形式的研究，多集中在吸附态和游离态两种形式。

页岩主要由黏土矿物和有机质等成分组成，具有多微孔性和低渗透率的特点(Javadpour et al.，2007)。黏土矿物是泥页岩最主要的成岩矿物。黏土矿物具有由黏土晶层形成的层间微孔隙，这些微孔隙不仅增加了页岩的比表面积，而且为天然气提供了吸附的场所(Aringhieri，2004；Wang et al.，2004；Cheng and Huang，2004)。黏土矿物气体吸附能力与矿物自身吸附性或内孔隙发育程度密切相关。Schettler 和 Parmely(1991)通过对大部分测井曲线的分析，认为岩石孔隙是泥盆系页岩主要的存储场所，大约一半的页岩气存储在孔隙中；页岩气储层孔径较小，Barnett 页岩的典型孔喉小于 100nm(Bowker，2003)，10nm 左右的纳米孔隙含量丰富(Ross and Bustin，2007b)。Ross 和 Bustin(2008)认为页岩气储层中黏土矿物具有较高的微孔隙体积和较大的比表面积(吸附性能较强)；Ambrose 等(2010)认为分散、细粒的多孔性有机质通常嵌入无机基质之中，有机质中的微孔隙及其特征长度小于 100nm 的毛细管组成了主要的气体孔隙体积，并推测页岩气原位天然气总量的一个重要部分似乎与有机质中相互联系的大纳米孔隙有关。Behar 和 Vandenbroucke(1987)报道 5～50nm 的孔隙尺寸取决于干酪根类型；Kang 等(2011)研究表明富有机质页岩中有机质的平均孔径远小于无机质的平均孔径。研究(Krishna，2009；Ambrose et al.，2010)还表明，气体(流体)活动的体积大小依赖于孔隙的大小，且存在于孔隙的中心部位，这个部位是分子间及分子与孔隙壁间相互作用力影响最弱，或者可以忽略不计的区域；孔径小于 2nm 的孔隙内，没有足够的运动空间，CH_4 分子通常在孔隙壁作用力场影响下处于吸附状态，其本质是由于孔隙壁效应和分子穿过孔隙时等密度的显示层效应使得在有机质小孔隙中超临界 CH_4 是以固溶态存在的；直到孔径达到 50nm，分子与分子间及分子与孔隙壁间的相互作用使得气体的热力学状态发生改变，分子在孔隙中发生运动。这种纳米孔隙的大量存在，特别是与微米级孔隙相连接的纳米孔隙网络共同控制了页岩气的赋存和运移机理(Javadpour et al.，2007)以及由此导致的气体热力学状态的复杂性。由此可见，页岩气赋存形式具有多样性、复杂性和特殊性，并受到多种因素的制约，需要开展深入的研究。

（四）页岩气成藏演化与富集机理研究

页岩气源岩的沉积通常经历快速沉积并达到一定的成熟度，且在演化过程中会遭受不同程度的构造作用。特别是中国南方古生界地层的构造-热演化历史非常复杂(曾萍，2005；沃玉进等，2007；朱炎铭等，2010)。如果源岩分布区域经历了复杂的构造挤压，会导致断层、裂隙发育；在地层抬升剥蚀、构造改造过程中，伴随温度、压力的降低，涉及非常复杂的吸附与解吸附机理，页岩的孔隙结构、裂隙发育程度等都会发生明显改变(Lu et al.，1995；Chalmers and Bustin，2008a；Raut et al.，2007；Jarvie et al.，2007；王红岩等，2004；宋岩等，2005；秦勇等，2005)。而这些都会影响页岩气的赋存状态、含气性与可开发性。Montgomery 等(2005)和 Pollastro 等(2007)以沃思堡盆地为例研究了页岩气成藏的地质演变过程，重点综合层序地层学研究了构造演化、沉积埋藏史及热史。Hill 等(2007)和 Jarvie 等(2007)也研究了页岩气地球化学及成藏机理中热史的演变。尽管目前已经开展了许多页岩气成藏机理方面的研究，但是对于类似 Barnett 页岩惊人的高产因素仍然无法确定(Jarvie et al.，2007)，这就意味着，仅重点研究吸附态和游离态，对于页岩气赋存机理而言是远远不够的；不同的页岩特征及地球化学过程和成藏机理控制页岩气的生产和存储，这都需要进一步开展成藏演化机理的研究。

四、四川盆地页岩气勘探及成藏机理研究概况

四川盆地是一个大型含油气叠合盆地，是全国天然气重点产区，占全国天然气总产量的 24.7%。四川盆地油气勘探已经历 50 多年，大量的油田和气田相继被发现(Ran，2006)，近年油气领域勘探也取得巨大的突破(Zhang et al.，2008)，有 106 个气田、14 个油田，证实储量 840bcm(十亿立方米)，年产天然气 12bcm、原油 1.45×10^5t(Ran，2006)。盆地天然气资源量为 $10.6\times10^{12}m^3$，现有探明率仅 19.5%(李鹭光，2011)。最新评价天然气远景资源量约为 $7.1851\times10^{12}m^3$，主要分布在已发现和尚未发现的油气圈闭中，待发现天然气资源量大于 $5\times10^{12}m^3$(其中不包括页岩气资源量)。盆地黑色页岩地层发育，含 Z_1、$Є_1$、D_2、S_1、P_1、P_3、T_3、J_1 等(张金川等，2008a)，页岩气资源潜力大；南部地区下古生界海相页岩气资源丰富，初步估算寒武系筇竹寺组和志留系龙马溪组页岩气资源量在 $4\times10^{12}m^3$ 以上，为四川盆地下一步勘探开发的重点。四川盆地页岩气勘探走在中国页岩气勘探的前列，主要体现在勘探优选区的选择、页岩气资源评价及开发技术等方面。

在优选区的选择方面，许多学者分别从页岩气成藏的条件、机理及勘探开发等不同角度，对四川盆地页岩气成藏的物质基础、地质条件、勘探油气显示及实

验结果等方面做了有针对性的研究，其共性认识在于四川盆地下古生界具有好的页岩气成藏条件，并倾向于将四川盆地作为近期的首要勘探盆地。但是，针对盆地内具体区域和层位的看法尚不统一(表1-3)。对于处于起步阶段的我国页岩气研究来说，资源量的评估和勘探区的优选是主要的研究内容之一。页岩气资源评价的方法主要有类比法、成因法、统计法和综合分析法(李艳丽，2009；董大忠等，2009；朱华等，2009)。但不管采用何种方法，页岩有效厚度、有机碳含量、成熟度、矿物组成和结构、吸附气含量、基质孔隙及裂缝等都是页岩气资源评价的关键因素，在页岩气评价中均需予以重视。目前，多位学者选用不同的评价方法对我国四川盆地及邻区页岩气资源量进行了评估，由表 1-3 可以看出，四川盆地页岩气资源量很大，研究与勘探开发的意义重大。综合来看，将四川盆地川南地区龙马溪组作为勘探开发首选区及层位是可行的(陈尚斌等，2010)。

表 1-3　四川盆地页岩气资源量评估及勘探优选区统计表

研究者	资源量评估			勘探优选区
	区域	层位	资源量/($\times10^{12}$ m^3)	
李建忠等，2009	南部	$Є_1q$	7.14～14.6	乐山—龙女寺地区和资阳、威远地区
张金川等，2008c	盆地	Pz/Mz	—	东部和南部$Є_1$和S_1
唐嘉贵等，2008	威远和泸州	$Є_1q/S_1l$	6.8～8.4	威远和泸州两地区S_1l
王社教等，2009	盆地及邻区	S	4.0～12.4	泸州—宜宾—自贡地区，川东南秀山、松桃S_1l
程克明等，2009	上扬子地区	$Є_1q$	—	川南
王兰生等，2009	盆地	$Є_1q$ /S_1l	—	川南 S
王世谦等，2009	盆地	$Є_1q/S_1l$	—	威远和自贡—泸州—永川 2 个区块$Є_1q$和S_1l
龙鹏宇等，2009	重庆及周缘地区	$Є_1q$	7.5	宜宾和綦江、川东达州—垫江—长寿
		O_3w-S_1l	11.5	宜宾—泸州、渝东南彭水—黔江
黄籍中，2009	盆地	Mz	—	威远背斜周缘及川南之北段区块和米仓山前缘区块的T_3x
叶军和曾华盛，2008	川西拗陷	T_3x	8.4～33.5	—
李登华等，2009	盆地	$Є_1q/S_1l$	—	川南$Є_1q$和S_1l
聂海宽等，2009	南方扬子地区	$Є_1q$ /S_1l	—	盆地和米仓山—大巴山前陆以及渝东地区
董大忠等，2009	川西南	$Є_1q$	4.13～8.48	西南部地区和威远气田区$Є_1q$
	威远气田区	$Є_1q$	0.8684～3.1692	
朱华等，2009	川西拗陷	T_3x	1.47～1.68	新场—德阳—广汉—新都—温江—大邑一线凹陷

页岩气的研究最终要归结到开发上来，如何成功实现页岩气的商业开发也是页岩气研究的重要内容之一。页岩气储层物性差、孔隙度和渗透率偏低，开采难度较高。目前已有学者进行勘探开发技术方面的探讨(黄玉珍等，2009；李新景等，2007；宁宁等，2009；刘洪林等，2009)，认为页岩气勘探开发需要应用特殊技术，如美国在页岩气勘探开发中采用了致密岩石分析、录井和测井、水平井钻井、特殊的完井工艺及水力压裂等储层改造技术。近期我国四川盆地开展这项工作需要通过借鉴国外的页岩气技术，在技术适应条件分析基础上，结合国内地质条件和现有开发技术，尽快发展适合我国页岩气勘探开发的技术。

我国南方分布有 4 套区域性烃源岩和 8 套地区性烃源岩(翟光明，1989；马力等，2004；梁狄刚等，2008)，特别是上扬子地区的四川盆地，具有很好的烃源岩背景(腾格尔等，2006；刘若冰等，2006)。另外，据初步统计，中上扬子地区下志留统龙马溪组至少出露 21 处，其中四川盆地南部及邻区龙马溪组多有出露(表 1-4)，便于野外调查研究。因此，页岩气研究初期，众多学者便将四川盆地作为关注和研究的焦点(陈尚斌等，2010)。综上所述，准确把握四川盆地页岩气研究现状，对于认识中国页岩气研究的发展现状具有重要的意义。

表 1-4 研究区及邻区下志留统龙马溪组露头区初步统计表

层位	剖面地点	层位	剖面地点
龙马溪组 S_{1l}	四川长宁双河镇加油站	龙马溪组 S_{1l}	重庆市綦江县观音桥
	四川兴文三星村		重庆石柱打风坳剖面
	四川叙永县五童洞砖厂		重庆雷波抓抓岩、雷波芭蕉滩
	四川长宁燕子村		重庆安稳、米溪沟、黑水、漆辽
	四川长宁双河葡萄泉		湖北宜昌王家湾剖面
	四川省华蓥山		湖北恩施两河口
	重庆市南川区三泉		贵州桐梓县九坝
	重庆秀山溶溪		贵州习水吼滩

对于四川盆地页岩气的成藏机理研究，实际上是始于对美国页岩气基础理论的介绍以及与四川盆地地质条件对照下的应用。根据美国五套页岩烃源岩、储层及页岩气等特征(Curtis，2002)，与我国地质条件对比分析，研究页岩气的成藏机理(张金川等，2004；李新景等，2007，2009；张林晔等，2009)、成藏条件(蒲泊伶等，2008；张雪芬等，2010)及主要成藏要素(张利萍和潘仁芳，2009)，为四川盆地页岩气选区评估和资源量估算等工作奠定了较好的基础。张金川等(2008c)最早对四川盆地页岩气成藏地质条件进行了分析，得出四川盆地具有较好的成藏条件的结论。此后，叶军和曾华盛(2008)对川西须家河组泥页岩成藏条件与勘探

潜力进行了分析。黄籍中(2009)综合分析了四川盆地页岩气与煤层气的勘探前景。王世谦等(2009)、王兰生等(2009)和唐嘉贵等(2008)对四川盆地下古生界页岩气成藏条件与勘探前景进行了分析。王社教等(2009)对上扬子地区志留系页岩气的成藏条件进行了分析。蒲泊伶等(2010)对四川盆地下志留统龙马溪组页岩气成藏条件进行了研究。聂海宽等(2009)和龙鹏宇等(2009)对中国南方，特别是重庆及其周缘地区下古生界页岩气成藏条件进行了分析，估算了页岩气资源，展望了勘探前景。刘树根等(2009)通过对连续型-非连续型气藏基本特征的介绍，分析了四川盆地页岩气藏特征，并在此基础上进行了有利区分析。朱炎铭等(2010)从页岩气成藏基础角度，系统研究了四川地区龙马溪组的构造埋藏阶段，认为四川地区志留系龙马溪组自形成以来经历了多期构造变动，导致龙马溪组页岩发生多次生烃演化，并为页岩气的成藏提供了物质基础；四川地区志留系的演化大致可以划分为 5 个构造-埋藏阶段：加里东期、海西期、印支期、燕山期-喜马拉雅早期和喜马拉雅晚期。

在四川盆地油气成藏的研究中，更多的是此前基于常规油气基础上的研究。常规油气资源研究中，烃源岩是最主要的研究内容之一，因而南方烃源岩得到了广泛而深入的研究(翟光明，1989；马力等，2004；郭英海等，2004；腾格尔等，2006；刘若冰等，2006；张林等，2007；梁狄刚等，2008)。页岩气研究兴起之后，不同学者从页岩气成藏要素角度(张金川等，2004；陈更生等，2009；李登华等，2009；张利萍和潘仁芳，2009)，对南方四川盆地及其邻区烃源岩，特别是下寒武统筇竹寺组和下志留统龙马溪组做了更深入的研究(聂海宽等，2009；张金川等，2009；李玉喜等，2009)，达成了广泛的共识，认为四川盆地及其邻区富含有机质暗色泥页岩且分布广、层系多、单层厚度大；有机质丰度高，为腐泥型干酪根；海相及海陆交互相均有发育；经历多期构造旋回演化，热演化程度高。这些研究较为深入，为四川盆地页岩气的研究奠定了良好的基础。页岩气烃源岩同时也是储集层，目前从储层角度进行的研究仅王社教等(2009)对长芯 1 井部分样品开展了矿物成分分析和吸附性研究，程克明等(2009)对威-001-2 井九老洞组密闭取心的吸附气量测试等气测异常、气侵、井涌和井喷等气显示做了分析。总体来说，四川盆地页岩气研究中就储层的矿物成分分析、吸附及含气性、基质孔隙度等成藏要素特征研究很少，是页岩气地质研究需要重点研究的内容。

由此可见，四川盆地页岩气成藏机理的研究，目前实际上主要局限在对于成藏地质条件和背景的分析上，以及对于资源前景的分析和有利勘探区的选择上。因此，深入开展页岩气成藏机理的研究工作，为寻求适合中国地质特征的页岩气成藏理论的研究意义深远。

第三节 龙马溪组页岩气成藏研究的主要问题

本书四川盆地南部下志留统龙马溪组页岩气成藏机理的研究过程如图 1-2 所示，主要介绍以下内容。

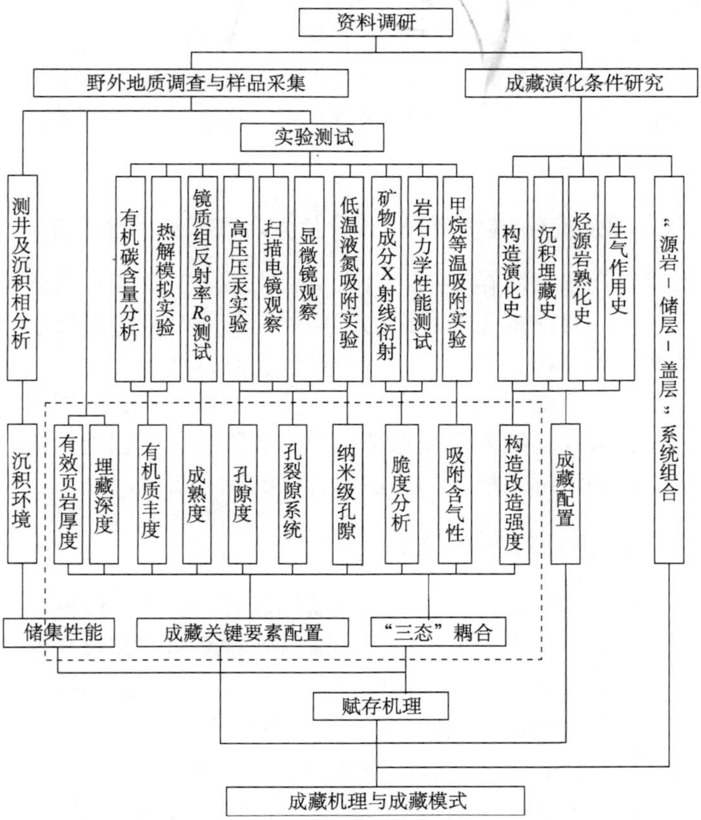

图 1-2 四川盆地南部下志留统龙马溪组页岩气成藏机理的研究过程

1. 四川盆地南部龙马溪组沉积环境及其控制下的源岩-储层基本特征

页岩气源-储一体，源-储形成及其特征均受沉积环境的控制和影响，而页岩厚度、有机质丰度、矿物成分等因素被认为是影响页岩气成藏的关键因素。目前研究多针对沉积环境和储层特征进行独立研究，而沉积环境对储层储集性能控制角度的研究极少。为更好地揭示页岩气的成藏机理，本书以钻井岩心、露头剖面观测和目的层早期录井资料调研为基础，从龙马溪组的沉积环境研究入手，系统研究源岩的生气条件，并从沉积环境的控制角度研究页岩气储层的储集特征，以分析源岩-储层生气与储集赋存特征。

2. 沉积-构造控制的页岩气成藏关键要素配置研究

页岩气成藏的外部指标通常采用页岩有效厚度、埋藏深度、有机质丰度、成熟度、含气饱和度、岩石脆度、孔隙度和构造改造强度等关键要素来评价和衡量，各要素均受沉积和构造的控制。因此，本书以实验测试为基础，从沉积控制源岩和储层的形成、构造控制源岩和储层的埋藏、有机质的熟化、生烃作用及气藏的进一步调整分配等角度展开分析，阐释沉积-构造控制下关键要素的配置关系及其主要控制作用。

3. 储层孔裂隙系统（纳米级孔隙结构）及页岩气赋存机理研究

页岩气可能存在多种赋存形式。页岩主要由黏土矿物和有机质等成分组成，多微孔性、孔径小，且纳米孔中存储的气体可能具有复杂的热力学状态。因此，通过压汞、液氮微孔结构和等温吸附实验等分析测试技术，结合电子显微镜，分析研究龙马溪组页岩气储层的孔裂隙系统，特别是微观孔裂隙结构，重点研究纳米级孔隙特征，获取控制纳米级孔隙结构及其吸附的主要因素，探讨页岩气赋存的游离态、吸附态和溶解态机制，揭示页岩气的赋存机理。

4. 页岩气成藏机理与成藏模式研究

中国多期地质作用过程使页岩气成藏盆地具有独特的阶段性、旋回性和叠加性等特征而异常复杂。页岩气地质条件和成藏特征必然有其自身的特殊性，仅参照美国五大页岩气盆地的页岩气理论应用于中国页岩气有局限性。地质历史中，页岩气源岩和储层的“构造演化史-沉积埋藏史-烃源岩熟化史”有效配置，控制页岩气的成藏演化历程。因此，以区域地质、实验测试和计算机模拟为基础，以构造演化为主线，研究龙马溪组页岩气的构造演化史-沉积埋藏史-烃源岩熟化史特征，系统探讨“三史”有效配置关系，从“源岩-储层-盖层”系统角度，研究页岩气的成藏机理，建立龙马溪组页岩气的成藏模式。

第二章　地质背景

页岩气赋存有其自身的特殊性，属于隐蔽圈闭气藏，也可以说本身没有藏的概念，无常规油气所需的构造圈闭问题。但构造作用对页岩气的生成、赋存和富集等过程依然有影响；能够控制页岩气生成基础(泥页岩的沉积)及泥页岩成岩作用，并影响泥页岩生烃过程和储集性能；还造成泥页岩层发生抬升剥蚀或者下降深埋，影响页岩气的逸散，导致气藏破坏，或者再次生烃和赋存富集；构造作用还能增加裂缝，改善储集能力和储层的连通性。四川盆地南部下志留统龙马溪组页岩气的形成和富集也受其盆地区域地质背景的控制和影响。沉积地层是页岩气源岩-储层的基础，构造或者断裂对页岩气资源的评价具有重要的影响，构造演化则直接关系到页岩气的成藏历程。因此，研究四川盆地的地质特征，特别是南部地区的构造和地层背景，能为龙马溪组页岩气的赋存、富集研究奠定基础。

本书所指四川盆地南部地区，系四川盆地南部，东南至古蔺，西至高县，北至自贡，以川南为主体，并包括川西南东部、四川盆地南部边缘部分地区，总面积约为 18700 km^2。

第一节　区域地质概况

一、构造特征

四川盆地地理上位于四川省的东部和重庆市，属于扬子准地台的西北部，介于龙门山—大巴山台缘拗陷与滇黔川鄂台褶带之间，为一个呈北东向菱形四边形展布的盆地(刘建华等，2005)。四川盆地为一个大型含油气叠合盆地，北为米苍山隆起—大巴山褶皱带，南为大相岭—娄山褶皱带，西为龙门山褶皱带，东为大娄山；以华蓥山和龙泉山两个背斜带为界可划分为 3 个构造区，又可进一步划分为 6 个次一级构造区：华蓥山以东的川东南构造区(包括川东高陡褶皱带和川南低陡褶皱带)、龙泉山以西的川西北构造区(包括川北低平褶皱带和川西低陡褶皱带)和华蓥山与龙泉山之间的川中构造区(包括川中平缓褶皱带和川西南低陡褶皱带)(翟光明，1989)。

四川盆地为多种构造动力成因的多期原型盆地复合体，具典型多旋回、多层次结构、多期构造动力和构造变动等特点及早期沉降、晚期隆升，沉降期长、隆升期短等特点(沃玉进等，2006)。上扬子准地台内深大断裂控制盆地的形成和盆内断褶构造的发展，菱形展布，NE 向延伸较长，NW 向延展较短；四川盆地 NE 向深断裂表现出较明显的压剪性特征，NW 向深断裂受到 NE 向深断裂的断错和改造，使东南部和西北部边界较整齐，而西南部和东北部边界则表现出锯齿状。

环绕盆地外围，西北与东北有龙门山和大巴山台缘断褶带，向外过渡至松潘—甘孜地槽褶皱系和秦岭地槽褶皱系；东南和西南有滇黔川鄂台褶带，由东向西可划分为八面山、娄山断褶带与峨眉山—凉山断褶带等次一级构造单元。晚侏罗世，雪峰—武陵山造山带推进到齐岳山一带，形成齐岳山断裂以西的主体构造，呈现以 NNE 向为主体的隔挡式褶皱变形，其形成受到走滑作用控制(王桂梁等，1997)。早白垩世前锋带继续向西推到达县—华蓥山一线，以华蓥山断裂为界，构成川东构造带的东部弧形构造带和南大巴山弧形构造带。自古生代至新生代，四川盆地经历了多次构造运动，主要有持续拉张、裂谷作用、逆冲推覆作用、剪切和块断作用(高祺瑞和赵政璋，2001)。四川盆地形成过程中，构造格局受不同时期深

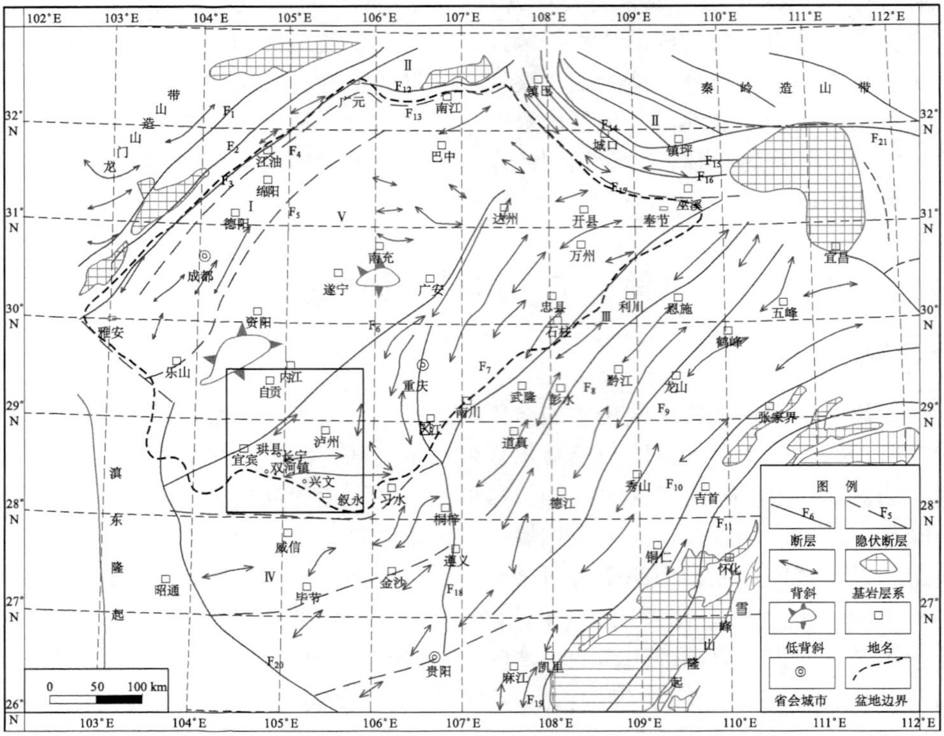

图 2-1　四川盆地及邻区构造纲要图[据沃玉进和汪新伟(2009)修改]

F_1 青川—茂汶断层；F_2 北川—映秀断层；F_3 安县—灌县断层；F_4 广元—大邑断层；F_5 龙泉山断层；F_6 华蓥山断层；F_7 齐岳山断层；F_8 建始—彭水断层；F_9 来凤—假浪口断层；F_{10} 慈利—大庸—保靖断层；F_{11} 桃源—辰溪—怀化断层；F_{12} 正源—朱家坝断层；F_{13} 米仓山南缘隐伏断层；F_{14} 城口—钟宝断层；F_{15} 镇巴断层；F_{16} 万源—巫溪断层；F_{17} 铁溪—固军隐伏断层；F_{18} 遵义—贵阳断层；F_{19} 三都断层；F_{20} 垭都—紫云断层；F_{21} 襄樊—广济断层

大断裂的控制十分明显。不同方向的深大断裂(指基底断裂和壳断裂)对盆地的形成和发展、沉积与演化起到重要的作用，控制着盆地的边界和不同地史阶段的盆地区域性岩相变化、构造线展布及构造区划等(图 2-1)。

龙门山、城口、安宁河等纵向切割深、规模大、延伸远的断裂都发生在晋宁期，很大程度影响了断层两侧地质构造和周边古陆变迁及构造发展。龙门山深断裂呈北东向延伸，是划分扬子准地台与西北侧松潘—甘孜地槽区的边界断层，长期以来其两侧沉积建造和地层厚度差异明显。晚三叠世以后，地槽区回返上升为陆，四川内陆湖盆西北一侧的沉积边界固定。城口深断裂为扬子准地台与秦岭地槽区的分界线，呈北西走向，其两侧下古生界变化明显，加里东运动后，北侧地槽区回返，形成盆地东北边界古陆区。安宁河深断裂控制着康滇地轴西缘的南北向拗陷带，对盆地西南一侧的地质构造起着重要的作用。

除了上述深断裂外，还存在不同地史阶段形成和发展起来的次一级深大断裂-基底断裂，其对盆地边界形成、盆地内部隆起和拗陷带变迁，以及区域岩性、岩相变化都起着重要的控制作用，一般形成时间较早，如北东向的彭灌断裂、华蓥山断裂、建始—郁江断裂，南北向的普雄河—小江断裂、遵义—松坎断裂，北西向的峨眉山—瓦山断裂等，演化历史都可追溯到加里东期。这些次一级深大断裂-基底断裂把扬子准地台前震旦系基底分割成不同块体，在之后的地质历史中继承、发展，并不断得到加强和改造，成为控制和影响不同沉积阶段盆地面貌和内部结构的重要因素。印支期以后，北东向断裂更加活跃，对四川盆地后期北东向为主的构造格局的形成产生深远影响。

四川盆地历经多期构造运动，发育了如乐山—龙女寺、开江和泸州古隆起等重要的古隆起，并主要控制了古生界油气的早期运聚指向(李一平，1996)。古隆起也直接影响了页岩气源岩-储层的空间展布格局以及对原生页岩气的后期构造改造，从而对页岩气的成藏产生重要影响。中国南方乐山—龙女寺、黔中及江南古隆起控制了上震旦统及下古生界原生油气藏的发育(赵宗举等，2003)。根据形成地质年代，南方古隆起可分为 4 个时期：加里东期(发育乐山—龙女寺古隆起、黔中隆起、龙门山边缘古隆起、江南大巴山边缘古隆起)、海西期(发育开江古隆起)、印支期(发育泸州古隆起)和燕山期(四川油气区石油地质志编写组，1989；路中侃等，1993；胡光灿，1997；杨家静，2002；赵宗举等，2003；张水昌和朱光有，2006；尹宏，2007)。古隆起在空间上具有显著的独立性和一定的继承性，在控制油气藏形成与储层调整改造上起着复杂的作用。

二、地层特征

四川盆地属中国华南型地层，地层发育齐全，从前震旦系至第四系均有出露(图2-2)，古生界-新生界沉积厚度为6000～12 000m；志留系残余厚度 0～1200m(朱

地层系统				厚度/m	岩性剖面	岩性描述
界	系	统	符号			
新生界	第四系		Q	0～360		松散砾石、砂层及黏土
	新近系		N	0～550		灰色砾岩夹岩屑砂岩透镜体
	古近系		E	0～800		棕红色泥岩夹少量泥质粉砂岩，砾岩
中生界	白垩系		K	0～1200		棕红色砂岩、砾岩及泥质岩，局部夹碳酸盐、石膏、钙质芒硝
	侏罗系	上侏罗统	J_3	850～2000		黄灰色砂岩与棕紫色泥岩互层
		中侏罗统	J_2	100～1300		上部为棕红色泥岩与石英粉砂岩互层，底部为一层砖红色砂岩；中部为紫红、暗紫色砂泥岩等厚互层；下部为灰黑色页岩，富含叶肢介化石；底部为紫红色砂泥岩夹粉砂岩与砂岩
		下侏罗统	J_1	200～900		上部为深灰、灰黑色页岩与灰色石英砂岩含少量泥灰岩；中部为紫红色、灰绿色页岩夹生物灰岩；底部为泥岩夹灰色石英砂岩
	三叠系	上三叠统	T_3	250～300		黑色、灰黑色页岩与厚层砂岩、砾状砂岩和砾岩间互夹薄煤层，底部为灰色泥岩夹泥灰岩
		中三叠统	T_2	230～590		石灰岩、白云岩夹泥页岩及石膏层
		下三叠统	T_1	914～1910		上部为薄–中层石灰岩，薄–中厚层白云岩和硬石膏，夹少量泥灰岩、鲕粒灰岩及生物灰岩；底部为暗紫红色泥页岩，紫灰、灰绿色泥灰岩与灰–深灰色石灰岩、鲕粒灰岩互层
上古生界	二叠系	上二叠统	P_3	200～300		灰岩、深灰色生物灰岩夹泥质灰岩及硅质层，底部为深灰-灰色页岩、砂岩夹煤层
		中二叠统	P_2	200～500		深灰–白色石灰岩、生物碎屑灰岩，夹少许页岩，含泥质，底部为灰–灰黑色页岩、铝土质泥岩夹薄层灰岩及薄煤层
		下二叠统	P_1	1～24		
	石炭系		C	0～680		白云岩、角砾状白云岩夹生物灰岩
	泥盆系		D	0～3360		上部为白云岩和钙质页岩；中部为页岩与生物灰岩、泥岩互层；底部为碎屑岩、生物灰岩及白云岩
下古生界	志留系	上(末)志留统	S_{3+4}	360～1440		灰绿色页岩、粉砂质页岩夹粉砂岩，底部常有紫红色页岩
		中志留统	S_2			
		下志留统	S_1			上部为灰–灰绿色页岩夹生物灰岩薄层；底部为黑色页岩，富含笔石
	奥陶系		O	320～960		上部为黄灰–灰色瘤状泥质灰岩，夹薄层钙质页岩；中部为深灰色灰岩；下部为结晶灰岩、泥质条带灰岩，有时夹泥岩
	寒武系		Є	620～1330		上部为灰、深灰色白云岩，泥质白云岩，局部含砂质或硅质；中部为白云质灰岩、白云岩；底部为黑灰色泥质粉砂岩夹页岩，最底部为黑灰色砂质页岩
元古界	震旦系	上震旦统	Z_2	1240～2700		上部为浅灰色白云岩，富含藻类、灰黑色炭质页岩、白云岩与硅质白云岩，含锰和磷；下部为砂岩、泥岩和砾岩，有时夹凝灰岩，底部含砾岩
		下震旦统	Z_1			
前震旦系				>3000		一套受不同变质作用的板岩、片岩、千枚岩、石英岩、大理岩及火山岩，伴随花岗岩、基性岩侵入

图 2-2　四川盆地地层综合柱状图(据区域地质志修改)

炎铭等，2010）。其中震旦系到中三叠统主要为海相碳酸盐岩、泥页岩沉积，厚3500～6000m；上三叠统到古近系和新近系主要为陆相碎屑岩，厚2500～6000m，形成了两套不同的地层组合和多套含油气层系（朱光有等，2006；蒲泊伶，2008）。

（一）震旦系（Z）

不整合于前震旦系之上。前震旦系是构成华南板块四川部分的基底地层，分上、下两部分，下部为结晶基底，上部为褶皱基底。震旦系分下统与上统，又各分两部，火山岩及火山碎屑岩建造为下统下部，冰碛碎屑岩建造为下统上部；上统下部为碎屑岩建造，上统上部为碳酸盐岩建造。前震旦系厚度大于3000m，震旦系厚为1240～2700m。

（二）寒武系（Є）

与下伏地层整合接触。在川渝地区，寒武系为地台型建造的未变质地层，自下而上可分成3大套地层：下统下部梅树村阶、下统中部筇竹寺阶和沧浪铺阶、下统上部龙王庙阶，而中寒武统、上寒武统均为碳酸盐岩，厚620～1330m。

（三）奥陶系（O）

与下伏地层整合接触。全区分布广泛，均为海相沉积，在盆地东部仅出露于攀西区、盆地周围和华蓥山中部，盆地内大部分地区奥陶系均深埋地腹，在盆地区为地台型沉积，地层发育齐全，四川西部为地槽型沉积；厚320～960m。

（四）志留系（S）

与下伏地层整合接触。在东部龙门山中南段、峨眉山和石棉、攀枝花一带大面积缺失，四川东部出露于盆地周缘和华蓥山背斜的核部，在威远、泸州以滨海、浅海碎屑岩、碳酸盐岩为主。下统为笔石页岩相，中、上统为介壳相；厚360～1440m。志留系地层对比情况见表2-1。

（五）泥盆系（D）

与下伏地层整合接触。在剥蚀区假整合接触，四川东部主要分布于龙门山、越西碧鸡山、二郎山及盐边；而秀山、酉阳、黔江、彭水及巫山地区只有中、上泥盆统零星分布；其余地区大面积缺失，为一套碎屑岩、碳酸盐岩；厚0～3360m。

（六）石炭系（C）

与下伏地层整合或假整合接触，分布不广，除达川、盐源一带有上统分布，龙门山一带较集中外，其余大面积缺失；下统为碳酸盐岩夹少许紫红色砂、泥岩及赤铁矿，上统全为碳酸盐岩；厚 0～680m。

表 2-1　志留系地层划分(林宝玉等，1998)

<table>
<tr><th>系</th><th colspan="4">统</th><th>阶</th><th>华蓥山</th><th>秀山地区</th><th>南川地区</th><th>桐梓—綦江</th><th>兴文</th></tr>
<tr><td rowspan="9">志留系</td><td>末志留统</td><td>普里多利统</td><td colspan="2">S_4</td><td>未命名阶</td><td></td><td></td><td></td><td></td><td></td></tr>
<tr><td rowspan="2">上志留统</td><td rowspan="2">拉德洛统</td><td colspan="2" rowspan="2">S_3</td><td>卢德福德阶</td><td></td><td></td><td></td><td></td><td></td></tr>
<tr><td>戈斯特阶</td><td></td><td></td><td></td><td></td><td></td></tr>
<tr><td rowspan="2">中志留统</td><td rowspan="2">文洛克统</td><td colspan="2" rowspan="2">S_2</td><td>候默阶</td><td></td><td>回星哨组</td><td></td><td></td><td></td></tr>
<tr><td>舍因伍德阶</td><td>韩家店组</td><td>秀山组</td><td>韩家店组</td><td>韩家店组</td><td>韩家店组</td></tr>
<tr><td rowspan="4">下志留统</td><td rowspan="4">兰多弗里统</td><td rowspan="4">S_1</td><td rowspan="2">S_1^{2-3}</td><td rowspan="2">特里奇阶</td><td rowspan="2">小河坝组</td><td>溶溪组</td><td>溶溪组</td><td>溶溪组</td><td rowspan="2">石牛栏组</td></tr>
<tr><td>小河坝组</td><td>小河坝组</td><td>石牛栏组</td></tr>
<tr><td rowspan="2">S_1^1</td><td>埃朗阶</td><td rowspan="2">龙马溪组</td><td rowspan="2">龙马溪组</td><td rowspan="2">龙马溪组</td><td rowspan="2">龙马溪组</td><td rowspan="2">龙马溪组</td></tr>
<tr><td>鲁丹阶</td></tr>
</table>

(七)二叠系(P)

与下伏地层整合接触。川渝黔地区分布广泛，发育良好，除“康滇古陆”区无沉积外，其余广大地区均有沉积，为海相、海陆交互相和陆相沉积；厚 400～800m。

(八)三叠系(T)

与下伏地层整合接触。川渝地区分布广泛，发育齐全，沉积类型多样，四川东部下统由海陆交互相、浅海相砂、泥岩、碳酸盐岩组成；中统主要为深湖相蒸发岩；上统以陆相含煤沉积为主；厚 1394～2800m。

(九)侏罗系(J)

与下伏地层整合接触。在四川东部十分发育，层序完整，为一套河、湖相碎屑岩及泥质岩，以紫红色为主；厚 1150～4200m。

(十)白垩系(K)

与下伏上侏罗统假整合接触。为陆相红色地层，分上、下两统，主要为碎屑岩及泥质岩，局部夹碳酸盐岩，分布在四川东部盆地区和攀西小区；厚 0～1200m。

(十一)古近系(E)和新近系(N)

与下伏地层整合接触，主要分布在四川盆地区西部、南部，攀西区的盐源、西昌、会理一带及四川西部的松潘、阿坝、木里等地区；厚 0～1350m。

(十二)第四系(Q)

与下伏地层整合接触，主要为砾石层、砂砾层、砂层、粉砂层、粉砂质黏土层、黏土层，以河流冲积相沉积为主；厚 0～350m。

可见，四川盆地发育有六套烃源岩：下寒武统海相页岩、下志留统海相页岩、下二叠统海相碳酸盐岩、上二叠统煤系烃源岩、下侏罗统湖相泥岩烃源岩、上三叠统湖相和煤系烃源岩，称为“四下两上”，其中“四下”烃源岩是四川盆地的主要烃源岩(Huang et al.，1997；Ran，2006；Zhu et al.，2007)。四川盆地与页岩气密切相关的富含有机质页岩主要发育在下古生界和中生界(邹才能等，2010b)，其中下志留统龙马溪组海相页岩广泛分布，如图 2-3 所示，且其厚度受沉积环境和构造改造的控制。

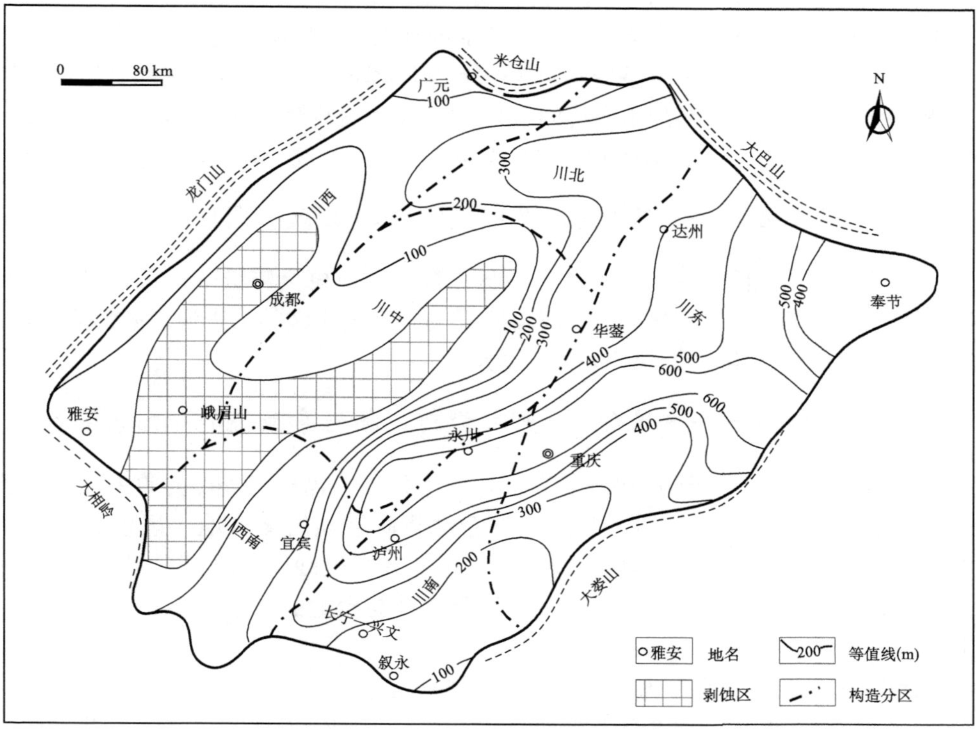

图 2-3 四川盆地龙马溪组厚度等值线图

第二节　区域构造演化特征

四川盆地是一个特提斯构造域内(扬子地台内)长期发育、不断演进的克拉通盆地与陆相前陆盆地叠合而成的复杂叠合盆地(刘和甫等，1994，2000；刘和甫，2005；陈发景和汪新文，1996；汪泽成等，2001；刘树根等，2004)，沉积与构造演化受特提斯构造域和太平洋构造域影响显著。大致分为两大演化阶段：震旦纪至中三叠世克拉通盆地演化阶段和晚三叠世以来的前陆盆地演化阶段。前者可进一步划分为两个阶段：早古生代及以前的克拉通内拗陷阶段和晚古生代以后的克拉通裂陷盆地阶段(汪泽成等，2002；魏国齐等，2005)(图2-4)。克拉通盆地演化阶段，受大型隆拗格局控制，形成分布面积广、沉积厚度大且以海相碳酸盐岩和页岩等为主的下部地层。前陆盆地演化阶段，沉降-沉积中心由川东转移至川西并发生跷跷板式区域构造运动，长期以来的构造发展格局及演化轨迹发生改变，除盆地西部山前带地层保存完好且继续接受上构造层陆相沉积外，其他地区构造逆冲及回返强烈。

四川盆地构造演化受控于扬子板块的演化，是中上扬子沉积盆地的一部分。扬子板块现今构造格局是多期构造运动叠加的结果，按其构造发育演化特征，可划分为伸展-收缩-转化的 3 个巨型旋回 5 个沉积演化阶段。3 个巨型旋回是早古生代原特提斯扩张-消亡旋回(加里东旋回)，晚古生代—三叠纪古特提斯扩张-消亡旋回(海西—印支旋回)，中、新生代新特提斯扩张-消亡旋回(燕山—喜马拉雅旋回)。

(一) 震旦纪—早奥陶世(加里东旋回之加里东早期伸展阶段)

加里东早期，四川盆地构造作用以区域隆升和沉降为特征，表现为“大隆大拗”特征，总体以稳定沉降为主。南部地区主要为地块区的陆表海，多为滨-浅海环境，沉积建造以稳定型内源碳酸盐岩为主。

(二) 中奥陶世—志留纪(加里东旋回之加里东晚期收缩阶段)

中奥陶世以来，扬子板块与华夏板块作用强烈，包括四川在内的中、上扬子地区处于前陆盆地演化阶段，导致早期台地相碳酸盐岩被盆地相黑色页岩、碳质硅质页岩、硅质岩(上奥陶统五峰组)和黑、灰黑色砂质页岩、页岩(下志留统龙马溪组)所覆盖，反映了台地的最大沉降事件与台地的被动压陷和海平面相对上升相关。

此阶段主要经历了 3 次挤压—挠曲沉降—松弛—抬升过程(尹福光等，2002)：一是中奥陶世湄潭期—晚奥陶世临湘期，二是晚奥陶世五峰期—早志留世龙马溪期，三是早志留世石牛栏期—中志留世韩家店期(图 2-5)。广西运动(加里东运

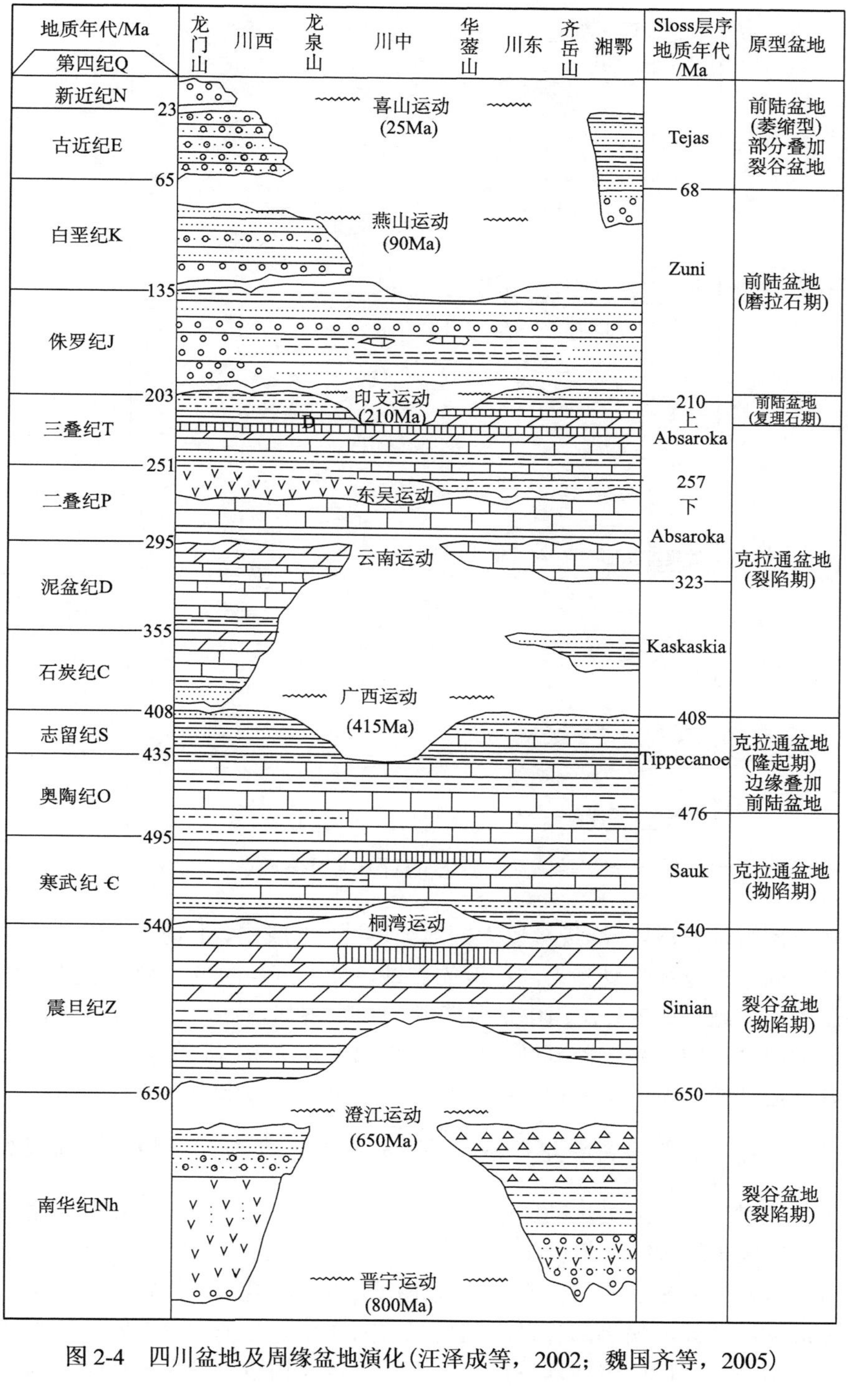

图 2-4　四川盆地及周缘盆地演化(汪泽成等，2002；魏国齐等，2005)

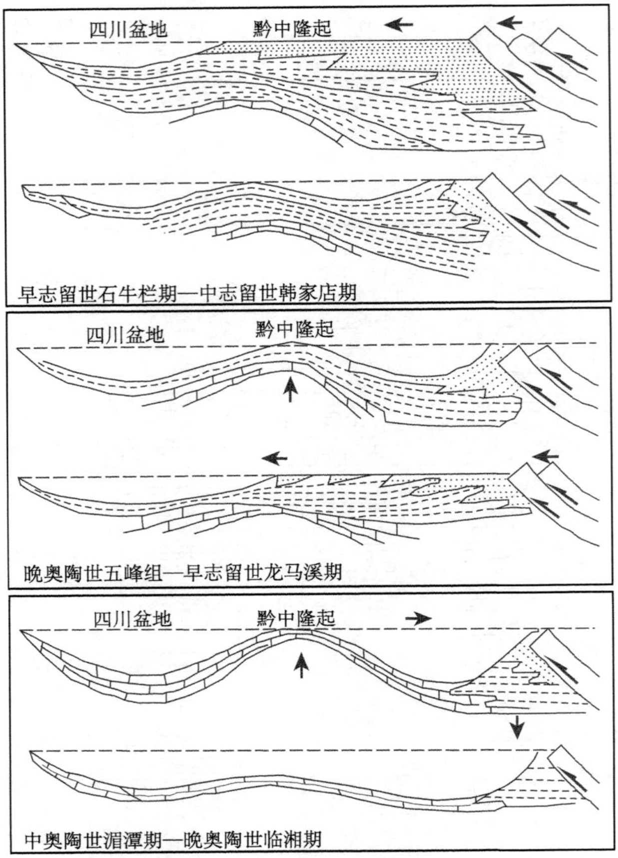

图 2-5　上扬子前陆盆地演化示意图[据尹福光等(2002)修改]

动)(晚志留世末期)是一次规模巨大的地壳运动，造成中、上扬子台地的广泛隆升与剥蚀，由于志留系也受到不同程度的剥蚀，加之沉积时的差异，导致区域上残留厚度的不一致(图 2-6)。川中地区隆升为川中古陆，并广泛地发生地层剥蚀，导致较大地区志留系被全部剥蚀。此时，南部区位于该古陆的东南翼斜坡上，受地壳升降运动的影响，持续保持隆升状态，直至早二叠世海侵。

(三)晚古生代—三叠纪(海西—印支旋回之海西期—印支期伸展阶段)

早二叠世末，受东吴运动影响，本区又一次上升为陆，遭受剥蚀，岩溶地貌和上、下二叠统的平行不整合接触形成。川南泸州一带，NNE 向水下隆起雏形开始出现，只是隆起幅度平缓。晚二叠世龙潭期海侵，盆地周边古陆范围扩大。康滇古陆活动较剧烈，使早二叠世岛链形式古陆连体，也使川南在晚二叠世的沉积基面呈西南高东北低的古地理特点。海西期，盆地构造运动主要体现为地壳拉张

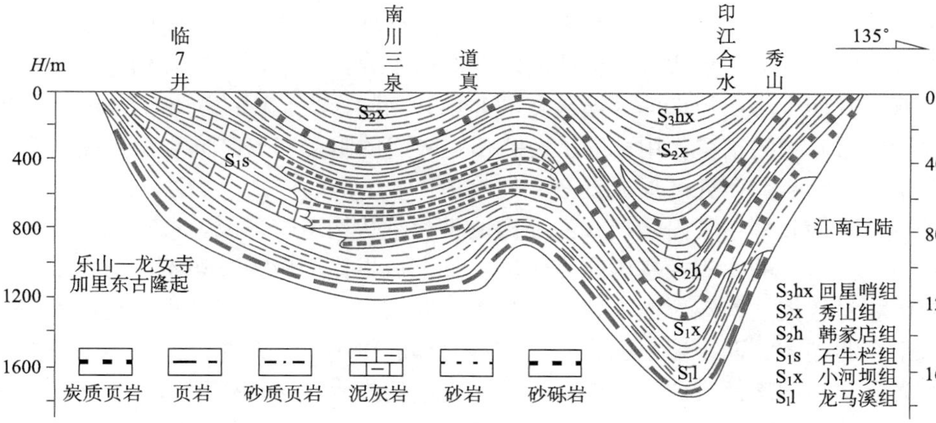

图 2-6 川东—鄂西志留系地层分布横剖面图(汪泽成等，2002)

运动，盆地周缘出现张性断陷。早三叠世海侵，仍继承晚二叠世上扬子海盆东深西浅的特征。中三叠世，江南古陆向西北向不断扩大，与早三叠世相反，海盆发生根本性变化，变为西深东浅，大量陆源碎屑从东侧进入海盆。印支期开始，盆地周缘褶皱抬升，盆地向内压缩，构造变形强度由外向内也逐渐减弱；江南古陆向西扩展，盆地东南边界向后收缩。中三叠世末(早印支期)，整个四川盆地构造表现为龙门山隆起并向南东推覆。伴随印支运动的发生，又一次出现大规模海退，并形成 NE 向的泸州—开江古隆起。本区地处泸州古隆起较高部位及东南斜坡地带。晚三叠世初，本区进入陆相沉积阶段。三叠纪末的晚印支运动，使盆地周缘的山系抬升。该时期泸州古隆起受到的主要是近南北向的挤压应力，使上三叠统遭受剥蚀，形成上下地层间的沉积间断。

(四)侏罗纪—早白垩世(燕山—喜马拉雅旋回之燕山早-中期总体挤压背景下的伸展裂陷阶段)

侏罗纪，江南古陆西侧出现陆内拗陷，陆相湖盆沉积达到鼎盛时期。晚侏罗世末，燕山运动使研究区抬升而遭受强烈剥蚀。早白垩世晚期，习水、古蔺断裂出现南抬北降变化，赤水、泸州、宜宾、乐山和雅安一带接受 K_1 末—K_2—E 沉积。该时期泸州古隆起继承性发展，隆起幅度变小，中心开始南移，隆起构造长轴由 NE 向转变为近 EW 向。

(五)晚白垩世—现代(燕山—喜马拉雅旋回之燕山晚期—喜马拉雅期挤压变形阶段)

该时期本区褶皱变形强烈，研究区主要受来自南东-北西向的挤压作用，并在不同刚性基底拼接地带与周缘山系或古陆交会处形成扭动力，区内沉积盖层全面褶皱、断裂变形，形成现今构造面貌。区内主要经历了以下三幕构造作用。

燕山晚期Ⅰ幕：川南地区褶皱变形并抬升为陆，大范围的沉积活动结束。受秦岭造山带向南的推覆作用、继承性泸州古隆起的阻挡和 EW 向娄山大断裂带向北的压缩等影响，研究区形成近 EW 向构造。

燕山晚期Ⅱ幕：区内隔挡式高陡构造带和帚状构造带形成。该时期主要受来自盆地东南边界的大规模挤压应力作用，整个边界作用应力分布不均匀，中、北段应力相对较大，南端作用力较小。从中段向南，作用力逐渐减小，在中南段形成一个东北端大、西南端小的力偶，在该力偶的作用下，东北段的作用力方向由北西方向逐渐向南西方向发生偏转，至西南端的赤水地区，作用力已旋转至南西西方向，从而在研究区形成近 SN 向构造，叠加在近 EW 向构造之上，呈反接和斜接复合。

喜马拉雅期：从区域背景分析，四川盆地应受到 3 种方式的应力作用。首先，始新世中期，受印度板块与欧亚板块发生碰撞的影响，四川盆地处于 NNE-SSW 的区域性挤压应力场；渐新世—中新世，受太平洋板块向 NWW 向俯冲的远程作用影响，四川盆地处于 SE-NW 向的挤压应力场中，并形成 NNE 向构造。川东地区受先存燕山期构造的干扰，在盆地的南北边缘形成一些 NE 或 NNE 向构造，如南部的 EW 向构造和北部大巴山弧形构造带，构造解析表明它们可能形成于上新世。而在盆地的东西两侧，由于受川中刚性地块的梗阻，形成剪切效应，主要发育剪切断裂。

第三节　四川盆地南部地区地质背景

一、构造特征

四川盆地南部地区主体处于川南低陡褶皱带内，以褶皱构造为主，直线状或弧形褶皱成带展布，空间上呈典型三角形构造格局，各弧束向三角形中心撒开，向三角形顶点收敛，构成一边界清楚、总体协调统一的构造单元(方俊华，2010)，如图 2-7 所示。川南低陡褶带位于华蓥山以东的川东南大构造区内，川东高褶带以西，是华蓥山断褶带向西南延伸、呈帚状撒开的雁行式低背斜群。加里东期为拗陷区，印支期为泸州古隆起的主体部分，是中生代以来的隆起区。主要是 NE 向平行排列的隔挡式褶皱束，背斜紧凑，向斜宽缓，走向上逆断层比较发育，北侧受大巴山弧影响，向东弯曲，南侧呈帚状撒开(四川油气区石油地质志编写组，1989)。

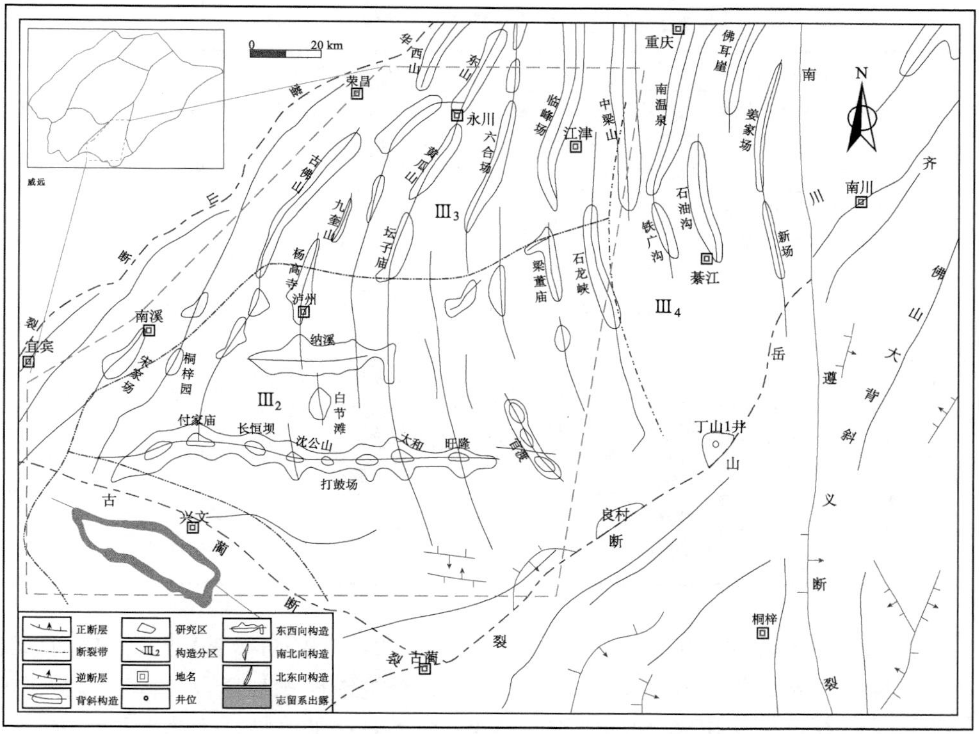

图 2-7　研究区构造纲要图(据付小东等，2008；转引自方俊华，2010)

从变形机制上讲，川南地区众多局部构造带均形成于统一压扭性机理。背斜褶皱幅度高低、强度大小、形态变化等与它们的区域构造位置、受力大小与方式、基底性质及边界条件等因素密切相关。在不同地区，上述因素有所不同，构造表现出不同的特征。从受力性质上讲，川南地区构造可分为压性和压扭性。不同层次的构造经历的变形历程(加里东—海西期的张裂、燕山—喜马拉雅期挤压回返)存在差异，因此也导致它们在变形方式上有所不同。在多期构造活动影响下，断层发育，局部构造以断块为主，上部构造以喜马拉雅期压扭褶皱为主。现今构造主体形成于“喜马拉雅期”晚期，区域受 NW-SE 向应力挤压，该构造区可划分为：1)沿华蓥山断裂、长寿—遵义断裂和黔北古隆起边缘分布的 EW 向、SN 向和 NE 向压应力构造带；2)中腹地区受上述 EW 向、SN 向和 NE 向压应力构造带围绕的联合压应力作用带。不同方向裂缝系统和中小断层发育，构造表现出三向压应力联合作用的特征，见表 2-2(袁建新，1996)。总体上，构造相对简单。川南地区地层组合条件虽相似，但因所处区域构造位置不同，其受力差异较大，且因处于三种应力场交汇处，断层发育程度相对较低，完整性破坏程度较小。

表 2-2　研究区构造带特征表(袁建新，1996)

项目	EW 向构造带	SN 向构造带	NE 向构造带	中腹构造联合区
主体成分	长恒坝—旺隆场东西背斜带，莲花寺、付家庙背斜	临峰场—董家庙—铜尖山背斜带，花果山—六合场—官渡背斜带	西山—宋家场背斜带，东山—新店子—龙、九、阳背斜带	中兴场、李坝子、白节滩、二里场、将山镇、鱼塘、尧坝背斜构造
展布规律	呈 EW 向串珠状展布，主轴线西端向南偏移，呈 SWW 向	呈 SN 向西突弧形展布，两端向东偏移	主体展布方向为 NE 向，构造以雁行状、弧形、“S”形展布	以短轴、穹窿、隐伏构造为主，方向性较差，呈孤岛状分布
类型分布	以低陡、低缓为主	北为高低陡背斜，南为低平缓背斜	以高尖、高陡、低陡背斜为主	以低平背斜、隐伏构造为主
变化特点	延长恒坝深断裂形成雏形，规模、强度较弱；背斜带狭窄，南陡北缓，地下高点一般偏向缓翼，背斜带西部向西迁移，中部向北西迁移	背斜带规模、强度、幅度呈北强南弱，中部向西突起呈弧形端，强度较大；背斜一般西陡东缓，地下高点偏向缓翼，北部偏向北西向，中部偏向 N、NE 或 E	背斜向东南延伸，向南偏转呈撒开状，褶皱规模、强度、幅度由弱变强；呈弧形，具压扭性，地下高点在同一背斜上偏移部位随背斜延伸而不同	褶皱规模、强度及幅度弱，构造两翼一般较对称，隐伏构造多与中小型断层伴生，区内潜伏高点多受断裂控制；高点偏移不明显，深部地层一般较平缓

按构造形迹方向特征，本区褶皱构造分为 4 类：EW 向褶皱构造、NE 向褶皱构造、NW 向褶皱构造和 SN 向褶皱构造。结合构造样式与复合、构造形态、各气田构造特征，划分出 4 种褶皱构造类型(表 2-3)：纳溪型、阳高寺型、宋家场型和相国寺型。研究区表层和深层构造形迹纵向形变均形成于燕山—喜马拉雅期构造演化叠加过程，褶皱类型、形态、组合特征与延伸展布，应力作用，地质构造背景等各有特色，但共处于一个复杂又统一的应力场环境中，按此标准可划分

表 2-3　研究区不同类型褶皱构造组合特征(方俊华，2010)

构造行迹		纳溪型	阳高寺型	宋家场型	相国寺型
构造体系	主要体系	EW	NNE	NE	NNE、SN
	复合体系	EW、SN	北端：NNE、SN；南端：SN 与 EW	EW、SN、NE	NNE、S；局部 NE
构造形态	平面	长条状	丝瓜状	蝌蚪状	线状
	剖面	膝状	膝状	高丘状	似梳状
裂缝性质	张裂缝发育带	沿长轴呈带状分布，高点部位加宽，分布不均一	集中于高点发育，次为长轴	构造最顶部与局部小高点，其中以轴线弧凸一侧最佳	长轴及轴线转折的凸侧
	压性	发育两组压性断裂，以南翼为主	发育一组 NNE 向压扭性弧形断裂	呈放射状，自高点向四周撒开	弯曲褶皱的内侧
	扭性	构造翼部发育，次为端部	鞍部、倾伏端部	高点外围、翼部、构造转折端，次东北端	轴部与两翼

为 4 个复合构造体系：1) 长宁褶带(NW、EW 向复合构造体系)，2) 纳溪、叙永棋盘褶带(EW、SN 向复合构造体系)，3) 永川、宜宾扭褶带(NE、NNE 向复合构造体系)，4) 重庆弧褶带(NNE、SN 向复合构造体系)。研究区主体位于纳溪、叙永棋盘褶带(EW、SN 向复合构造体系) 内(方俊华，2010)。

二、地层特征

四川盆地南部地区地层出露以中生界为主，古生界为辅，新生界地层零星出露(图 2-8)。

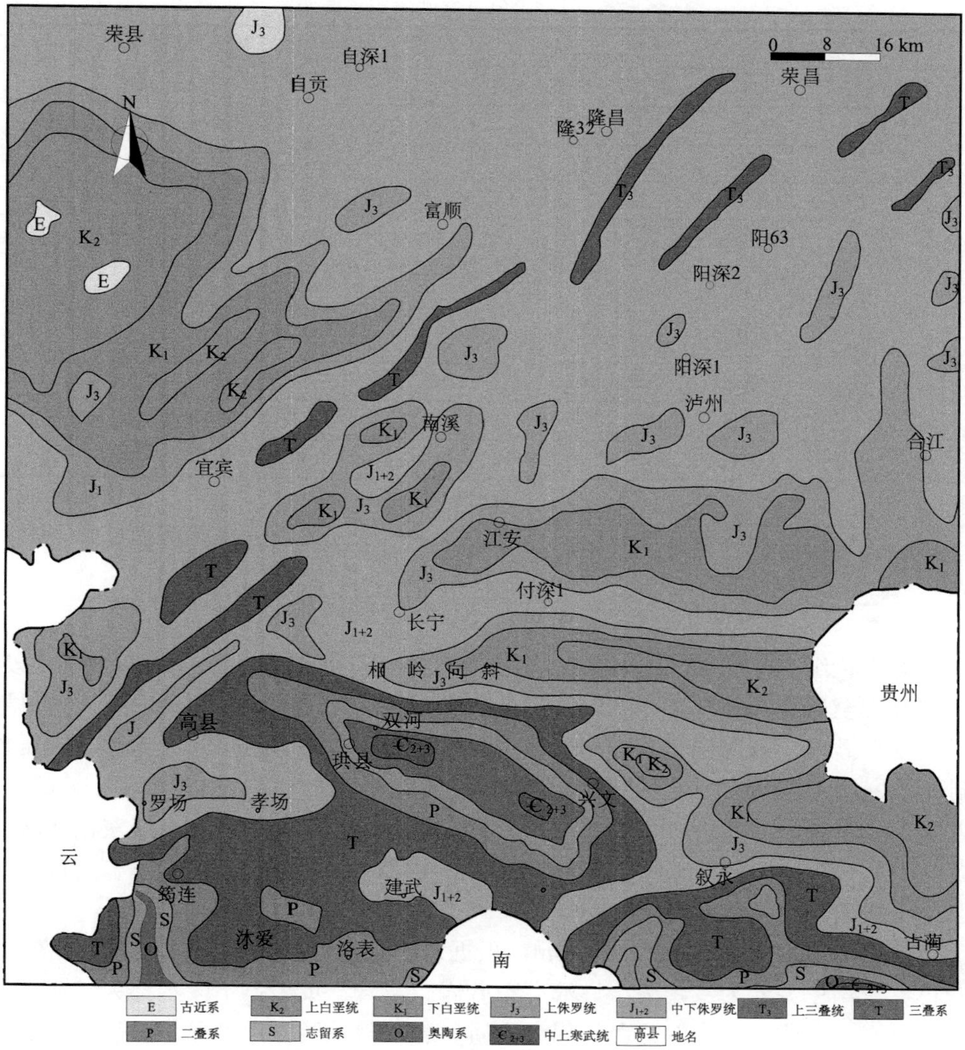

图 2-8　四川盆地南部地区地质图(据四川省、重庆市地质图修改)

资料调研与野外调研表明，下志留统龙马溪组黑色页岩地层发育，与上奥陶统五峰组呈整合接触。根据钻井资料及邻区地面露头资料表明，本区志留系连续沉积于奥陶系五峰组页岩之上。到志留纪末，因广西运动(加里东旋回末期)使本区随同整个盆地抬升为陆，遭受剥蚀。志留系上统回星哨组沉积虽有一定厚度，但后期剥蚀严重，仅在西南角长宁构造龙头一带尚存中上回星哨组地层 13.4m，其余地区该地层已被剥蚀殆尽，使下部韩家店组也受到不同程度的剥蚀，与上覆二叠系梁山组呈假整合接触，其残余厚度如表 2-4 所示。

表 2-4　研究区古生界地层特征简表

<table>
<tr><th colspan="4">地层</th><th rowspan="2">地层符号</th><th rowspan="2">地层厚度/m</th><th colspan="2" rowspan="2">岩性特征</th></tr>
<tr><th>系</th><th>统</th><th colspan="2">组</th></tr>
<tr><td>二叠系</td><td>下统</td><td colspan="2">梁山组</td><td>P_1^1</td><td>10</td><td colspan="2">灰-灰黑色页岩、铝土质泥岩夹薄层泥灰岩及薄煤层</td></tr>
<tr><td>石炭系</td><td>中统</td><td colspan="2">黄龙组</td><td>C_2</td><td>10～30</td><td colspan="2">白云岩、角砾状白云岩夹生物灰岩</td></tr>
<tr><td rowspan="3">志留系</td><td>中统</td><td colspan="2">韩家店组</td><td>S_2</td><td>50</td><td colspan="2">灰绿色页岩、粉砂页岩夹粉砂岩，底部紫红色页岩</td></tr>
<tr><td rowspan="2">下统</td><td>小河坝组</td><td>石牛栏组</td><td>S_1^2</td><td>240～500</td><td>绿灰色砂岩，上部为黄绿色、灰绿色页岩夹生物灰岩薄层</td><td>深灰色泥灰岩及生物灰岩夹钙质页岩</td></tr>
<tr><td colspan="2">龙马溪组</td><td>S_1^1</td><td>180～750</td><td colspan="2">下部为黑色页岩，富含笔石，上部为深灰色至灰绿色页岩、粉砂质页岩</td></tr>
<tr><td rowspan="3">奥陶系</td><td rowspan="2">上统</td><td colspan="2">五峰组</td><td>O_3^2</td><td>1～15</td><td colspan="2">黑色页岩，含灰质及硅质，顶部常见泥灰岩</td></tr>
<tr><td colspan="2">临湘组</td><td>O_3^1</td><td>1～15</td><td colspan="2">瘤状泥质灰岩，间夹钙质页岩</td></tr>
<tr><td>中统</td><td colspan="2">宝塔组</td><td>O_2^3</td><td>30～50</td><td colspan="2">灰色带紫红色龟裂纹灰岩，上部常为瘤状泥质灰岩</td></tr>
</table>

结合地面及部分钻井资料情况，将研究区志留系地层特征分述如下。

(一) 下统

石牛栏组：厚度 378.5～459.5m，根据岩性可分为三段——上段为灰岩发育段，在阳高寺至庙高寺、合江一带以灰褐色、浅灰色生物灰岩为主，夹薄层泥、页岩及灰质粉砂岩，向南到长恒坝构造一带，则渐变为灰带绿色页岩、泥岩、灰质粉砂岩及灰岩互层；中段以灰带绿色、深灰色泥岩及页岩为主，夹较多灰质粉砂岩，灰岩、生物灰岩、海百合、三叶虫、腹足类等碎片化石；下段以暗绿灰色和深灰色泥、页岩为主，夹少许薄层灰质粉砂岩、灰岩、生物灰岩，含海百合、苔藓虫、腕足类化石。

龙马溪组：厚度 229.2～672.5m，根据岩性特征可分为两段——上段以灰-深灰色、灰黑色泥岩为主，夹少许薄层粉砂岩、灰岩、页岩；下段上部为深灰、灰黑色页岩；下段下部为灰黑色、黑色碳质页岩，常见黄铁矿细晶粒，呈线状顺层分布，富含笔石化石，与下伏奥陶系五峰组呈整合接触。

(二) 中统

韩家店组：厚度 24.5～524.5m，根据岩性特征可分为三段——上段仅见于长宁、老翁场、付家庙一带，向东、向北逐渐被剥蚀殆尽，岩性以灰绿及深灰绿页岩为主，夹薄层灰质粉砂岩、灰岩；中段为碎屑岩发育段，在长恒坝构造一带以灰带绿色及深灰色页岩、灰质粉砂岩为主，夹砂质灰岩、生物灰岩。向北遭受不同程度剥蚀，岩性逐渐变为以灰色泥岩、页岩、灰岩、生物灰岩为主，夹灰质粉砂岩；下段以深灰带绿色页岩、泥岩为主，夹薄层灰岩、生物灰岩，向东至庙高寺一带则渐变为以生物灰岩、砂质灰岩为主，夹灰绿色泥岩。

第四节　露头区地质背景

研究区范围内下志留统龙马溪组地层出露较少，集中在盆地南部边缘地区，以长宁背斜最为典型(图 2-9)。

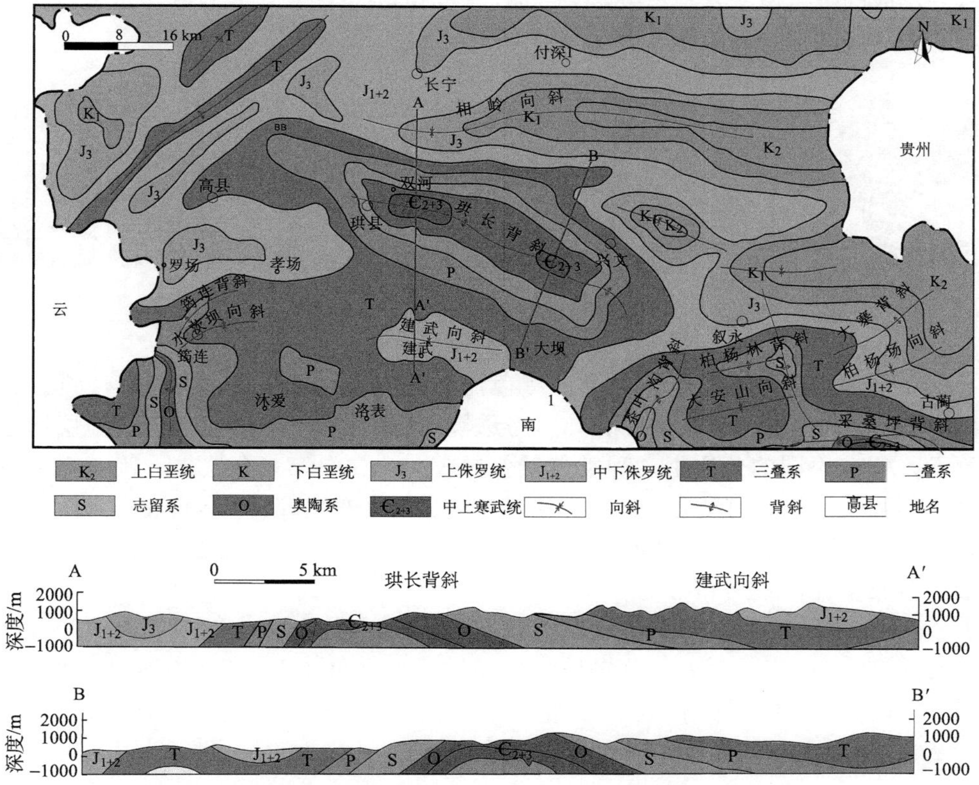

图 2-9　长宁及周边构造地质图(据四川省、重庆市地质图修改)

长宁背斜，在燕山—喜马拉雅期地层抬升剥蚀严重，寒武—奥陶系直接出露于背斜核部，志留系中下统呈环状分布，上统地层缺失。长宁—兴文地区位于四川盆地川南低陡褶皱带南缘。川南低陡褶皱带发育NE向、EW向和SN向三组构造，各组系构造之间相互影响，呈反接或斜接复合（四川油气区石油地质志编写组，1989；陈尚斌，2011a），研究区主要受盆地南缘娄山断褶带影响，为EW向构造分布区。故长宁—兴文露头区是本次野外调查的重点。

研究区龙马溪组由上下两段组成，下段为黑色、灰黑色碳质页岩、页岩，上段为灰绿、褐黄色页岩、粉砂质页岩、粉砂岩夹细砂岩。下段黑色碳质页岩在不同地区表现不一致。研究主要针对龙马溪组底部黑色碳质页岩，因此，野外地质调查选取了长宁双河加油站和兴文三星村两个典型龙马溪组下部地层剖面。

一、长宁双河镇剖面

长宁双河镇（加油站）剖面位于珙县东北，长宁双河镇附近，地理坐标为28°23.378′N～28°23.448′N，104°53.176′E～104°53.117′E。该剖面系人为开采过程中形成的下志留统龙马溪组露头剖面。该剖面龙马溪组出露较好，出露地层厚度较大，底部地层为竹林覆盖（图2-10）。

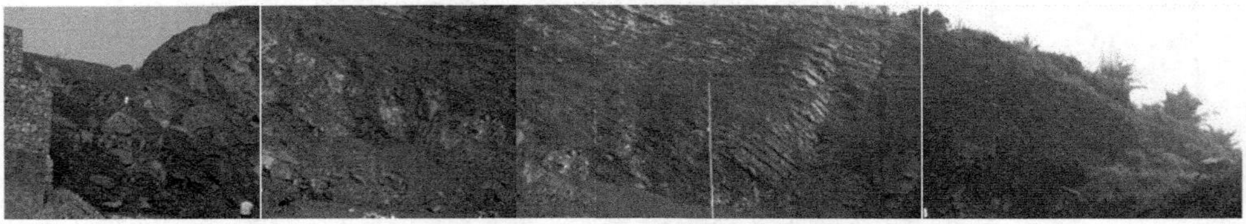

图2-10　长宁双河镇（加油站）龙马溪组露头剖面宏观照片

该剖面岩性以灰色、灰黑色、黑色泥页岩为主，含少量含碳粉砂质页岩、碳质粉砂岩与灰岩夹层[图2-11(a)]与透镜体[图2-11(b)]。整个剖面地层均含笔石，但在不同的分层中，种类数量差异较大，如在第三分层中，笔石主要表现为细而长，最长可达20cm，数量相对较少，分布稀疏[图2-11(c)]，而在第四分层中，笔石主要表现为短而粗，平均长度为2cm，直径为2～3mm，数量较多，分布密集[图2-11(d)]。

整体来说，由下部往上，笔石含量有所减少。黄铁矿十分发育，具有多种产出形态，如颗粒状、结核状和薄层状等[图2-11(e)和(f)]。结合野外测量成果，经过室内校正，绘制长宁双河镇（加油站）剖面综合柱状图如图2-12所示。

(a)灰岩夹层

(b)灰岩透镜体

(c)第三分层中细长笔石

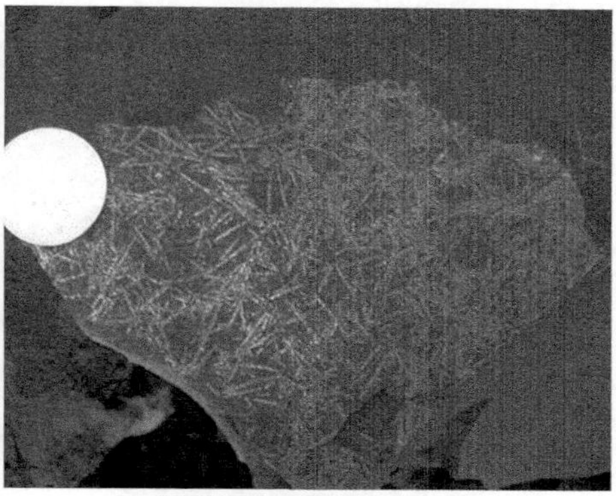

(d)第四分层中短粗笔石

(e)第三分层中条带状黄铁矿分层

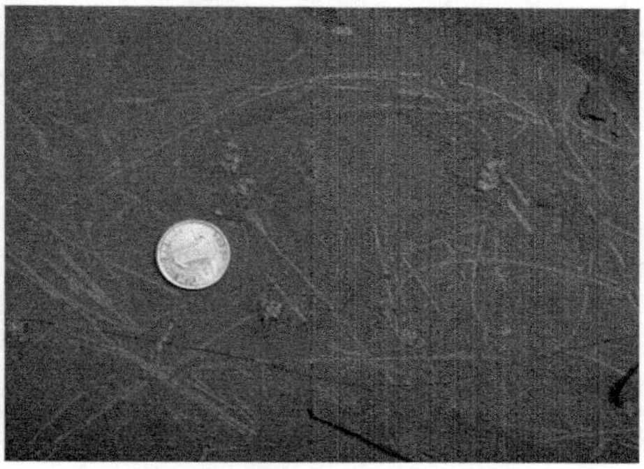

(f)第四分层中黄铁矿结核

图 2-11 长宁双河镇龙马溪组剖面中的灰岩夹层、透镜体、笔石及黄铁矿

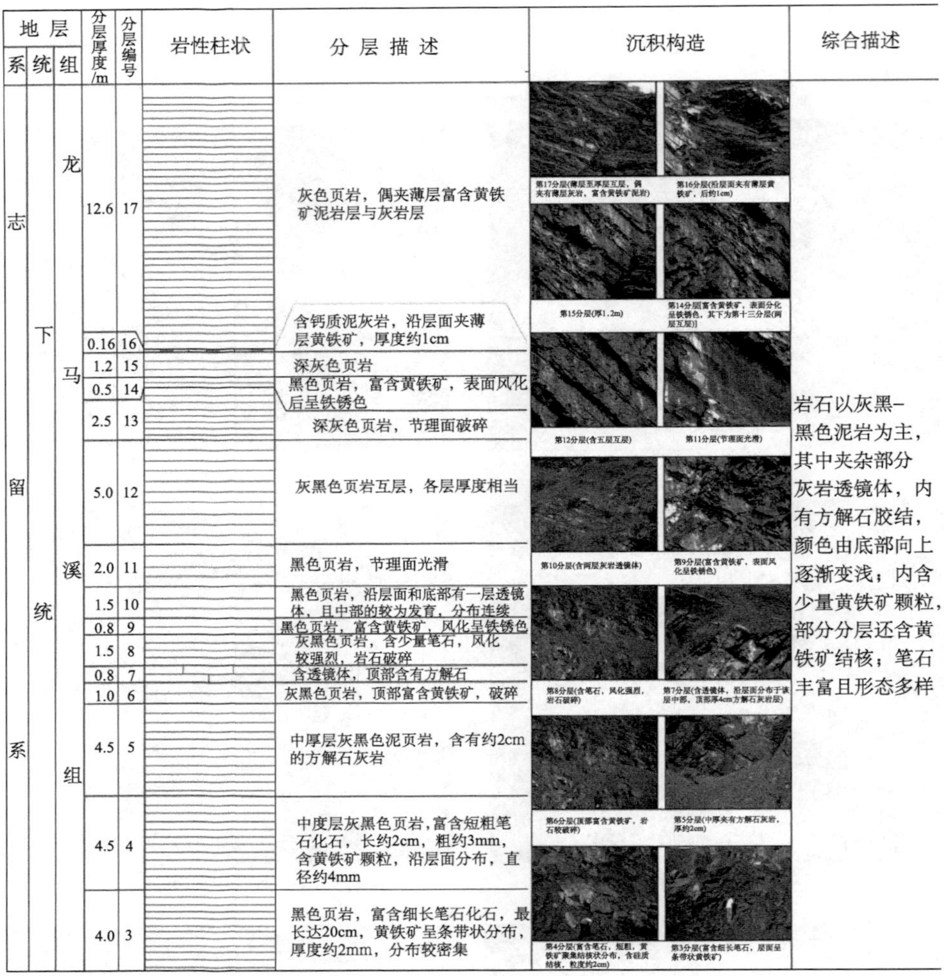
地层
系
统
组
分层厚度/m
分层编号
岩性柱状
分层描述
沉积构造
综合描述
志留系
下统
龙马溪组
12.6 17 灰色页岩，偶夹薄层富含黄铁矿泥岩层与灰岩层
0.16 16 含钙质泥灰岩，沿层面夹薄层黄铁矿，厚度约1cm
1.2 15 深灰色页岩
0.5 14 黑色页岩，富含黄铁矿，表面风化后呈铁锈色
2.5 13 深灰色页岩，节理面破碎
5.0 12 灰黑色页岩互层，各层厚度相当
2.0 11 黑色页岩，节理面光滑
1.5 10 黑色页岩，沿层面和底部有一层透镜体，且中部的较为发育，分布连续
0.8 9 黑色页岩，富含黄铁矿，风化呈铁锈色
1.5 8 灰黑色页岩，含少量笔石，风化较强烈，岩石破碎
0.8 7 含透镜体，顶部含有方解石
1.0 6 灰黑色页岩，顶部富含黄铁矿，破碎
4.5 5 中厚层灰黑色泥页岩，含有约2cm的方解石灰岩
4.5 4 中度层灰黑色页岩，富含短粗笔石化石，长约2cm，粗约3mm，含黄铁矿颗粒，沿层面分布，直径约4mm
4.0 3 黑色页岩，富含细长笔石化石，最长达20cm，黄铁矿呈条带状分布，厚度约2mm，分布较密集
第15分层(厚1.2m)
第12分层(含五层互层)
第11分层(节理面光滑)
第10分层(含两层灰岩透镜体)
岩石以灰黑-黑色泥岩为主，其中夹杂部分灰岩透镜体，内有方解石胶结，颜色由底部向上逐渐变浅；内含少量黄铁矿颗粒，部分分层还含黄铁矿结核；笔石丰富且形态多样

图 2-12 长宁双河镇(加油站)龙马溪组剖面柱状图

二、兴文僰王山镇三星村剖面

兴文三星村剖面位于兴文县僰王山镇三星村砖厂附近，地理坐标为28°20.596′N～28°20.655′N，104°6.428′E～104°6.597′E。自然出露条件相对较好，仅部分层段被植被覆盖，后期砖厂的开采活动使露头更加便于观察(图 2-13)。该龙马溪组剖面分为两段，下段岩性以黑色、灰黑色、灰色碳质页岩、钙质泥页岩、硅质泥页岩为主，部分岩石已风化，呈黄色、土黄色，富含笔石，黄铁矿发育；上段出露较少，岩性以黄绿、灰绿泥页岩为主。结合野外测量成果，经过室内校正，编制出兴文僰王山镇三星村龙马溪组剖面图如图 2-14 所示。

图 2-13 兴文僰王山镇三星村龙马溪组露头剖面宏观照片

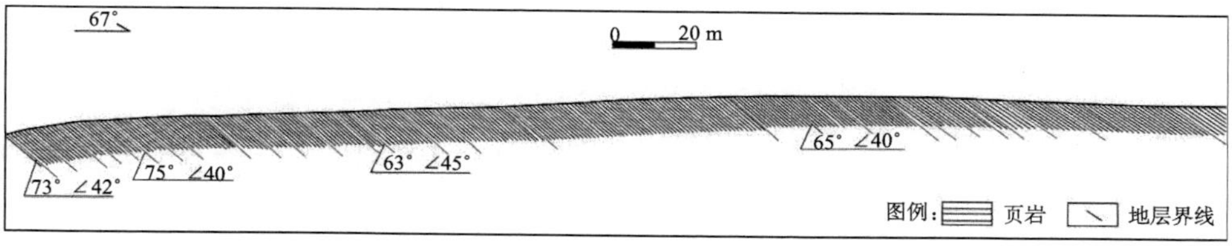

图 2-14 兴文僰王山镇三星村龙马溪组实测剖面简图

此外，还观察或实测了研究区内及邻区多条龙马溪组剖面；邹才能等(2010b)结合长芯一井(取心浅井，井深 154m)，综合运用伽马能谱、元素捕获、探地雷达及陆地激光三维全信息扫描等手段建立了长宁双河上奥陶统五峰组—下志留统龙马溪组海相页岩地层数字化标准剖面，川南上奥陶统五峰组—下志留统龙马溪组黑色页岩厚度大于 308m。

综合分析认为，露头区下志留统龙马溪组厚度约为 270m，岩性以灰-黑色泥页岩为主，页理较发育，可细分为 57 个分层，富含笔石；细水平纹层发育，普遍见有黄铁矿，有时出现菱铁矿薄层、条带或透镜体，部分成层展布。可以分为上、下两段，下段为黑色碳质泥页岩、钙质泥页岩及硅质泥页岩；上段则为灰、灰绿、黄绿色泥岩夹薄-中厚粉砂岩或薄层泥灰岩，夹黄灰色泥灰岩透镜体或薄层。龙马溪组下段黑色页岩段厚度超过 90m，是龙马溪组页岩气的主要源岩。

综上所述，四川盆地为一个大型含油气叠合盆地，属中国华南型地层，区域上地层发育齐全，古生界—新生界沉积盖层厚度为 6000～12 000m，其中志留系现今残余厚度为 0～1200m。区域上发育下寒武统海相页岩、下志留统海相页岩、下二叠统海相碳酸盐岩、上二叠统煤系烃源岩、下侏罗统湖相泥岩烃源岩、上三叠统湖相和煤系烃源岩等六套烃源岩(简称“四下两上”)，与页岩气密切相关的富有机质页岩主要发育在下古生界和中生界。其中下志留统龙马溪组海相页岩广泛分布，且其厚度受沉积环境和构造活动导致的剥蚀控制。

四川盆地构造演化可划分为伸展-收缩-转化的 3 个巨型旋回 5 个沉积演化阶段。3 个巨型旋回是早古生代原特提斯扩张-消亡旋回(加里东旋回)，晚古生代—三叠纪古特提斯扩张-消亡旋回(海西—印支旋回)，中、新生代新特提斯扩张-消亡旋回(燕山—喜马拉雅旋回)。5个沉积演化阶段是震旦纪(可能包括新元古代)—早奥陶世加里东早期伸展阶段、中奥陶世—志留纪加里东晚期收缩阶段、晚古生代—三叠纪海西—印支期伸展阶段、侏罗纪—早白垩世燕山早-中期总体挤压背景下的伸展裂陷阶段、晚白垩世—古近纪—新近纪喜马拉雅期挤压变形阶段。

第三章　沉积环境及其控制下的源岩–储层发育特征

页岩气属于典型的“自生自储”“连续型”气藏。页岩体本身，既是源岩层，又是储集层，甚至也是盖层。因此，页岩气的形成、赋存与富集主要取决于原始沉积泥页岩。原始沉积的泥页岩中所含的有机质数量、类型作为生气基础，与有机质转化的成岩作用伴随页岩气的生成、赋存和富集的整个过程，而这一过程受控于沉积环境。所以，研究四川盆地南部下志留统龙马溪组页岩气特征，需要深入研究龙马溪组的沉积环境，从而研究受沉积环境控制下的龙马溪组源岩-储层的空间发育特征，以及作为源岩角色的有机地化特征。本章即重点阐述解决源岩-储层的沉积环境与演化特征、发育及空间展布特征和有机地化特征等三个问题。

第一节　页岩气源岩-储层沉积环境与演化特征

从盆地尺度看，晚奥陶世—早志留世期间，SE 向挤压作用增强，四川地区不断抬升，乐山—龙女寺古隆起逐渐扩大，海域缩小变浅，沉积分异作用加剧，形成下志留统以细粒碎屑岩为主的沉积建造。SE 向推挤作用，东南高北低的沉积基底，海域由东南向北变深，四川地区主体为受限深水陆棚，黑色页岩广泛发育，构成区域烃源岩系(郭英海等，2004)。烃源岩主要发育在江南—雪峰低隆起(有时为水下隆起)到滇黔隆起以北的克拉通边缘滞留盆地相，属较深水-深水缺氧条件下的非补偿性沉积环境。下志留统龙马溪组总体由一套深灰-黑色粉砂质页岩、富有机质(碳质)页岩、硅质页岩夹泥质粉砂岩组成，主要为深海、次深海、大陆架缺氧环境下沉积的受控于海湾深水陆棚沉积相体系，是在全球性海平面下降和海域萎缩的背景上，形成的台内拗陷的滞留静海环境(浅水-陆棚相)(郭英海等，2004；刘树根等，2004)。龙马溪组主要分布在川南、川西南、川东南等地区，面积约 $12.82\times10^4km^2$，厚度比五峰组大；其中古隆起区及盆地西部全部或部分缺失，厚度中心在川南地区宜宾及周缘地区和川东地区万县。

本书根据岩性标志、地球化学标志及古生物标志等沉积相标志，结合前人(刘树根等，2004；梁狄刚等，2009；张维生，2009)在该区域的研究成果，对龙马溪组沉积环境特征进行了综合研究。

从岩性标志分析，龙马溪组主要以泥页岩为主，下部呈黑色、灰黑色，向上颜色变浅，至中上部呈灰色、黄绿色。岩石类型方面，兴文地区龙马溪组为黑色碳质页岩、黑色页岩、钙质页岩、深灰色至灰绿色页岩、粉砂质页岩沉积组合；

底部为黑色碳质页岩；中间层段为黑色页岩、钙质页岩组合；顶部为灰色至灰绿色页岩、粉砂质页岩。长宁双河地区龙马溪组为黑灰色钙质页岩、黑色碳质页岩夹泥灰岩透镜体沉积组合；底部为黑色页岩；中间层段为灰黑色页岩，含灰岩透镜体夹层；顶部为黑灰色钙质页岩。从沉积构造角度看，龙马溪组黑色泥页岩水平层理极为发育，表明沉积水动力较弱，水体较深，为深水滞留沉积环境。总体来看，龙马溪组具有浅海陆棚沉积特征，下段至上段由深水陆棚沉积向浅水陆棚过渡，对有机质的富集和保存有利。

从地球化学标志分析，将研究区龙马溪组样品在显微镜下观测统计常见黄铁矿颗粒、条带状黄铁矿薄层和黄铁矿结核等，特别是龙马溪组底部，黄铁矿颗粒极多，颗粒有大的聚集体，也有小的颗粒，呈条带状分布，条带厚度不均一。黄铁矿莓状体已成为古地史古地层水化学性质的关键（Wilkin and Barnes，1996，1997；Hawkins and Rimmer，2002；Bond et al.，2004）。莓状黄铁矿尺寸分布可以表示细粒沉积岩是否沉积在含氧或缺氧环境下，极细的黄铁矿莓状体（1～18mm，平均 5mm）与滞留海相（缺氧或硫化物）环境有关，较大的莓状体（1～50mm，平均 10mm）与含氧环境有关（Wilkin and Barnes，1997）。海相地层中同生黄铁矿一般存在于有机质黏土黑色页岩中，有机质含量较高，处于强还原环境（刘英俊，1984）。区域内从露头岩层中的宏观观察、显微镜下的显微观察及扫描电镜下的微观观察（图 3-1），均反映了莓状黄铁矿颗粒大都在 18mm 以下，且极细颗粒更多，据此可以推断在早龙马溪期黑色页岩形成时期，该区处于较强还原滞留海相环境。

从古生物标志看，龙马溪组黑色页岩中富含笔石，且种类较多，在不同组段呈现出不同的组合特征。生物群落或化石组合可以反映其所属的沉积环境或沉积相（图 3-2）（陈旭，1978；梁狄刚等，2009）。

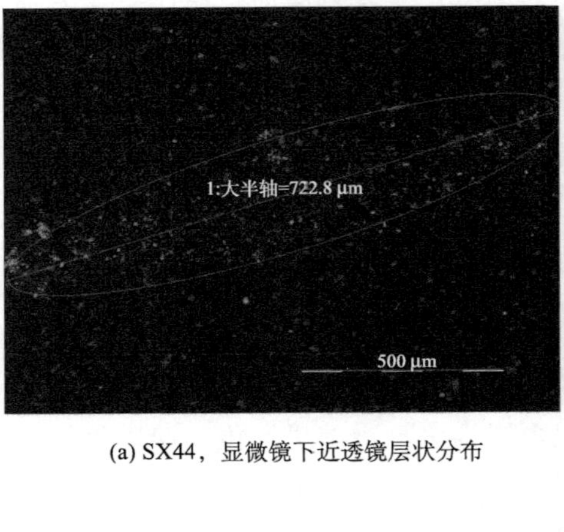

(a) SX44，显微镜下近透镜层状分布

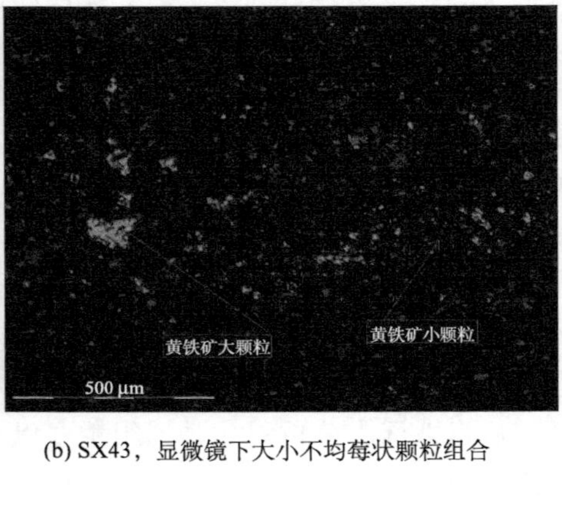

(b) SX43，显微镜下大小不均莓状颗粒组合

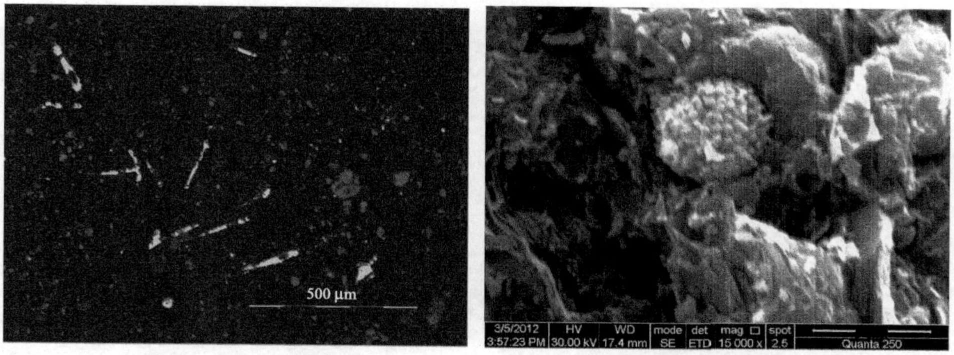

(c) SX47，显微镜下条带状分布　　(d) SH13，扫描电镜下莓状黄铁矿颗粒

图 3-1　显微镜及扫描电镜下龙马溪组黄铁矿分布特征

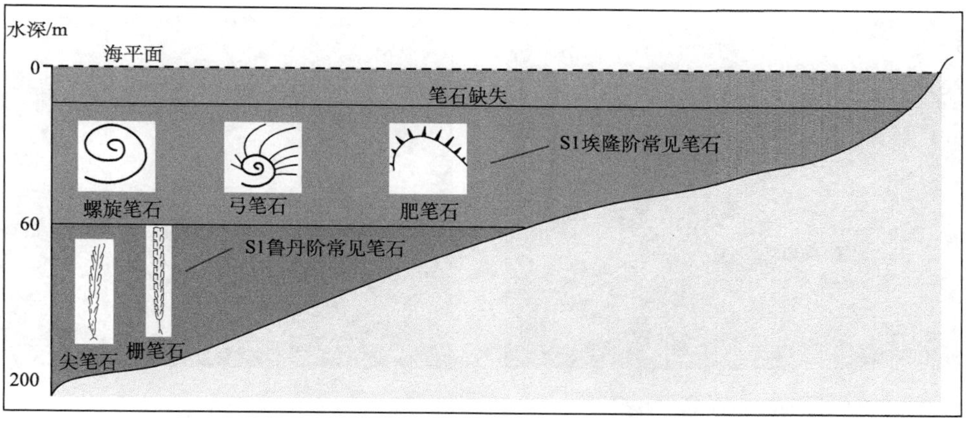

图 3-2　志留纪各种笔石生活深度分布图(陈旭，1978；梁狄刚等，2009)

龙马溪组黑色页岩中存在 8 种较常见的笔石：*Glyptograptus persculptus*(雕刻雕笔石)、*Akidograptus acuminatus*(尖笔石)、*Orthograptns vesiculosus*(泡沫直笔石)、*Pristiograptns cyphus*(曲背锯笔石)、*Pristiograptus leei*(李氏锯笔石)、*Demirastrites triangulatus*(三角半耙笔石)、*Oktavites communis*(通常奥氏笔石)和 *Monograptus sedgwickii*(赛氏单栅笔石)等，如图 3-3 所示。龙马溪组所含笔石化石均顺层发育，保存完好，在顶端的黄绿色泥岩中仅见笔石碎片；且下段主要发育尖笔石和栅笔石，上段常见耙笔石，水深处于浅海陆棚范围。张维生(2009)根据龙马溪组沉积物岩性特征及古生物特征，对川东南—黔北地区龙马溪组沉积环境进行研究时，从时间上将其分为早、晚两期：早期继承了五峰期沉积特点，主要为黑色碳质、硅质页岩和灰黑色钙质泥岩组合；晚期为灰绿、黄绿色泥岩、粉砂质泥岩和粉砂岩组合。龙马溪组早期和晚期笔石带分别为 *Glyptograptus persculptus* 带至 *Pristiograptus leei* 带，*Demirastrites triangulatus* 带至 *Monograptus sedgwickii* 带。

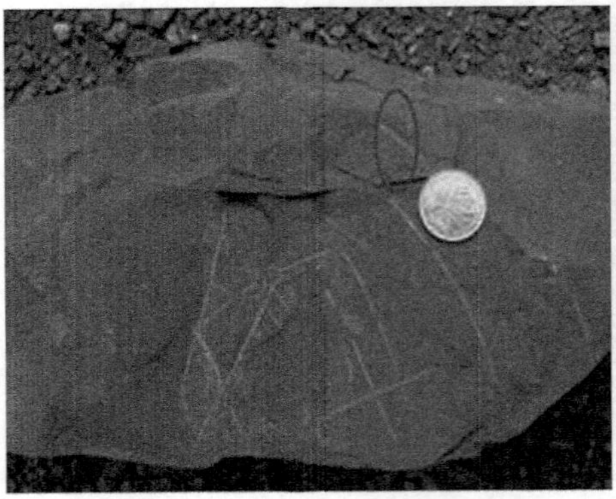

(a) *Glyptograptus persculptus*(雕刻雕笔石)

(b) *Akidograptus acuminatus*(尖笔石)

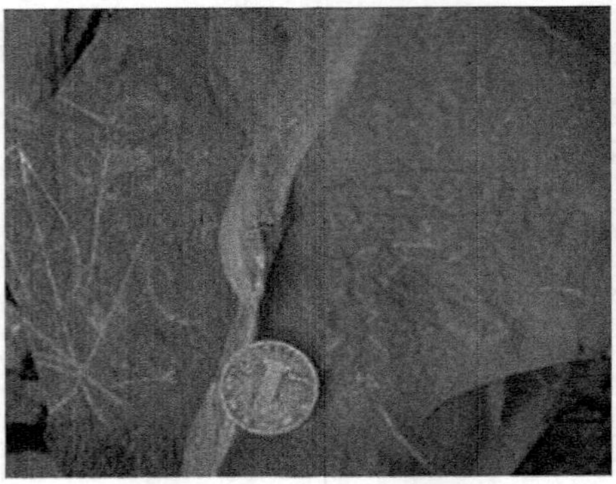

(c) *Orthograptns vesiculosus*(泡沫直笔石)

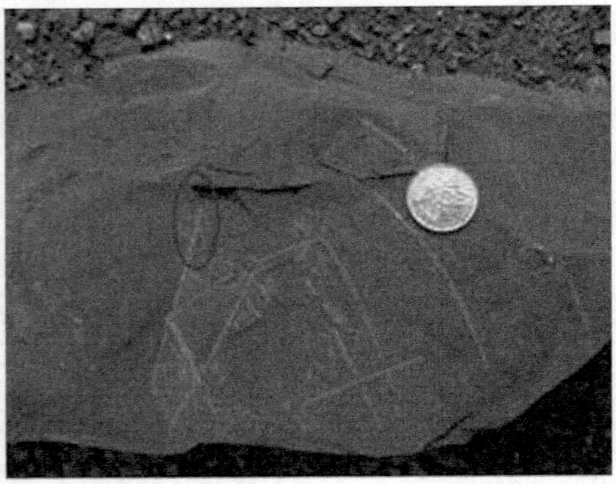

(d) *Pristiograptns cyphus*(曲背锯笔石)

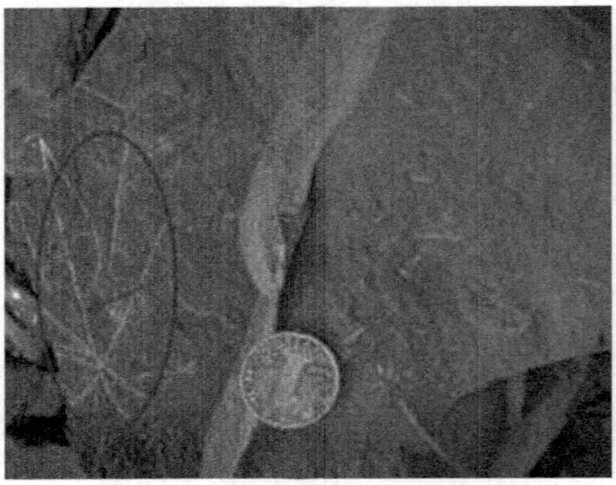

(e) *Pristiograptus leei*(李氏锯笔石)

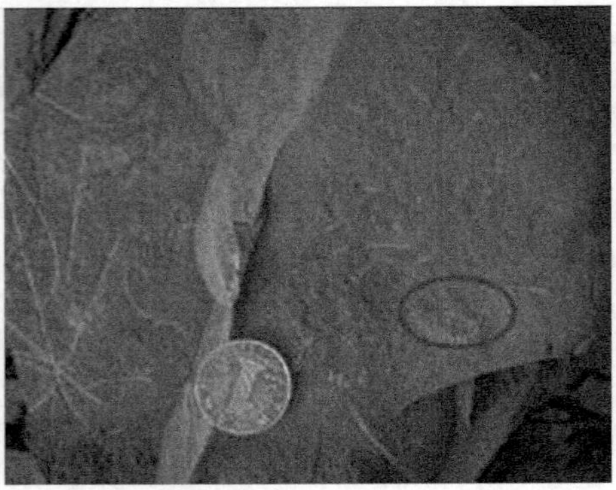

(f) *Demirastrites triangulatus*(三角半耙笔石)

(g) *Oktavites communis*(通常奥氏笔石)

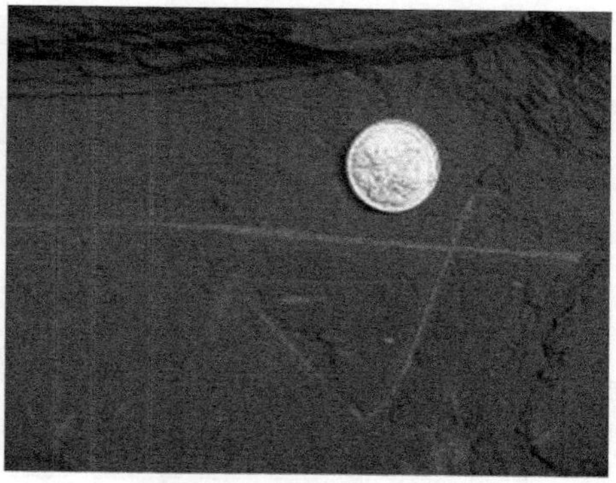

(h) *Monograptus sedgwickii*(赛氏单栅笔石)

图 3-3　龙马溪组笔石种类

综合上述沉积相标志分析龙马溪组沉积环境，其属于浅海陆棚沉积环境，水体较深，海水能量较低，阳光不充足，黏土或细碎屑沉积物发育，有机质含量较高。龙马溪组下段为黑色富有机质笔石页岩，是在较快速的沉积条件和封闭性较好的还原环境中沉积发育的。

根据区域研究成果(梁狄刚等，2009；张维生，2009)，结合露头剖面，据岩性组合、沉积序列和沉积构造，龙马溪组沉积可分为深水陆棚与浅水陆棚(图 3-4)，在龙马溪组早期，川南沉积域受川中古隆起和黔中古隆起围限，整体为深水陆棚沉积，呈 NE-SW 向展布(郭英海等，2004)；宜宾—泸州—永川为深水陆棚中心区。浅水陆棚主要分布于靠近黔中古隆起翼部的古蔺—武隆江口—石柱—利川以南地区及川中古隆起周缘。

从沉积格局角度来看，龙马溪早期因继承五峰期沉积特点，主体为局限的泥质深水陆棚沉积(图 3-5)，主要为黑色碳质页岩、硅质页岩、黑色及灰黑色页岩。泸州—永川为龙马溪早期一个沉积中心，并形成了泸州—南川—黔江陆棚边缘滞水盆地沉积特征。该期形成的泥页岩厚度大、有机质含量高、类型好、热演化程度高。龙马溪晚期沉积格局发生较大变化，浅水陆棚成为区内主体沉积环境；泥质深水陆棚范围则大幅收缩，仅在泸州—綦江一线发育(图 3-6)。泸州—永川等地区依旧为一个沉积中心。泥质深水陆棚分布于泸州—綦江一线，岩性以灰黑色泥岩为主，见笔石化石。泥质浅水陆棚主要岩性则为灰绿色、黄绿色泥岩，主要分布于长宁—古蔺—綦江一带，以灰黑色钙质页岩夹薄层泥灰岩或透镜体的沉积组合为主。

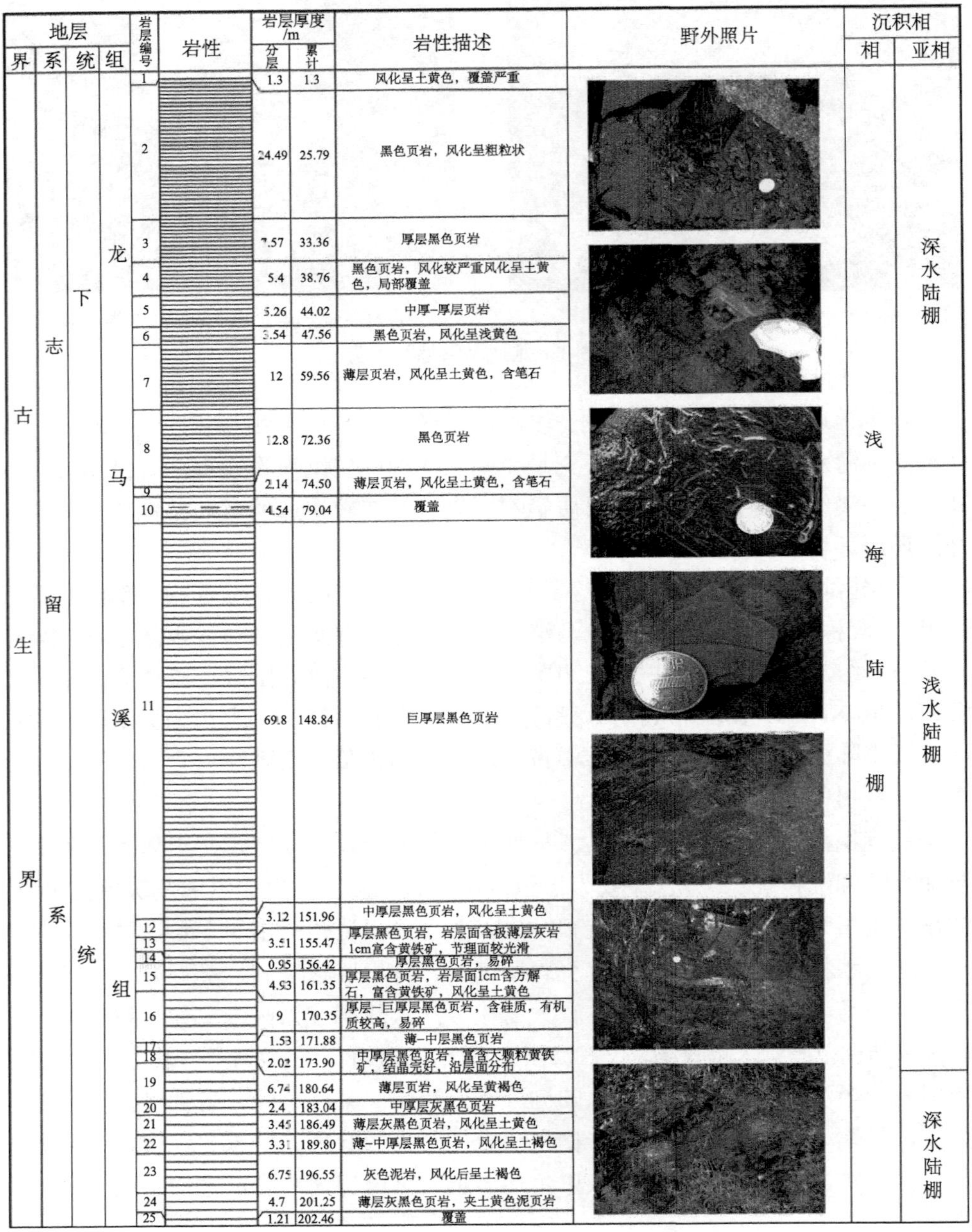
地层
界
系
统
组
岩层编号
岩性
岩层厚度/m
分层
累计
岩性描述
野外照片
沉积相
相
亚相
古生界
志留系
下统
龙马溪组
1　1.3　1.3　风化呈土黄色，覆盖严重
2　24.49　25.79　黑色页岩，风化呈粗粒状
3　7.57　33.36　厚层黑色页岩
4　5.4　38.76　黑色页岩，风化较严重风化呈土黄色，局部覆盖
5　5.26　44.02　中厚–厚层页岩
6　3.54　47.56　黑色页岩，风化呈浅黄色
7　12　59.56　薄层页岩，风化呈土黄色，含笔石
8　12.8　72.36　黑色页岩
9　2.14　74.50　薄层页岩，风化呈土黄色，含笔石
10　4.54　79.04　覆盖
11　69.8　148.84　巨厚层黑色页岩
12　3.12　151.96　中厚层黑色页岩，风化呈土黄色
13　3.51　155.47　厚层黑色页岩，岩层面含极薄层灰岩1cm富含黄铁矿，节理面较光滑
14　0.95　156.42　厚层黑色页岩，易碎
15　4.93　161.35　厚层黑色页岩，岩层面1cm含方解石，富含黄铁矿，风化呈土黄色
16　9　170.35　厚层–巨厚层黑色页岩，含硅质，有机质较高，易碎
17　1.53　171.88　薄–中层黑色页岩
18　2.02　173.90　中厚层黑色页岩，富含大颗粒黄铁矿，结晶完好，沿层面分布
19　6.74　180.64　薄层页岩，风化呈黄褐色
20　2.4　183.04　中厚层灰黑色页岩
21　3.45　186.49　薄层灰黑色页岩，风化呈土黄色
22　3.31　189.80　薄–中厚层黑色页岩，风化呈土褐色
23　6.75　196.55　灰色泥岩，风化后呈土褐色
24　4.7　201.25　薄层灰黑色页岩，夹土黄色泥页岩
25　1.21　202.46　覆盖
浅海陆棚
深水陆棚
浅水陆棚
深水陆棚

图 3-4　龙马溪组沉积环境分析综合柱状图(兴文三星)

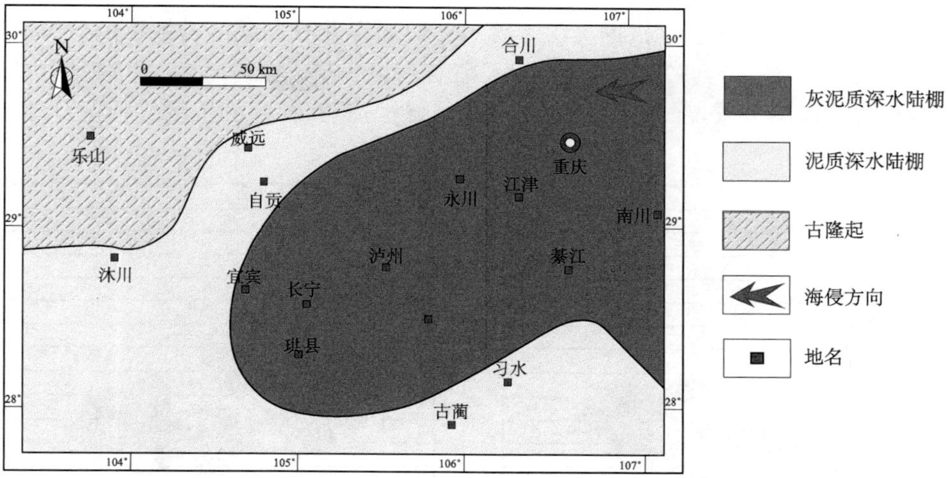

图 3-5　川南地区龙马溪早期古地理图[据张维生(2009)修改]

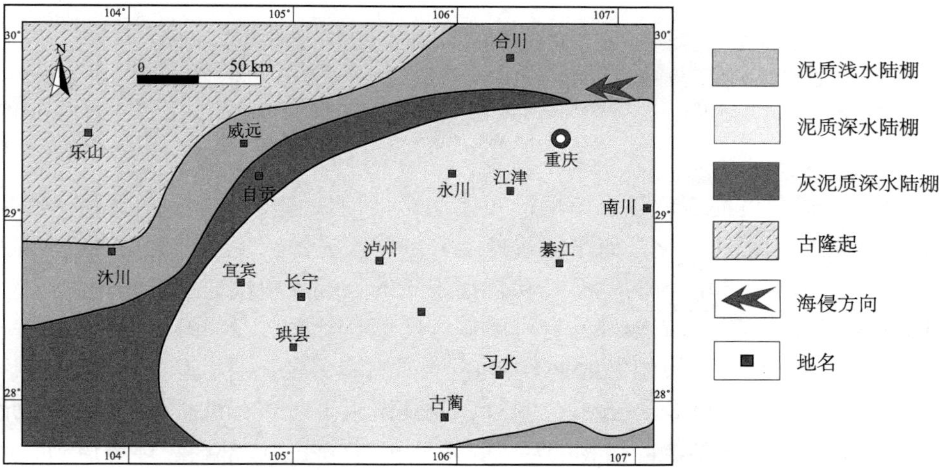

图 3-6　川南地区龙马溪晚期古地理图[据张维生(2009)修改]

第二节　源岩–储层发育及空间展布特征

一、源岩–储层发育的影响因素

川南地区下志留统龙马溪组页岩气源岩–储层的发育受到古地理位置、古气候、古构造、沉积环境、沉积速率、海平面变化、上升流和保存条件等多种因素的控制和影响。

从古地理位置来看，根据吴汉宁等(1999)对湖北秭归地区古地磁的研究和地磁分析表明(李朋武等，2007)(图 3-7)，晚奥陶世—早志留世时期，川南地区处于赤道附近偏南的位置，属亚热带-热带温暖气候区，具有很好的生物生长发育环境。

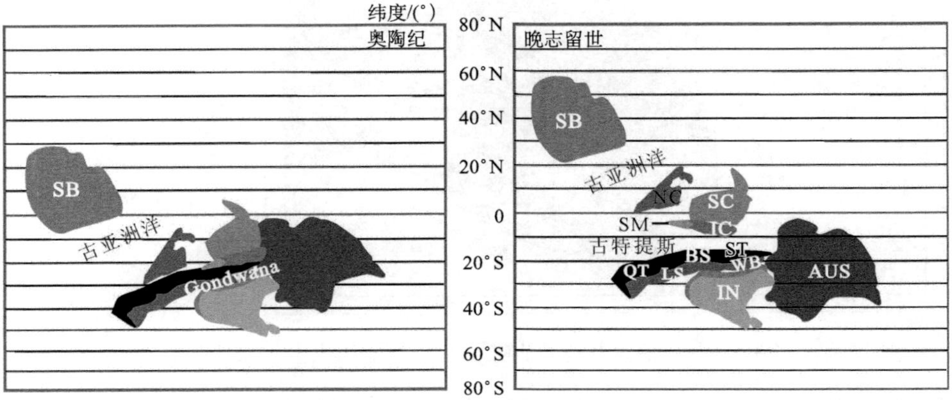

图 3-7　奥陶纪—志留纪各地块古地理位置图(李朋武等，2007)

Gondwana：冈瓦纳大陆；NC：华北地块；SB：西伯利亚地块；SC：华南地块；SM：思茅地块；IC：印支地块；QT：羌塘地块；BS：保山地块；ST：缅泰地块；LS：拉萨地块；WB：西缅甸地块；IN：印度地块；AUS：澳大利亚地块

从古气候角度而言，早志留世，在冰期-冰后期之交，全球古气候进入暖期，冈瓦纳大陆冰川迅速融化，海平面快速上升，降雨充沛，生物群落出现高度的特化和分异，菌藻类和浮游的笔石类动物在富氧的表层水中快速生长繁殖，而底层水因水体相对较深，形成较好的有机质保存环境(张维生，2009)，加之具备适宜的古地理位置，使龙马溪组源岩-储层的发育具有良好的条件。泥页岩发育主要在海侵初期(Wignall and Maynard，1993)，龙马溪组下段富有机质页岩即在此期发育。海侵后期，随着陆源碎屑物的注入，水体相对变浅，底部缺氧环境遭到破坏，有机质保存条件变差，使龙马溪组由下向上有机碳含量变低。

上升流中含有丰富的营养盐，有利于生物的发育并促使浮游生物大量繁殖，形成浮游生物高产区；同时，上升流从底层带来的底层水氧含量低，有利于缺氧环境的形成，从而对高有机质丰度页岩的形成起到一定的控制作用。吕炳全等(2004)在研究扬子地块东南缘古生代上升流与烃源岩的关系时，认为黑色碳质页岩、黑色硅质页岩、碳-硅质页岩组合、碳-硅-磷泥岩组合的发育是判定上升洋流发育的标志之一。野外露头剖面的观察和样品测试表明，早志留世龙马溪期，四川盆地南部(尤其是兴文地区)黑色碳质页岩、黑色硅质页岩发育，底部硅质含量高，最高达 80%，该区龙马溪世初期上升流十分发育，继承有五峰组烃源岩发育特征。距底部 30m 处，存在一个明显的界限，界面上下岩性变化显著，硅质含量差异很大，上部平均约20%，表明上升流不发育或者发育程度很低，生物也以笔石等为主。

从古构造角度来说，构造作用通过控制地球表面海-陆格局、陆地地势分异、冰川地势分异、冰川类型等，引起了古大气环流、气候带、古洋流形式及类型的形成和演变，从而控制高丰度有机质沉积物的形成和堆积；海相高丰度烃源岩主要发育于被动大陆边缘盆地、前陆盆地和克拉通盆地内的拗陷盆地中(张水昌等，2005)，如图3-8所示。

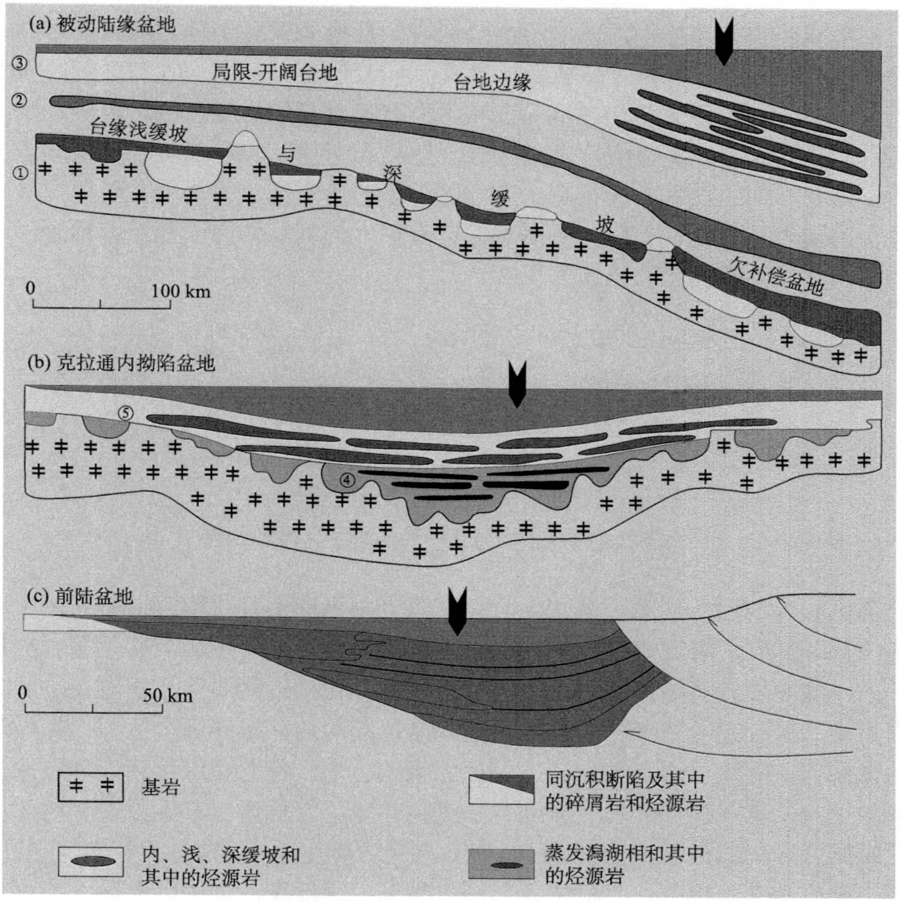

图3-8　高有机质丰度烃源岩发育的构造模式(张水昌等，2005)

①～⑤为发育于被动大陆边缘盆地、克拉通内拗盆地和前陆盆地中的烃源岩

志留纪早期扬子板块受加里东运动影响，中国南方形成一个统一的板块——华南板块；扬子陆块与华夏陆块的汇聚作用形成华南前陆盆地，包括前陆推覆体、

前陆前缘、前陆隆起和隆后盆地四个主要部分，经历三次挤压、挠曲沉降至松弛、抬升过程(王鸿祯，1986；刘宝珺等，1993；许效松，1996)。在前陆推覆体作用下，地壳挠曲沉降早期表现为海平面相对上升，可容空间加大。研究区早志留世龙马溪期，在隆后盆地沉积厚数米至数十米的黑色碳质页岩中含有丰富的笔石。从“黔中隆起”周边的沉积体展布看，晚奥陶世—早志留世沉积范围小于早期沉积，表明前陆隆起在向克拉通盆地方向推进，且前陆隆起开始逐渐露出水面(尹福光等，2002)。在松弛期，前陆隆起继续抬升，泥岩层遭改造，提供更多的物源，盆地内龙马溪组中上部出现的粗碎屑岩沉积为向上变浅和海退式的沉积组合。该期运动形成的古构造格局对龙马溪组烃源岩的形成与保存十分有利。一方面，前陆盆地演化过程中，前陆隆起刚开始形成，未完全露出地表，使研究区远离物源，沉积速率较低，形成欠补偿环境，沉积了厚度相对稳定的黑色碳质页岩、黑色页岩(图 3-9)，至龙马溪晚期，研究区周围地势逐渐抬升，烃源岩的沉积环境受到破坏；另一方面，在龙马溪早期，研究区处于四川古陆、雪峰山古隆起、黔中隆起环绕的陆表海环境，古隆起对海水循环有很大的制约作用，在隆起背后形成广泛的滞留环境，有利于有机质的保存。

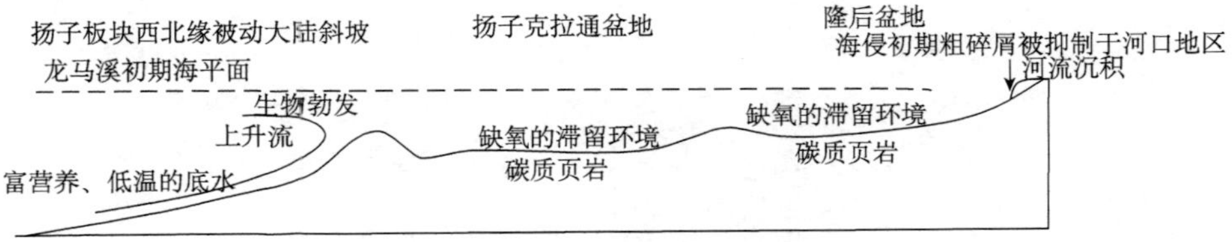

图 3-9　扬子区上奥陶统—下志留统优质烃源岩发育模式(李双建等，2008a)

从沉积环境而言，龙马溪初期，川南海平面迅速上升，可容纳空间增大，沉积水体快速加深，海底出现缺氧环境，黑色碳质泥岩和黑色、灰黑色泥岩沉积厚度较大，其中发育黄铁矿颗粒、薄层或透镜体，古构造格局塑造的滞留缺氧环境对有机质的保存起着重要作用；龙马溪晚期，随着前陆隆起继续抬升，隆后盆地相对变浅，前隆泥岩层调整改造，提供的物源更多，使海底氧化还原环境发生较大的改变，从缺氧还原环境过渡到富氧氧化环境，有机质保存条件遭到破坏。尽管此时研究区仍旧处于滞留环境中，但其海底环境变差，后期发育的源岩-储层品质差，有机碳含量很低。有机质富集程度与沉积物堆积速率关系密切。Rullkötter 等(1998)研究认为，海相高有机质含量受沉积速率影响较大，富有机质沉积物主要分布在最小含氧带，该区沉积速率相对较低，沉积速率较高区有机质含量较低。

沉积环境可以反映沉积速率及保存条件等多方面的因素，能决定源岩有机质类型和丰度等。研究区龙马溪组主要发育于泥质深水陆棚和泥灰质深水陆棚，其次为泥质浅水陆棚，砂泥质浅水陆棚基本不发育。从不同沉积环境下所形成烃源岩的平均有机碳质量分数(TOC)看，陆棚边缘滞水盆地有机碳含量平均为6.96%，其次为泥质深水陆棚，有机碳含量为0.96%～2.09%，再次为泥质浅水陆棚，有机碳含量平均为0.25%，砂泥质浅水陆棚最差，有机碳含量仅为0.10%左右。

上述各控制因素并非单一地对龙马溪组页岩气源岩-储层的发育起到控制作用，而是综合地发生控制作用。实际上，只有在各因素组合达到最优配置时，源岩-储层的发育才是最佳的。川南龙马溪组页岩气源岩-储层能够较好地发育，得益于古地理位置、古气候、海平面变化和上升流等提供了良好的外部环境背景，更直接受益于沉积环境、沉积速率和保存条件等因素的优化配置。

二、源岩-储层厚度展布特征

钻井资料是统计分析源岩-储层空间发育及展布的基础素材。但川南地区钻穿志留系的钻井数量有限，特别是作为专门研究页岩气的钻井仅有长芯1浅井，资料相对匮乏。本书研究过程中，获取了13口钻井资料(表3-1)，结合露头地质分析及前人研究成果(万方和许效松，2003；马力等，2004；梁狄刚等，2009)，对川南龙马溪组及其黑色页岩(TOC>2%)厚度与埋深进行了统计分析，显示区域内龙马溪组及其黑色页岩厚度较大，分别分布在120～657m和20～160m。

表3-1　川南地区钻井揭露志留系厚度与埋深统计表　(单位：m)

井名	韩家店		石牛栏		龙马溪		
	埋深	厚度	埋深	厚度	埋深	厚度	黑色页岩
阳63	2479.5～2583	103.5	2583～3045.5	462.5	3045.5～3560	514.5	150
隆32	2275～2349.5	74.5	2349.5～2720	370.5	2720～3244.5	524.5	130
盘1	缺失	0	3199.5～3280	80.5	3280～3816	536.0	33.5
自深1	2770.5～2823.5	53.0	2823.5～2919.0	95.0	2919.0～3576.5	657.0	21
阳深1	2300～2419	119	2419～2866	447	2866～3387.5	521.5	95
阳深2	2521～2612	91	2612～3058	446	3058～3552	494	120
桐18	3292.5～3530	237.5	3530～3927	397.0	3927～3950 (未见底)	>23 (未)	>20
付深1	2599.5～2856	256.5	2856～3382.5	526.5	3382.5～3740 (未见底)	>357.5 (未)	>70
东深1	2388.2～2418	29.8	2418～2807	389	2807～3426	619.6	160
临7	缺失	0	1763.8～2080	316.2	2080～2640.4	560.4	100.5
阳9	2237～2392	155	2392～2866	474	2866～3387.5	521.5	(未)
五科1	(未)	(未)	(未)	(未)	4959～5259	120	25
长芯1	(未)	(未)	(未)	(未)	0～153(未见顶)	>153	60～70

注：(未)表示未能确定。

(一)龙马溪组厚度展布特征

在古地理位置、古气候等外部环境条件下，川南地区下志留统龙马溪组的发育直接受沉积环境和区域构造演化的影响。龙马溪组为一套底部深水陆棚相与顶部浅水陆棚相沉积地层组合，底部黑色页岩发育于深水滞留还原环境，有机质丰富，与上奥陶统五峰组呈整合接触，沉积中心位于纳溪—泸州—永川一带，物源区为江南古陆。总体上沉积厚度较大，底部岩性以深灰色-黑色粉砂质页岩、硅质页岩夹泥质粉砂岩、黑色及灰黑色笔石页岩或碳质页岩为主，向上逐渐转为灰色、灰绿色页岩夹生物灰岩。受晚志留世末期广西运动强烈影响，区内志留系普遍遭受剥蚀，上志留统缺失，靠近乐山—龙女寺古隆起区域剥蚀最为严重，部分地区仅保留下志留统龙马溪组底部黑色页岩地层，上志留统基本缺失。至燕山—喜马拉雅期，区内靠近四川盆地南部边缘地区隆升，地层遭受剥蚀，在长宁背斜等构造带上，龙马溪组黑色页岩直接出露地表，厚度相对较小。因此，区内龙马溪组发育厚度呈现区域性差异(图 3-10)。

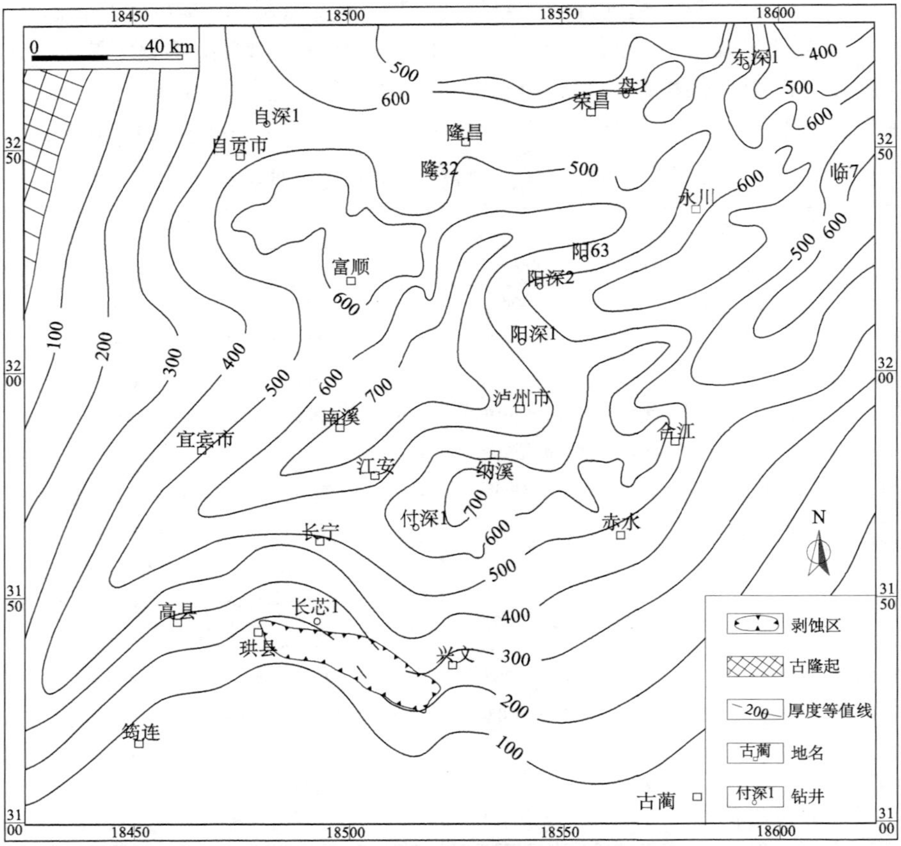

图 3-10　龙马溪组厚度等值线图

总体上龙马溪组厚度分布于 100～700m，南部盆地边缘剥蚀区和靠近乐山—龙女寺古隆起区域厚度较小，其余地区厚度较大，尤其是东北部区域剥蚀较弱，厚度较大，分布稳定，大部分地区厚度大于 400m，其中自贡—宜宾—珙县—赤水—永川围限沉积范围沿 NE 向展布，厚度多大于 500m，富顺—南溪—纳溪—泸州，厚度超过 600m。

(二) 龙马溪组黑色页岩厚度展布特征

从沉积环境特征看，龙马溪组底部为深水陆棚相，以还原环境为主，延续了五峰组沉积环境特点，以黑色碳质页岩、硅质页岩和灰黑色钙质页岩为主，沉积主体为局限泥质深水陆棚；龙马溪组顶部为浅水陆棚相，主导的还原条件发生改变，岩性组成上则以灰绿和黄绿色泥岩、粉砂质泥岩和粉砂岩为主。根据沉积物岩性、古生物与有机质含量等特征，结合区域地质、钻井统计资料、地震、测井资料、野外调查室内测试综合分析，区内龙马溪组沉积厚度中黑色页岩厚度约占龙马溪组总厚度的 1/5。从东深 1 井—临 7 井龙马溪组对比横剖面图也可以看出(图 3-11)，由北至南，龙马溪组厚度和黑色页岩厚度较大，相对稳定。

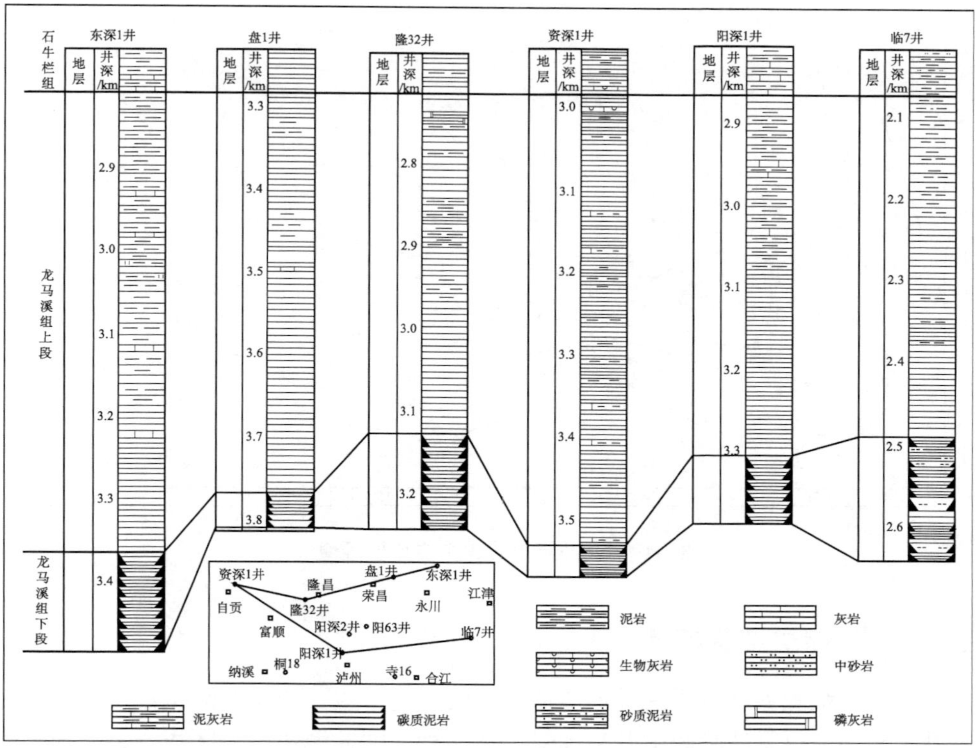

图 3-11　东深 1 井—临 7 井龙马溪组对比横剖面图

总体而言，龙马溪组黑色页岩厚度变化形态和龙马溪组大致相同，且沿 NE 向展布特征更趋明显，沿珙县—纳溪—江安—泸州—永川沉积中心一线，附近区域黑色页岩厚度较大，分布稳定，多大于 100m，高值达到 170m（图 3-12）；北部区域黑色页岩的厚度较南部更大，乐山—龙女寺古隆起区及盆地南缘地区黑色页岩厚度相对较薄，其余地区厚度均较大，大部分地区超过 80m。

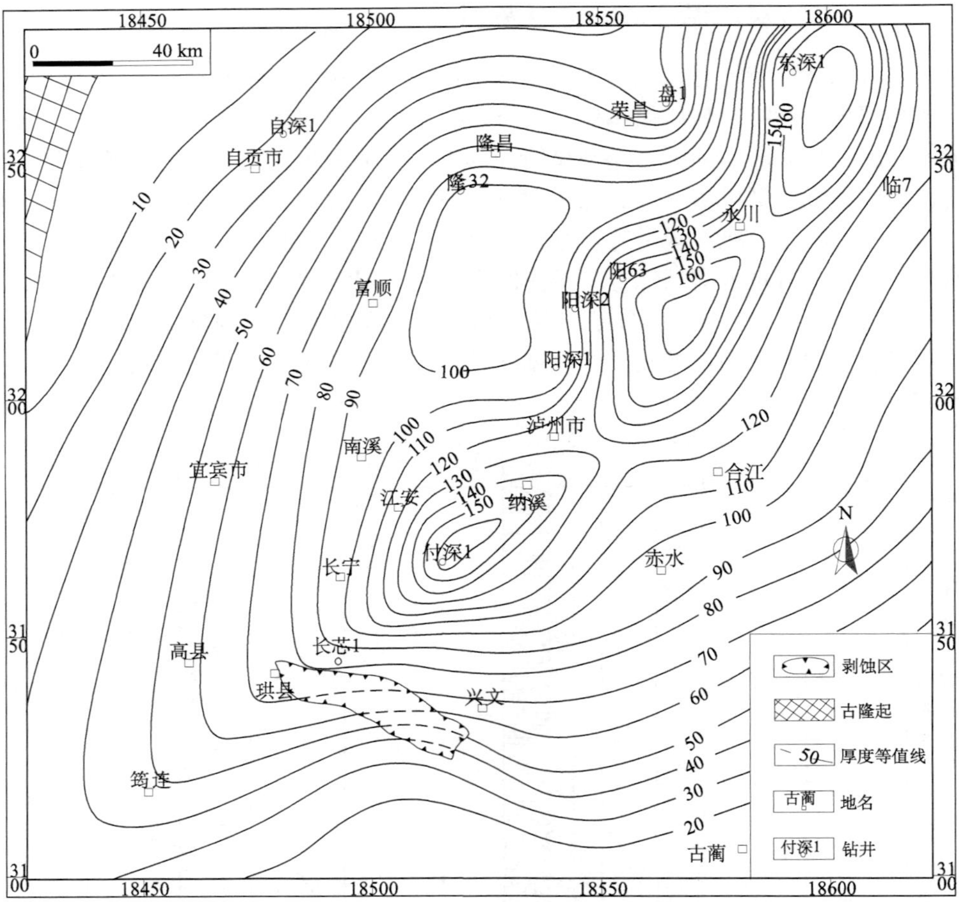

图 3-12　龙马溪组黑色页岩厚度等值线图

三、源岩-储层埋深特征

龙马溪组底界埋深受区域构造活动影响较为严重，印支期泸州古隆起的形成和燕山—喜马拉雅期隆起抬升剥蚀等构造活动，使盆地边缘地区和隆起抬升区地层遭受剥蚀，龙马溪组埋深相对较小，部分剥蚀严重地区，龙马溪组甚至出露地表；古隆起与古隆起之间为拗陷带，埋深相对较大，因而受构造影响，龙马溪组底界埋深差异较大。

据区内资料统计分析和研究绘制的龙马溪组底界埋深等值线图(图3-13)可看到，区内下志留统龙马溪组底界埋深介于2000～4500m，珙长背斜周缘及盆地南缘地区埋深小于2000m，其中，长宁、南溪和宜宾三地所夹区域、赤水和古蔺之间区域等小范围底界埋深大于4000m；其余主要地区埋深在3000m左右。

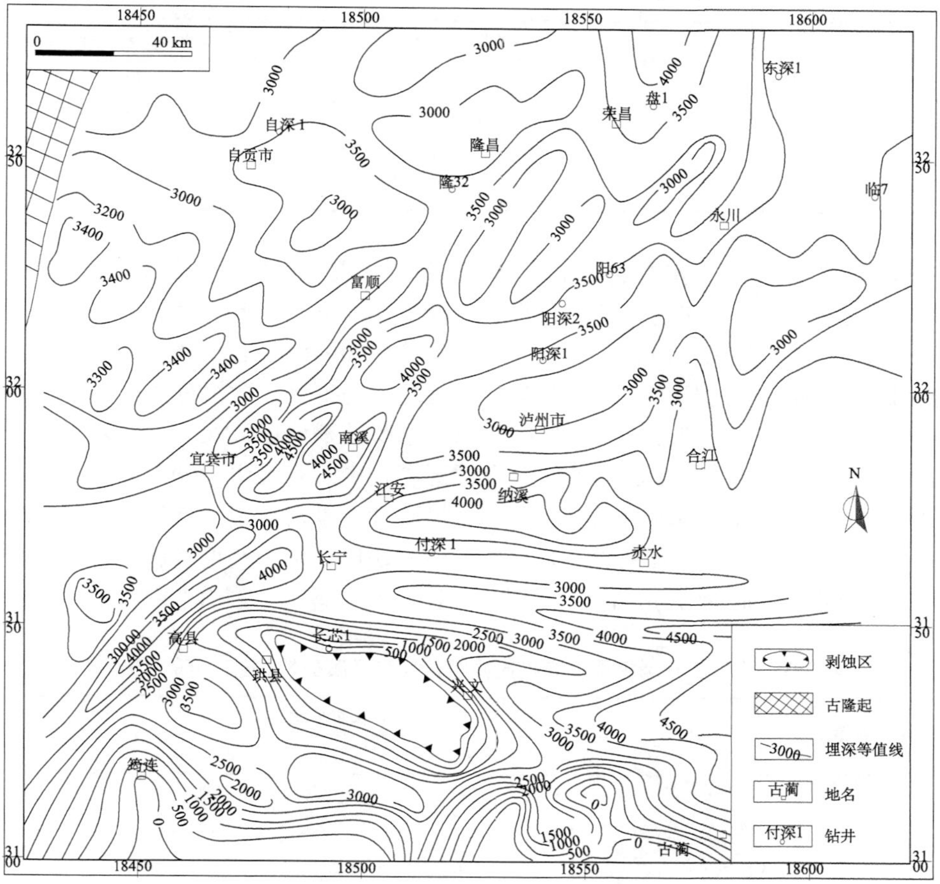

图3-13　龙马溪组底界埋深等值线图

第三节　页岩气源岩有机地化特征

一、有机质类型

有机岩石学评价方法、干酪根碳同位素法及干酪根元素分析法是目前烃源岩有机质类型评价的主要方法。研究区龙马溪组成熟度高，采用H/C原子比、红外光谱、氢指数等方法判别有机质类型准确性降低。干酪根显微组分和干酪根碳同位素结合具有较好的烃源岩判定效果(表 3-2)，据此对有机质类型划分有三类四分法：Ⅰ型-腐泥型、Ⅱ型($Ⅱ_1$-腐殖腐泥型、$Ⅱ_2$-腐泥腐殖型)和Ⅲ型-腐殖型[另外，还有三类五分法：Ⅰ型($Ⅰ_1$-腐泥型、$Ⅰ_2$-含腐殖腐泥型)、Ⅱ型(腐殖腐泥型)和Ⅲ型($Ⅲ_1$-含腐泥腐殖型、$Ⅲ_2$-腐殖型)]。

表 3-2 有机质类型划分标准(戴鸿鸣等，2008)

类型	干酪根 $δ^{13}C$/‰	干酪根显微组分 TI 值
Ⅰ	<–29	>80
$Ⅱ_1$	–29～–27	40～80
$Ⅱ_2$	–27～–25	0～40
Ⅲ	>–25	<0

对兴文的龙马溪组样品干酪根碳同位素 $δ^{13}C$ 的测试结果表明，其值为29.832‰；另外，陈波和皮定成(2009)对建深 1 井两个龙马溪组样品的干酪根 $δ^{13}C$ 分析结果分别为 29.67‰和 30.51‰。王兰生等(2009)对长芯 1 井龙马溪组黑色页岩有机质显微组分的研究表明(表 3-3)，腐泥质为有机显微组分的主体，平均约占 73.6%，有机质类型总体属Ⅰ型；川南下志留统干酪根 $δ^{13}C$ 为–30‰，镜下有机质呈无定形，但呈粒状、絮粒状集合体形态较多。张维生(2009)对川东南—黔北地区的研究认为龙马溪组烃源岩原始有机质含量丰富，镜下有机组分含量也较高，平均达 25%以上，有机质原始母质在滞留还原环境中高度降解，形成以无定形类为主的有机显微组分，有机质类型为Ⅰ型(腐泥型)，根据对干酪根 $δ^{13}C$ 的测

表 3-3 长芯 1 井黑色页岩有机显微组分与有机质类型(王兰生等，2009)

层位	深度/m	岩性	有机显微组分/%					有机质类型
			腐泥质	藻粒体	碳沥青	微粒体	动物体	
S_1l	19.5	黑色页岩	75.8	7.8	2.7	4.6	9.1	Ⅰ
	40	黑色页岩	74.4	10.2	—	4.7	10.7	Ⅰ
	60	灰黑色砂质页岩	68.7	8.3	4.9	6.5	11.6	Ⅰ
	80	灰黑色砂质页岩	77.4	7.7	6.8	6	2.1	Ⅰ
	100	黑色页岩	72.2	9.6	3.1	7.9	7.3	Ⅰ
	120	黑色页岩	70.3	11	2.4	6.4	9.9	Ⅰ
	140	黑色页岩	75.8	10.4	—	7.7	6.1	Ⅰ
	153	黑色页岩	74	11.2	—	9.4	5.3	Ⅰ
平均值			73.6	9.5	2.5	6.7	7.8	Ⅰ

注：“—”表示未测到。

试，$\delta^{13}C$ 实测值为–28.7‰～–30.4‰，烃源岩全部属于Ⅰ型。李文峰(1990)、戴鸿鸣等(2008)和周传祎(2008)的研究表明，尽管显微组分之间有差异，但总体来说干酪根类型为Ⅰ～$Ⅱ_1$型(表 3-4 和图 3-14)。

表 3-4　研究区及邻区有机质类型

地区	层位	岩性	$\delta^{13}C$/‰	类型	来源
川南	S_1	泥岩		Ⅰ型	李文峰，1990
川西南	S_1	灰绿色页岩		Ⅰ型	
川西南	S_1	灰绿色页岩		Ⅰ型	
大巴山、米仓山南缘	S_1	泥岩		Ⅰ～$Ⅱ_1$型	戴鸿鸣等，2008
四川盆地	S_1	泥岩		Ⅰ型	
喉滩剖面	S_1	泥岩		Ⅰ型	
川南兴文	S_{1l}	泥页岩	–28.0	Ⅰ型	周传祎，2008
川南叙永	S_{1l}	泥页岩	–30.4	Ⅰ型	
川东南—黔北	S_{1l}	泥页岩	–28.7～–30.4/–29.4	Ⅰ型	张维生，2009
川南兴文	S_{1l}	泥页岩	–29.832	Ⅰ型	本次实测

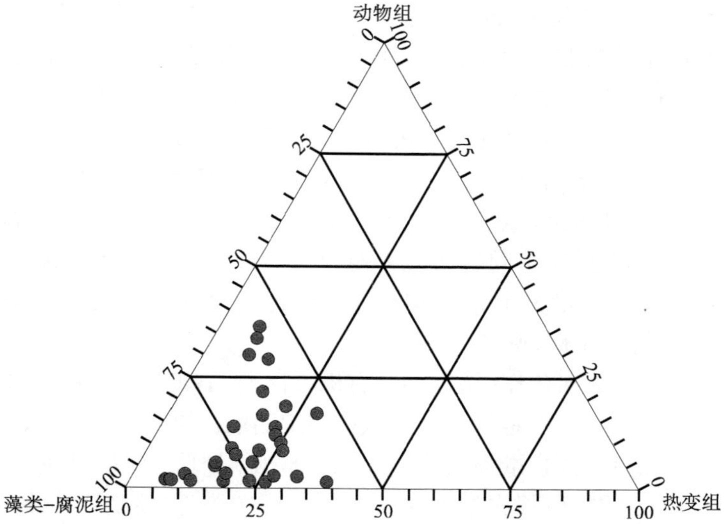

图 3-14　川南—黔中龙马溪组显微组分三角图(周传祎，2008)

根据三类四分法，分析认为虽然龙马溪组显微组分与干酪根碳同位素两者特征存在差异，但 TI 值及 $\delta^{13}C$ 均反映出有机质类型好，龙马溪组烃源岩有机质属于有机质类型好的 I 型干酪根，即腐泥型，生烃能力强。

二、有机质丰度

页岩气源岩中的有机质存在多种富集类型和赋存方式。根据蔡进功等(2006)对烃源岩中有机质与矿物间的关系研究发现有机质具有分散状、成层状富集和局部富集等多种类型；可划分出生物碎屑、无定形(聚合)团粒以及与黏土矿物混染的有机质等类型；烃源岩中有机质有黏土复合有机质、聚合有机质、生物碎屑有机质三种赋存类型；所有类型的有机质与烃源岩的岩相、无机矿物和微量元素之间有着密切的关系，并影响有机质沉积和保存等整个形成过程以及后期的演化和生烃过程。通常用有机质丰度来评价源岩中的有机质富集程度。有机质丰度是单位质量岩石中有机质的数量，一般其他条件相近时，有机质含量(丰度)越高，生烃能力越强。页岩气源岩的有机质丰度直接和页岩气的形成数量相关。本书采用总有机碳(TOC)和生烃强度(或称生烃潜量、生烃势)(S_1+S_2)两个指标进行龙马溪组页岩气源岩的有机质丰度评价。

(一)总有机碳含量(TOC)

对露头区采集的 75 个龙马溪组泥页岩样品的 TOC 测试表明，含量介于 0.29%～5.35%[①]，平均值为 1.96%；其中 28 个样品 TOC 含量大于 2.0%，平均为 3.38%，约占总样品数的 37%，主要分布在龙马溪组的下段。川东南及黔北等邻区 30 个 TOC 测试结果显示有 7 个样品 TOC 含量大于 2.0%，约占总样品数的 23.3%(图 3-15)。第一口页岩气浅井(长芯 1 井)取心 153m，包括底部 10m 厚的上奥陶统五峰组碳质页岩，其中上部 110m 的 TOC 平均值为 2%，下段 110～153m 的 TOC 平均值为 6%，TOC 含量大于 2%的页岩累积厚度超过 80m(王社教等，2009)。

研究区有机碳含量在垂向呈现显著的增大趋势，特别是龙马溪组下段底部的 50m(图 3-16)，TOC 含量大于 2%，但是龙马溪组上段顶部 TOC 含量则极为贫乏。龙马溪组下段，特别是底部，TOC 值高。

露头区的样品受到风化作用的影响，有机质损失，TOC 含量降低。马力等(2004)对江汉盆地、下扬子区、黔桂地区井下取样与地面取样进行对比分析，发现地面样品相对于井下样品有机碳含量损失达到 50%～80%。据此，对样品进行风化系数恢复。根据这一研究结果，取损失量为 50%进行有机碳校正(恢复)，则龙马下组 TOC 值为 0.44%～8.03%，平均为 3.93%，其中 TOC 大于 2%的占 80%。根据页岩气有机碳评价标准(表 3-5)，龙马溪组具有较高的 TOC，好-很好的页岩气源岩适合页

① 沉积岩中有机碳测定在中原油田分公司勘探开发科学研究院石油地质实验中心完成。检测仪器：CS-230 碳硫分析仪；检测条件：温度 23℃，湿度 60%；执行标准：GB/T 19145—2003；测试时间：2009 年 9 月。

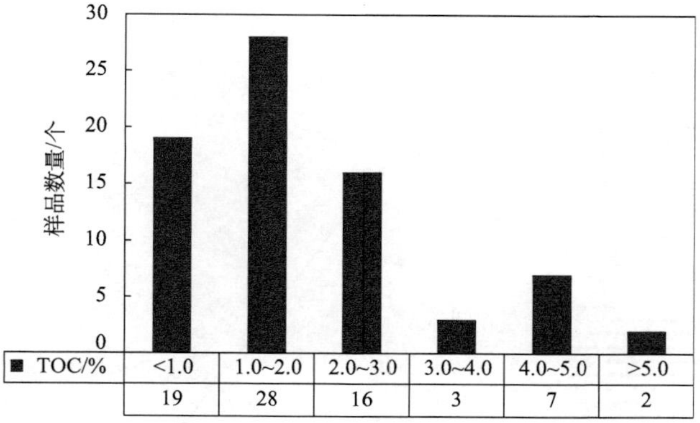

(a) 研究区

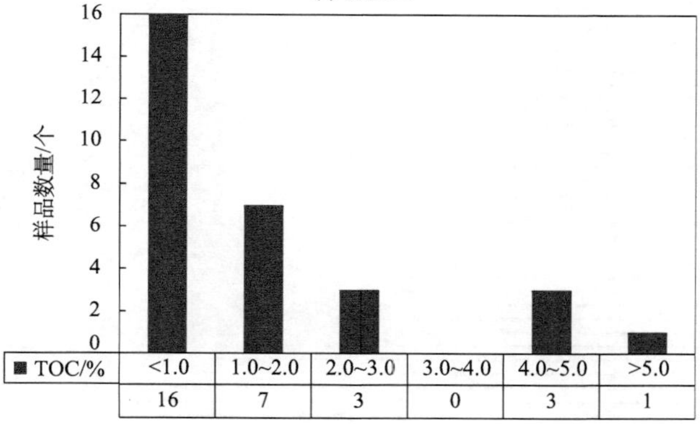

(b) 川东南及黔北等邻区

图 3-15 研究区及邻区(川东南—黔北)TOC 分布图

岩气的生成和富集。当然，有机碳含量评价标准的应用应该考虑评价样品的类型(如岩心、岩屑或者露头样品)，比如，岩心的 TOC 大于 1.0%，而露头样品则均需大于 2.0%，且需着重考虑有效烃源岩的厚度及展布等空间发育特征。

(二) 生烃强度(生烃潜量) S_1+S_2

龙马溪组 3 个样品的热解测试结果①如表 3-6 所示，其中 S_1 为残留烃，是岩石中已由有机质生成但尚未排出的残留烃(或称游离烃、热解烃)；S_2 为裂解烃，是岩石中能够生烃但尚未生烃的有机质；(S_1+S_2)为生烃势(潜量)(单位为 mg/g)，不包括生成后已从源岩中排出的部分烃。通常(S_1+S_2)随岩石有机碳含量升高而增大，随有机质生烃潜力消耗和排烃过程而逐步降低。

① 有机质生烃潜量测试在中国科学院广州地球化学研究所完成。测试仪器：Rock Eval 热解仪；测试时间：2012 年 2 月。

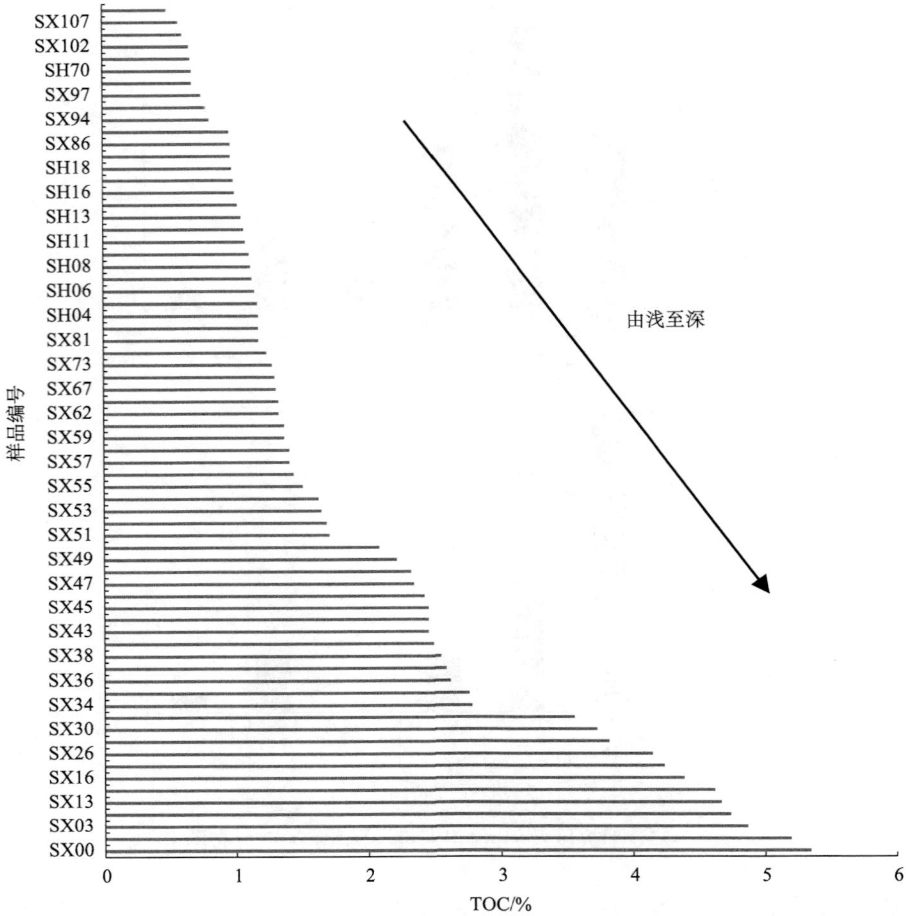

图 3-16　龙马溪组有机碳含量垂向分布

表 3-5　采用有机碳含量(有机质丰度)评价页岩气和常规油气的标准

页岩气评价(Jarvie et al., 2005)		常规油气评价(据黄第藩等，1992)	
TOC/%	类别	TOC/%	类别
＜0.5	很差	<0.4	非烃源岩
0.5～1.0	差	0.4～0.6	较差
1.0～2.0	一般	0.6～1.0	较好
2.0～4.0	好	>1.0	好
4.0～12.0	很好		
＞12.0	极好		

表 3-6　龙马溪组泥页岩热解分析结果(TOC/产烃量)

剖面位置	岩性	有机碳 TOC/%	游离烃 S_1/(mg/g)	热解烃 S_2/(mg/g)	产烃潜量 S_1+S_2/(mg/g)	备注
SH03(R-3)	泥页岩	1.33	0.01	0.02	0.03	本次实测
SX03(27-3)	泥页岩	2.17	0	0.03	0.03	
SX36(27-36)	泥页岩	4.84	0.01	0	0.02	
双河镇荷叶村	碳质泥岩	1.25	0.04	0.01	0.05	据周传祎，2008
双河镇荷叶村	笔石页岩	0.8	0.04	0.01	0.05	
麒麟镇象鼻村	页岩	0.89	0.02	0.01	0.03	
摩尼镇燕子村	页岩	0.44	0.02	0.01	0.03	
麻城镇民华村	页岩	4.05	0.03	0.01	0.04	
长宁双河	碳质泥岩	2.42	0.04	0.01	0.05	据张维生，2009
长宁双河	灰黑色泥岩	0.76	0.04	0.01	0.05	

对照采用生烃强度评价常规烃源岩有机质丰度的标准(黄第藩等，1992)，对龙马溪组页岩气源岩的类型进行初步判别，生烃潜量(S_1+S_2)均小于 0.5 mg/g，与其他研究者的测试结果相近，判别结果属于非烃源岩。显然，如其所述，和事实不符，低估了有机质丰度。这是因为龙马溪组本身的成熟度高，生烃能力已耗尽，所以采用生烃潜量(S_1+S_2)评价有机质丰度对龙马溪组泥页岩而言并不合适。

综合分析认为，垂向上，龙马溪组 TOC 从上段顶部到下段底部逐渐增大，用页岩气烃源岩评价标准(有效烃源岩下限值大于 2%)参考，至少有 50m 厚(50～70m)的黑色页岩其 TOC 含量大于 2%(经风化系数校正恢复，本区龙马溪组有效烃源岩厚度为 140～160m)。根据区域数据，横向上对 TOC 的平面分布情况进行研究，图 3-17 表明，TOC 等值线分布与龙马溪组页岩厚度等值线具有相似的趋势，沿 NE 向展布，TOC 高值区位于珙县—泸州—永川一带。

三、有机质成熟度

有机质成熟度反映了沉积盆地中源岩经历的最高温度(Chelini et al.，2010)。近年我国下古生界中广泛发现海相镜质组，其反射率也可作为成熟度指标(钟宁宁和秦勇，1995；金奎励等，1997)。Xiao 等(2000)通过对我国典型钻孔的研究，结合热模拟实验结果，发现了 MVR_o 演化的阶段性，建立起了 VR_o 与 MVR_o 的三段式方程，是应用海相镜质组反射率确定下古生界烃源岩成熟度的基础。研究区 29 个样品中几乎不存在标准的镜质组，通常是类镜质组，且数量偏少，测试难度很大。但类镜质组反射率可以作为早古生代岩石的成熟度指标(Hunt，1996)。

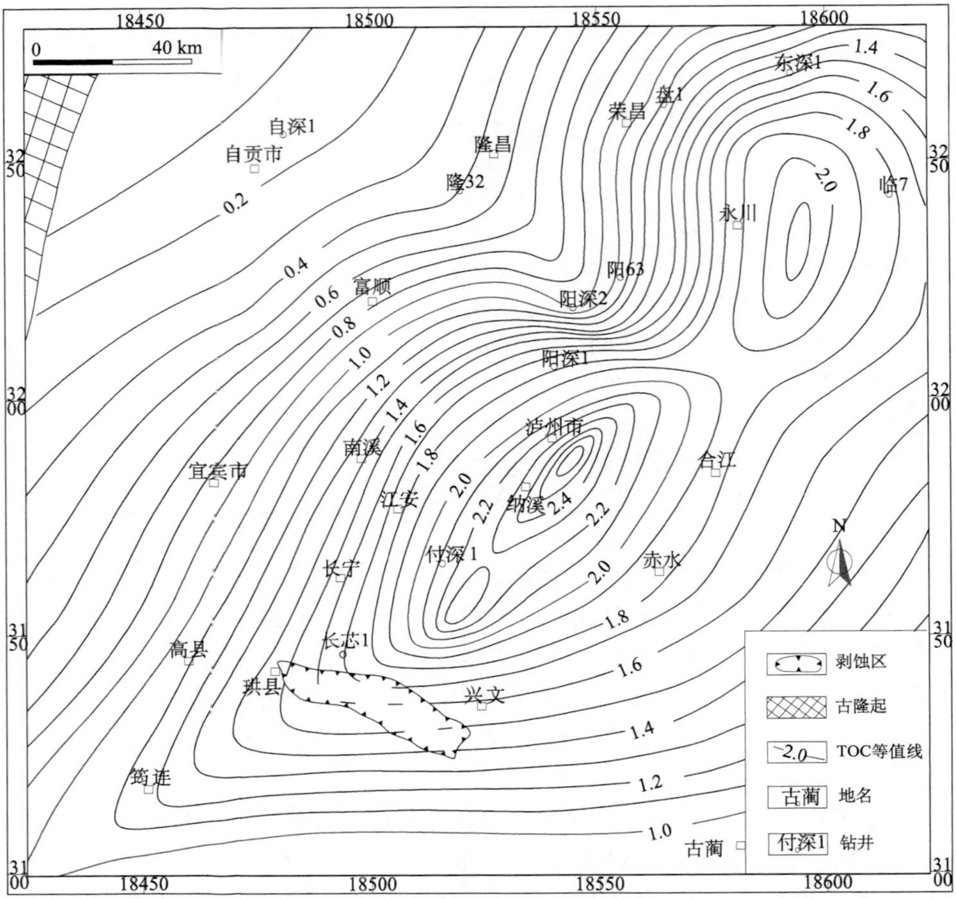

图 3-17 龙马溪组有机碳含量等值线图

因此，在厚度不到 300m 的龙马溪组剖面上，取 29 个样进行了精细测试①。结果表明，类镜质组最大反射率在 1.483%～2.094%，平均为 1.803%。

综合各种因素考虑，认为采用钟宁宁和秦勇（1995）将海相碳酸盐岩中基质腐泥体反射率或类镜质组反射率（R_{om}）换算为等效海相镜质组反射率（R_o）的方法更合理。类镜质组反射率（R_{om}）和等效海相镜质组反射率（R_o）间的关系如下：

$$R_o = 1.042\,R_{om} + 0.052\ (0.30\% < R_{om} < 1.40\%),$$

$$R_o = 4.162\,R_{om} - 4.327\ (1.40\% \leqslant R_{om} \leqslant 1.60\%),$$

① 泥页岩的（类）镜质组最大反射率测定在中国矿业大学分析测试中心完成。测试仪器：德国蔡司（ZEISS）显微镜光度计；测试时间：2010 年 10 月。

$$R_o = 2.092\ R_{om} - 1.079\ (1.60\% < R_{om} < 3.0\%)。$$

根据以上关系，类镜质组反射率可转换为等效镜质组反射率，并用于评价页岩气源岩有机地化特征。转换后的等效镜质组反射率为 1.85%～3.3%，平均为 2.69%，表明热成熟度处于(高)过成熟阶段(R_o>2.0%)。热成熟度表明(表 3-7)，研究区龙马溪组演化处于生气窗，以过成熟阶段为主，源岩主要生成以甲烷为主的干气，并可能伴有少量的凝析油(Chen，2011a)。

表 3-7　有机质热演化阶段划分

页岩热演化阶段划分(Jarvie et al.，2007)			有机质演化阶段划分(Tissot，1984)		
R_o/%	T_{max}/℃	演化阶段	R_o/%	T_{max}/℃	演化阶段
0.5	431	早成熟	0.5～0.7	<50～80	成岩作用阶段；未成熟-低成熟
0.9	448	液态烃-凝析油-湿气	0.7～1.3	80～150	深成热解作用阶段(成熟中期) 生成油气
1.0	453				
1.1	459				
1.2	464				
1.3	470	干气			
1.4	476		1.3～2.0	150～200	深成热解作用阶段(成熟晚期) 湿气+凝析油
1.7	492				
2.0	509				
>2.0			>2.0	200～300	后成作用阶段；干气

研究表明(Aplin and Coleman，1995)，在有机质(高)过成熟区域，更多的天然气来源于原油的二次裂解。类似于 Barnett 页岩，高产的 Newark 东部区域气体来源可能是原油和沥青的二次裂解(Ross and Bustin，2007b；Jarvie et al.，2007)。Gilman 和 Robinson(2011)对美国 Woodford 页岩有机质成熟度和估算的单晶最终储量(EUR)间的关系研究认为，有机质成熟度对页岩气产能有较大影响，1.75%～3%是对产能最有利的范围①。因此，龙马溪组由于具有高的热成熟度而具有很好的产气潜力。

根据测试数据、区域钻井测试资料，结合区域构造-沉积-埋藏演化及岩浆岩发育特征等资料，绘制了龙马溪组黑色页岩成熟度等值线图(图 3-18)。可以看出，在泸州古隆起区，成熟度总体偏低；受构造活动及晚期的峨眉山玄武岩热作用的影响，在部分地区形成成熟度高值区；其余地区则主要受埋藏深度等因素影响。总体来说，研究区龙马溪组黑色页岩成熟演化进入高-过成熟演化阶段，具有很好

① Jesse Gilman, Chris Robinson. AAPG 年会上的 *Success and Failure in Shale Gas Exploration and Development: Attributes that Make the Difference* 报告 PPT，2011。

的页岩气潜力。

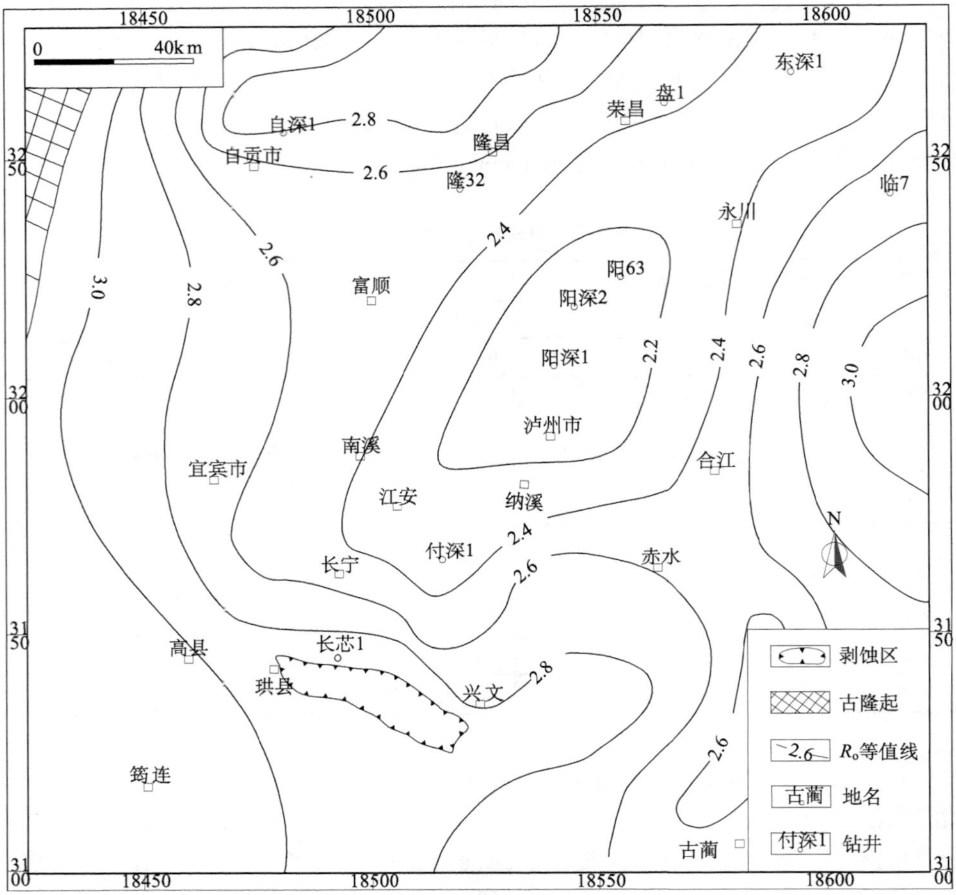

图 3-18　龙马溪组成熟度 R_o 等值线图

综上所述，研究区龙马溪组属于浅海陆棚沉积环境，水体较深，海水能量较低，阳光不充足，黏土或细碎屑沉积物发育，有机质含量较高，可分为深水陆棚与浅水陆棚沉积。下段黑色富有机质页岩是在较快速的沉积条件和封闭性较好的还原环境中沉积发育的。龙马溪组页岩气源岩-储层的发育受到多种因素的综合控制作用，发育较好，得益于古地理位置、古气候、海平面变化和上升流等提供了良好的外部环境背景，更直接受益于沉积环境、沉积速率和保存条件等因素的优化配置。

龙马溪组厚度介于 100～700m，南部盆地边缘剥蚀区和靠近乐山—龙女寺古隆起区厚度较小，其余地区厚度较大，尤其是东北部剥蚀较弱，厚度较大，分布稳定，大部分地区厚度大于 400m，其中自贡—宜宾—珙县—赤水—永川围限沉积范围沿 NE 向展布，厚度多大于 500m，富顺—南溪—纳溪—泸州一线厚度超过 600m。龙马溪组黑色页岩厚度变化形态和龙马溪组大致相同，且沿 NE 向展布特征更趋明显，沿珙县—纳溪—江安—泸州—永川沉积中心一线，附近区域的黑色页岩厚度较大，分布稳定，多大于 100m，高值达 170m；北部地区黑色页岩的厚度较南部更大，乐山—龙女寺古隆起区及盆地南缘黑色页岩厚度相对较薄，其余地区厚度均较大，大部分地区超过 80m。龙马溪组底界埋深多介于 2000～4500m，珙长背斜周缘及盆地南缘埋深小于 2000m；长宁、南溪和宜宾三地所夹区域、赤水和古蔺之间区域等小范围底界埋深大于 4000m；其余地区埋深在 3000m 左右。

龙马溪组有机质属 I 型(腐泥型)干酪根；下段 TOC 含量高，至少存在 TOC 含量大于 2%的富有机质黑色页岩 50m；有机质成熟度平均为 2.69%，处于高-过成熟阶段。

第四章　页岩气储层特征

第二、三章反映的是页岩气“自生自储”系统的基本地质特征，包括龙马溪组的沉积环境、深度、页岩厚度、富有机质页岩厚度、有机质丰度和成熟度及构造特征等，得到了源岩特征和源岩-储层发育特征；还需进一步研究储存介质的空间结构和储集能力。本章即从矿物学角度出发，从宏观裂隙、显微裂隙、微观与超微观孔隙三种尺度出发，采用光学显微镜、压汞实验、液氮吸附实验和扫描电镜技术，定性分析宏观和显微裂隙特征，定性半定量分析微观和超微观孔隙特征，对龙马溪组页岩气源-储孔裂隙系统的发育特征进行研究，并结合能谱分析和 X 射线衍射矿物分析结果，探讨形成及控制孔裂隙系统发育程度的内在因素。研究龙马溪组页岩气储层的孔裂隙系统及与之相关的脆性和含气性等特征，可为研究页岩气成藏机理奠定基础。

第一节　矿物与岩石物理学特征

优质烃源岩不一定能形成经济页岩气藏，其受源岩-储层吸附能力和孔裂隙发育控制，而吸附能力和孔裂隙发育均与其矿物组成密切相关。由于泥页岩孔隙度和渗透率低，有利目标选择须考虑资源量与储层易压裂性的优化匹配。黏土矿物主体是层状矿物，在裂缝的形成过程中更易形成面状裂缝，因此，更需要脆性矿物，以形成不同于面上裂缝的裂隙，最终逐渐形成连通性好的裂缝网络系统。矿物成分分析是储层研究中不可或缺的部分，是进一步研究页岩储层吸附能力和基质孔隙度的基础，是页岩气吸附储存、裂缝评价、渗流运移、压裂造缝和工艺性能等研究的重要基础，对页岩气地质资源评价、成藏机理分析均具有重要意义。泥页岩以黏土矿物为主(一般大于 50%)，陆源碎屑矿物(石英、长石等)及自生的非黏土矿物次之，因而泥页岩中黏土矿物的成分、含量及微观结构决定了泥页岩的基本物理化学性质。泥页岩的成岩过程、基本组成成分、微观结构及基本物理特性是研究页岩气储层的基础。研究黏土矿物中能吸附页岩气的物质，能更好地研究页岩储层的吸附能力及吸附态页岩气的比例。黏土矿物反映的成岩作用信息，结合孔隙度测试和成熟度测试，能更好地确定泥页岩所经历的成岩作用演化过程，以更好地把握页岩基质孔隙、页岩气的赋存空间及成藏模式。通过研究脆性矿物，可以进一步研究受其影响的天然微裂缝发育程度(陈尚斌等，2011a)。

显微镜下观察露头样品(图 4-1)，显示出龙马溪组黑色页岩中存在碳质层与泥质层(a)、碳质与粉砂质层(b)等的互层现象，有机质(c)和方解石脉(d)充填；扫描电镜下观察，有较多的有机质及其孔裂隙(e)、晶形完整的石英和黏土矿物(f)等。显微镜下观察钻井样品，临 7 井 2494.50～2556.50m 黑色碳质页岩，中夹黑色碳质

(a)SX47，含碳质层与泥质薄层，单偏光，4×

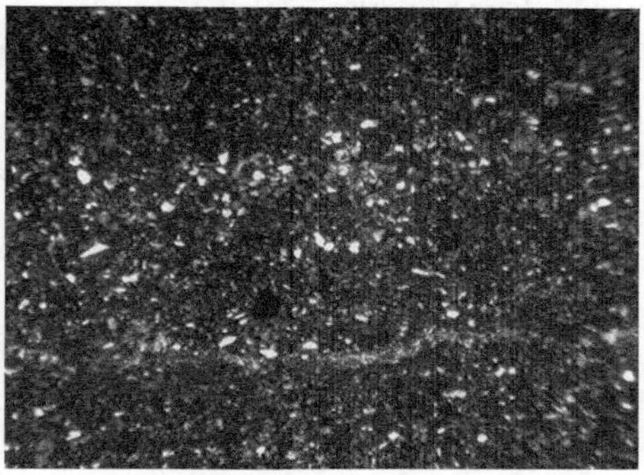

(b)SX60，碳质与粉砂质互层，正交偏光，4×

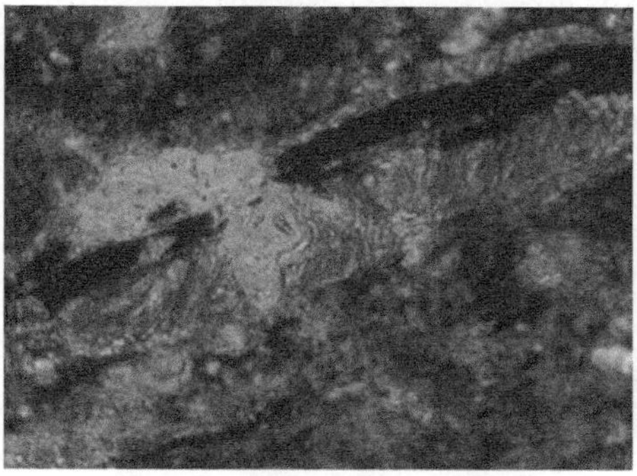

(c)SH03，有机质充填，单偏光，10×

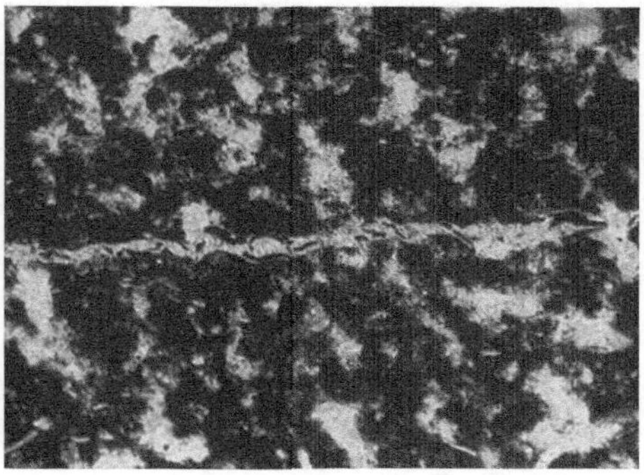

(d)SX29，填充裂隙的方解石脉，单偏光，6×

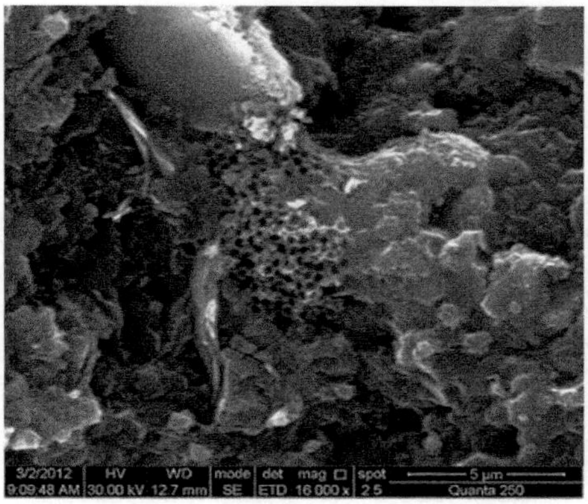

(e)SX01，有机质，扫描电镜，16000×

(f)SX58，石英、黏土矿物，扫描电镜，2500×

图 4-1　龙马溪组岩石学特征

粉砂岩，裂缝较发育，见乳白色不透明方解石脉体，井深 2549m 方解石含量为 0.5%，2561.50～2562m 井段为灰黑色碳质页岩，裂缝发育，见不透明方解石，含量为 0.5%～2%；隆 32 井 2925～2928m 为深灰色和灰色生物灰岩及深灰色页岩，3164.20～3175.20m 为灰黑色碳质页岩。

观察表明，龙马溪组下段相对富含碳质，泥质通常被碳质侵染；碳质层与粉砂质薄互层、钙页岩与泥质粉砂质呈薄互层状分布等特征均有表现。裂缝均较为发育，且较多被次生矿物充填，充填物主要为方解石和石英。

一、矿物成分分析

矿物成分测试在中国矿业大学分析测试中心完成，仪器为 Rigaku 公司生产的 D/Max-3B 型 X 射线衍射仪。测试条件：Cu 靶，Kα辐射，X 射线管电压 35kV，管电流 30mA。定性分析采用连续扫描，扫描速度 3(°)/min，采样间隔 0.02°，利用粉末衍射联合会国际衍射数据中心(JCPDS-ICDD)提供的标准粉末衍射资料，确定样品的物质组成；定量分析采用步进扫描，扫描速度 0.25(°)/min，采样间隔 0.01°，按照中国标准(GB 5225—1985)的 *K* 值法进行定量分析(陈尚斌等，2011a)。长宁—兴文地区龙马溪组厚约 280m，据岩性等特征分为 57 小层(第二章第四节中已述)，如图 4-2 所示。

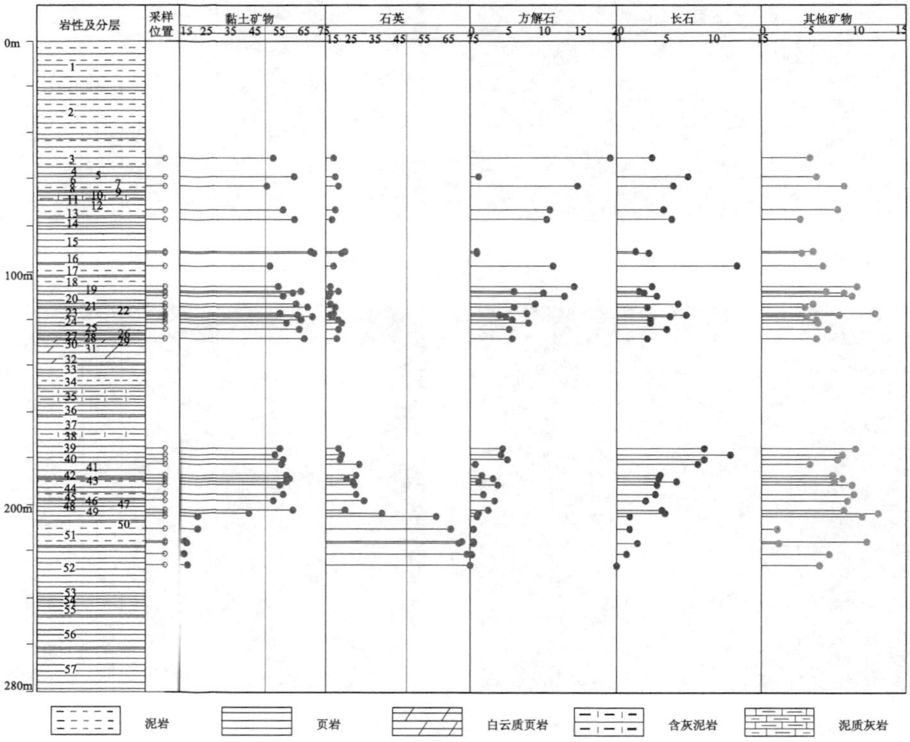

图 4-2　龙马溪组矿物成分剖面

测试结果表明，龙马溪组泥页岩的矿物成分较复杂，样品中均含有伊利石、绿泥石和伊蒙混层等黏土矿物及石英和黄铁矿，其中黏土矿物和石英为龙马溪组泥页岩的主要组成矿物；部分样品还含有长石、方解石、白云石等碎屑矿物和自生矿物，以及少量非晶物质等难以区分的矿物。总体上，黏土矿物含量最高，为16.8%～70.10%，平均达53.39%；其次为石英，为16.2%～75.2%，平均为29.15%；还含有较多的方解石和长石，平均含量分别为5.46%和4.93%；其余如白云石、石膏、黄铁矿和磷铁矿等较少，平均含量均小于2%。伊利石是含量最高的黏土矿物，为10.3%～41.3%，平均达24.49%。据XRD测试结果，编制了龙马溪组矿物成分剖面(图4-2)。黏土矿物和方解石含量由顶部至底部有减少趋势，石英含量相反；长石和其他矿物含量变化趋势不明显。

四川盆地龙马溪组矿物成分研究报道较少，表4-1为长宁—兴文及邻区威远等地的岩矿测试数据。与长芯1井对比表明两者黏土矿物、石英和方解石等主要矿物含量较为接近，其中研究区黏土矿物及石英含量略高于长芯1井，其他矿物含量略低于长芯1井。因此，长宁—兴文地区龙马溪组以黏土矿物为主，石英、方解石次之，含量分别约为50%、30%和10%。

表4-1　研究区及邻区志留系(龙马溪组)样品主要矿物平均含量对比(陈尚斌等，2011a)

井号	层位	样品数	矿物成分/%							来源/备注
			黏土总量	石英	长石(斜/钾长石)	方解石	白云石	黄铁矿	其他	
长芯1	S_1	8	48.25	25.29	6.09	12.39	5.75	2.24	少见	王社教等，2009；王兰生等，2009
本研究	S_1	39	53.39	29.15	4.93	5.46	2.42	1.4	3.25	露头样
平均			50.82	27.22	5.51	8.93	4.09	1.82	1.63	
威92	S	9	30.4	65.3	少见	16.2	3.7	少见	少见	王兰生等，2009
威寒103	S	8	40.8	45.1	少见	7.16	2	少见	少见	
威寒104	S	32	26.5	76.2	9.1	4.35	3.6	少见	少见	
威寒105	S	15	39.1	59.1	少见	9.41	7.6	少见	少见	
综合平均			39.74	50.02	>3.35	9.16	4.18	>0.61	>0.54	

二、矿物学角度表征脆度特征

页岩脆性强，容易在外力作用下形成天然裂隙和诱导裂隙，有利于渗流。研究显示沃思堡盆地的Barnett页岩之所以高产天然气，除了具有很高的含气量外，Barnett页岩的脆性及其对压裂增产措施的积极响应也是非常重要的因素(Bowker，2003；Jarvie et al.，2007)。因而岩石脆度是页岩气储层评价的主要内容之一，也是岩气富集高产的关键因素之一。对于泥页岩的脆度，可以通过两个角度分析：一是通过矿物学角度，分析脆性矿物含量，来判断其脆度；二是通过岩石物理学角度，分析力学性能，来判断其脆度。

从矿物学角度分析脆性矿物含量是研究泥页岩脆度的基础性工作。矿物成分中的脆性矿物(石英、方解石、长石、白云石等)是控制裂缝发育程度的主要内在因素(Bowker，2007；Ross and Bustin，2009a)，直接关系到天然裂缝的形成、压裂诱导裂缝的稳定，还直接影响储集空间和渗流通道，对页岩气的渗流至关重要。页岩气评价中必须寻找有机质和硅质含量高、黏土矿物含量较低(通常低于50%)、裂缝发育且能成功实施压裂增产的脆性优质烃源岩。目前，认为来自生物硅酸盐的石英和碳酸盐岩的方解石对此有重要贡献(Curtis，2002)。石英含量越高，泥页岩脆性越好，裂缝发育程度及在外力作用下的造缝能力越好。富含石英的黑色泥页岩裂缝的发育程度比富含方解石的泥页岩更强(聂海宽等，2009)；长石和白云石也是泥页岩中的脆性组分(Nelson，1985)；石英、长石、钙质矿物等含量越高，蒙脱石含量越低，岩石脆性越强，易形成天然裂缝和诱导裂缝，有利于天然气渗流(张金川等，2004；Boyer et al.，2006；李新景等，2009)。碳酸盐矿物和硅酸盐矿物有减弱页岩层吸附甲烷的能力(Loucks and Ruppel，2007)，因降低页岩的孔隙度而使游离态页岩气的储存空间减少(Ross and Bustin，2007b)，但石英和方解石含量的增加，使储层脆性提高，易形成天然裂缝和诱导裂隙，有利于页岩气解吸和渗流，增加游离态页岩气储存空间(Bowker，2007)。

表4-2显示北美页岩储集层的石英含量多接近50%；而龙马溪组石英含量变化范围大，平均含量偏低；从图4-3中也可看出，石英含量主要分布在20%～30%。若从石英含量(>50%)角度来看，龙马溪组底部至少有厚约30 m的泥页岩是理想的页岩气重点研究勘探开发层位；而较低的石英含量对页岩气储层的造缝能力具有较大的影响，进而对开采压裂工艺提出更高的要求。

表4-2　北美页岩与龙马溪组页岩气储层石英含量对比

国家	页岩	石英含量/%
美国	Fort Worth 盆地密西西比系 Barnett 组	35～50
	Appalachian 盆地泥盆系 Ohio 组	45～60
	Michigan 盆地泥盆系 Antrim 组	20～41
	Illinois 盆地泥盆系 New Albany 组	50
	San Juan 盆地白垩系 Lewis 组	50～75
加拿大	西部沉积盆地(WCSB)白垩系 White Speckled 组	50～70
	不列颠哥伦比亚东北部下侏罗统 Gordondale 段页岩	8～58(34.3)
中国	四川盆地南缘(长宁—兴文地区)志留系龙马溪组	16.2～75.2(29.15)

注：括号内为平均值。

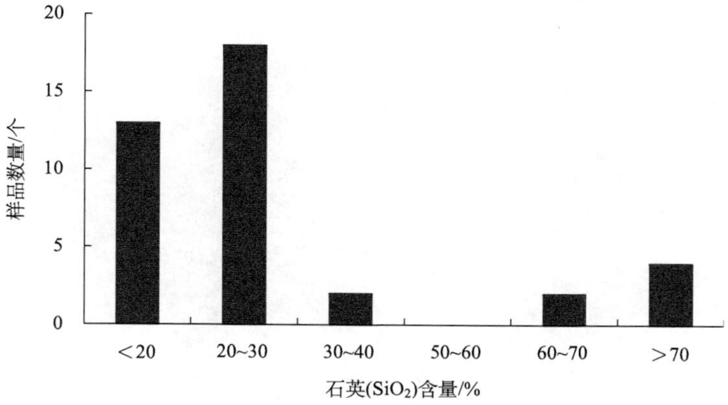

图 4-3　龙马溪组页岩石英含量频率分布

黏土、石英和方解石是泥页岩中的主要无机矿物，其相对组成的变化影响了岩石的力学性质、孔隙结构及对气体的吸附能力。美国 Barnett 页岩的泥质、石英和碳酸盐岩含量变化较大导致了页岩破裂梯度的变化，因而在压裂过程中有些层段的破裂程度高于另一些层段(Jarvie et al.，2007)。若有机质生成、保留和储存了大量的烃类，但各个小型储集空间未能通过井下增产措施连通起来，天然气产量也会很有限(Bowker，2003)。黏土矿物与石英和方解石相比，前者具有较高的微孔隙和较大的比表面积，对气体有较强的吸附能力(Ross and Bustin，2008)，特别是在有机碳含量较低的页岩中伊利石的吸附作用十分显著(Lu et al.，1995)。在水饱和情况下，黏土矿物对气体的吸附能力降低，且石英和碳酸盐矿物含量的增加，将降低页岩的孔隙度，使游离气的储集空间减小，特别是方解石在埋藏过程的胶结作用，将进一步减少孔隙，因此对页岩气储层的评价必须在黏土矿物、水分、石英、碳酸盐岩含量之间寻找一种平衡。图 4-4 是石英、方解石及黏土矿物三端元分布对比图，研究区脆性矿物较 Barnett 页岩偏低。

据测试结果，利用公式 $B = Q/(Q + C + \mathrm{Cl})$ (Jarvie，2007)(Q，石英；C，碳酸盐岩；Cl，黏土矿物)，计算得到研究区龙马溪组的脆性系数为 0.175～0.814，平均为 0.326，偏低，龙马溪组下段则较高。因此，在其他条件相当的情况下，研究区要想获得高产气流，必须寻求高资源量储层与易压裂性的优化匹配，以便采取更有效的压裂增产措施。

三、岩石物理学角度表征脆度特征

冯涛等(2000)对岩石的脆性破裂做了描述，脆性破裂是指岩石破裂之前未出现任何明显永久变形的破裂形态，也即在很小(与弹性应变相比)的非弹性应变之后发生的破坏。其介绍了两个不同的确定岩石脆性的公式。脆性越大的岩石，抗压

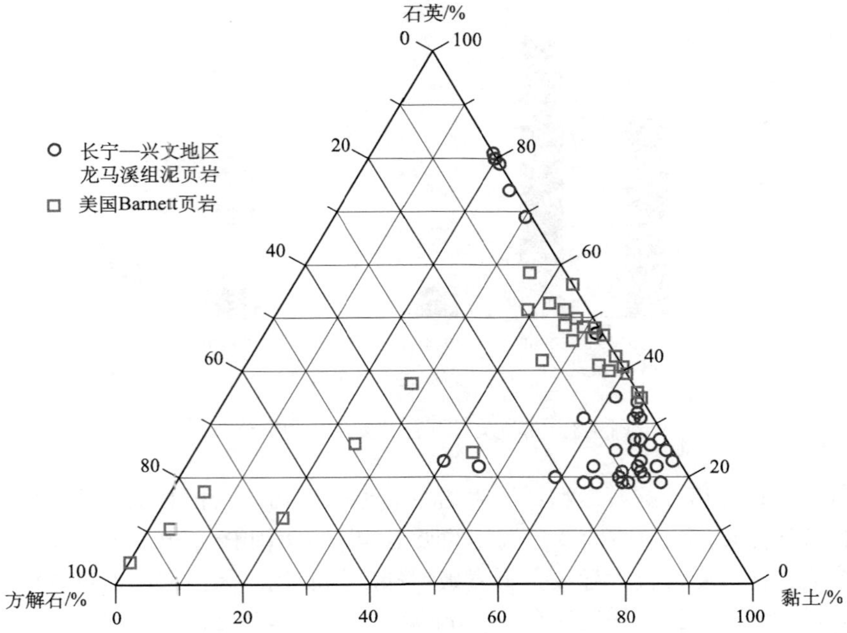

图 4-4　龙马溪组泥页岩与美国 Barnett 页岩石英、方解石及黏土矿物分布

Barnett 页岩数源自 Jarvie 等(2007)

强度与抗拉强度的差别也越大。岩石的脆性还表现在单轴压缩条件下峰值前区和峰值后区应变的差别上，岩石的脆性越明显，峰值后区的变形越小，即两者的比值越大。因此，可用峰值前后的应变之比来描述岩石的脆性，称为脆性比，用 $B_\varepsilon = \varepsilon_f / \varepsilon_b$ 表示，但该公式有局限性，因此建议采用下式计算岩石的脆性系数(冯涛等，2000)：

$$B = \alpha \frac{\sigma_c \varepsilon_f}{\sigma_t \varepsilon_b}$$

式中，B 为岩石的脆性系数；σ_c 和 σ_t 分别为岩石的单轴抗压强度和抗拉强度；ε_f 和 ε_b 分别为单轴压缩条件下峰值前、后应变；α 为调节参数，一般取 0.1，目的是使 B 的数量级与其他指标相当。B 值越大，表示岩石越脆。并认为脆性系数能很好地描述岩石的脆性。当 $B \leqslant 3$ 时，无岩爆倾向；当 $3 < B < 5$ 时，有轻度岩爆倾向；当 $B \geqslant 5$ 时，有严重岩爆倾向。

龙马溪组岩石力学性质测试结果(表 4-3)显示，弹性模量平均为 2.22MPa、泊松比平均为 0.18，与美国主要产气盆地页岩岩石力学性能主要参数大致相当，表明龙马溪组页岩具有较高的弹性模量和较低的泊松比，岩石硬度大，脆度好，具有较好的压裂造缝基础条件。

表 4-3　部分碎屑沉积岩及北美页岩与龙马溪组黑色页岩岩石力学参数比较(长芯 1 井样品)

样品	天然密度 /(g/cm³)	单轴抗压强度 /MPa	弹性模量 E /MPa	泊松比	来源
样 12	2.49	88.7	4.08	0.19	资料*
平均(N=3)	2.5#	54.2	2.22	0.18	
川西页岩	—	10.1～59.2	4.25	0.12	部分沉积岩静力学参数转引自戴勇(2007)；密度平均数据综合自蒲泊伶(2008)
碳质页岩	2.0～2.6	25～80	2.6～5.5	0.2～0.16	
黑色页岩	2.71	66～130	2.6～5.5	0.2～0.16	
砂质页岩	2.3～2.6	60～120	2.0～3.6	0.3～0.16	
软页岩	1.8～2.0	20	1.3～2.1	0.3～0.25	
页岩	2.0～2.7	20～40	1.3～2.1	0.25～0.16	
北美页岩	—	—	3.4～4.4	0.11～0.35	

*单轴压缩与变形试验数据据中石油勘探研究院内部资料，2012。

第二节　储层孔裂隙系统特征

泥页岩的物质成分大致分为黏土矿物、非黏土矿物和孔隙介质三大类。在演化过程中，由于构造作用、热力作用及生排烃作用形成了复杂的微裂缝与孔隙及微孔隙(包括纳米孔隙)，共同构成复杂的孔裂隙系统。泥页岩中孔裂隙系统既是天然气的储集空间，又是天然气的渗流通道。天然微孔裂隙系统的发育程度及其可改造性对页岩气的资源评价，尤其是工业开采具有十分重要的意义。而孔裂隙的各向异性很强，形成机理复杂，给研究工作带来很大的困难。深入研究微裂隙系统及内在因素，对页岩气资源评价和成藏机理研究，乃至工业开采均具有重要参考意义。岩石由多种矿物晶粒、孔(裂)隙和胶结物组成，并经历漫长的地质演化及复杂的构造运动，使岩石形成并存留不同期次不同尺度的宏观裂隙及微观、超微观孔隙和裂隙，即孔裂隙系统。

孔结构的表征通常基于三种方法：一是显微观察，利用显微镜直接观察界面，以获得定量信息；二是射线探测，利用射线散射、波传播、正电子寿命谱等非破坏性方法探测内开孔和闭孔的尺度；三是气体吸附、流体贯入法。目前，孔结构的表征方法主要是压汞法和探针气体吸附法(杨侃等，2006)。压汞法是大孔分析的首选方法，也可以用于介孔分析。氮气吸附法是研究多孔材料结构特性的有效手段之一，与透射电子显微镜(TEM)、高分辨率透射电子显微镜(HRTEM)、扫描隧道显微镜(STM)、原子力显微镜(AFM)等分析技术相比，氮气吸附法在表征材料孔结构时能得到微观结构的统计信息，能揭示材料总体特征(比表面积、孔体积、孔径分布等信息)(崔举庆等，2004)，并得到广泛应用。谢晓永等(2006)对比了氮气吸附法和压汞法在测试泥页岩孔径分布中的异同，认为氮气吸附法在泥页岩微孔和中孔分析方面有优势，能分别对泥页岩的微孔和中孔进行详细的描述；而压汞法受泥页岩孔径分布不均一性影响相对较小，能弥补氮气吸附法在大孔分析方面的不足；结合氮气吸附法和压汞法测得的孔径分布结果，可得到泥页岩从微孔到大孔的孔径分布情况。扫描电镜是微观结构研究的有效测试手段之一。和光学显微镜及透射电镜相比，扫描电镜能够直接观察样品表面的结构，样品尺寸大至毫米级，具有图像放大范围广、分辨率高等优点。

因此，本书从宏观裂隙、显微裂隙、微观与超微观孔隙三种尺度出发，采用光学显微镜、压汞实验、液氮吸附实验和扫描电镜技术，定性分析宏观和显微裂隙特征，定性半定量分析微观和超微观孔隙特征，对四川盆地南部下志留统龙马溪组页岩气源岩-储层孔裂隙系统(宏观裂隙、显微裂隙、微观和超微观孔隙)的发育特征(产状、密度、组合特征及其张开程度)进行研究(表 4-4)，并结合能谱分析和 X 射线衍射矿物定性定量分析结果，探讨孔裂隙形成原因及控制龙马溪组泥页岩孔裂隙系统发育程度的内在因素。

表 4-4 不同方法获取的孔隙特征参数

方法	观测范围	参数定性与定量	获取参数
液氮吸附法	2～780nm (0.35～780nm)	孔径、孔体积、孔比表面积定量；孔隙结构可定性	孔体积与孔比表面积、孔径分布、吸附脱附曲线间接反映孔隙结构
压汞法	6～10000nm (3.75～10000nm)	孔径、孔体积、孔比表面积定量；孔隙结构可定性	孔隙度、孔体积与孔比表面积、孔径分布、进退汞曲线间接反映孔隙结构
SEM	μm 至 nm 级别	孔隙结构定性；孔裂隙长宽可定量	孔径；孔裂隙结构特征
显微观察	μm 级别	裂隙结构定性；孔裂隙长宽可定量	裂隙发育程度、类型、裂隙长宽比等
肉眼观察裂隙	mm 级别	裂隙长宽可定量；结构可定性	裂隙发育程度、类型、裂隙充填物等

显微裂隙观察采用德国 ZEISS 公司生产的 Axio Imager. MIm 型显微光度计。其放大倍率为 25～1000 倍，根据需要可更换不同的物镜来变换放大倍数，配有 600 万像素的摄像头，可在观察样品的同时进行实时拍照，并进行图像处理。

压汞实验采用美国 Micromeritics Instrument 公司 9310 型压汞微孔测定仪，仪器工作压力为 0.0035～206.843MPa，分辨率为 0.1mm，粉末膨胀仪容积为 5.1669cm^3，测定孔径下限为 7.2nm，计算机呈控点式测量，其中高压段(0.1655MPa ≤P≤206.843MPa)选取压力点 36 个，每点稳定时间 2s，样品测试量 3g 左右。手选纯净页岩，统一破碎至 2mm 左右。上机前将样品置于烘箱中，在 70～80℃的条件下恒温干燥 12h，装入膨胀仪中抽真空至 $P<6.67$Pa 时进行测试。

孔隙结构测定（低温液氮吸附实验）在中国矿业大学化工学院专业实验中心美国 Quantachrome 公司生产的 Autosorb-1 型比表面积及孔径测定仪上进行。样品选择、制备及实验方法参见文献（陈尚斌等，2012）。吸附等温线采用 BET 模型计算单层吸附量，从而计算出样品的总比表面积 S，由相对压力为 0.98 时的氮吸附值换算成液氮体积得到总孔体积 V，由 Horvath-Kawazoe 法或 BJH 模型或 DFT 模型计算平均微孔孔径 d 及其分布（Gregg and Sing，1982；钟玲文等，2002；琚宜文等，2005）。本书选用多点 BET 模型线性回归得到比表面积，选用 DFT 模型计算得到孔径分布。

本书起初采用早期的英国剑桥扫描电子显微镜 S250-MKⅢ进行观察，主要对致密程度、裂隙发育情况进行描述，随机拍照，并记录孔裂隙特征。对于裂隙发育程度低的样品，在低倍镜下进行裂隙观察，再在高倍镜下放大观察并拍照，最后对特殊颗粒或面域进行能谱分析，确定矿物成分。实验加速电压为 15kV，室内温度 20℃。后期又在 FEI 公司（原飞利浦电镜）FEI Quanta™ 250 环境扫描电子显微镜下进行观察。采用高真空喷金模式，主要技术指标为：高真空模式分辨率，≤3.0nm @30kV（SE），≤4.0nm@30kV（BSE），≤8nm@3kV（SE）；能量色散谱仪，元素探测范围 Be（4）–Am（95）。

由于压汞实验和液氮吸附实验获取的孔隙体积的孔径分布范围不同，通常采用不同的孔隙分类方案进行分析。本节在各实验单元中采用各自的孔隙分类方案分析，综合分析时采用本书的分类方案（表 4-5）。

表 4-5　孔隙分类表

方案	Φ/nm	分类	Φ/nm	分类	Φ/nm	分类	Φ/nm	分类	Φ/nm	分类	Φ/nm	分类
压汞	>10000	超大孔	1000～10000	大孔	100～1000	中孔	10～100	小孔	<10	微孔	—	—
液氮	—	—	>50	大孔	2～50	中孔	<2	微孔	—	—	—	—
本书	>10000	超大孔	1000～10000	大孔	100～1000	中孔	50～100	小孔	2～50	微孔	<2	超微孔

一、宏观裂缝特征

尽管泥页岩属于低渗透低孔隙度岩石，裂缝通常不发育，但地球上没有裂缝的岩石几乎是不存在的。在地质历史中，或因成岩作用，或因构造作用，或因有机质的演化，会形成不同类型的裂隙。泥页岩中的裂缝包括自然（天然）裂缝和后期人造裂缝。这两类裂缝都能为页岩气提供储集空间和运移通道。

本书将肉眼条件下可以观察到的裂缝定义为宏观裂缝。大多数储层都存在一定数量的裂缝。一般可以采用描述法、成因法和几何法对天然裂缝系统的复杂性进行分析。对于裂缝类型的划分，种类也很繁多，包括基于裂缝成因、产状、几何形态和破裂性质等方面的分类。以成因为基础的裂缝分类方案最可行(丁文龙等，2011)。王正瑛等(1988)提出按照成因，页岩裂隙分为成岩裂隙、溶解裂隙和构造裂隙三大类。丁文龙等(2011)将低孔、低渗的泥页岩储层裂缝依据成因划分为构造裂缝和非构造裂缝 2 种大的成因类型和 12 个亚类(表 4-6)，也兼有前者的分类特点，更为合理。不同类型裂缝的特征和形成机理不同，构造作用、储层压力大小是控制裂缝发育的主要因素，也是决定裂缝几何尺寸关键所在。

表 4-6　泥页岩裂缝类型及成因(丁文龙等，2011)

类型	亚类	主要成因
构造裂缝	剪切裂缝	局部或区域构造应力作用，泥页岩韧性剪切破裂形成的高角度剪切裂缝和张剪性裂缝，经常与断层或褶皱相伴生
	张剪性裂缝	
	滑脱裂缝	在伸展或挤压构造作用下，沿着泥页岩层的层面顺层滑动的剪切应力产生的裂缝
	构造压溶缝合线	水平挤压作用压溶形成的裂缝
	垂向载荷裂缝	垂向载荷超出泥页岩抗压强度形成的裂缝
	垂向差异载荷裂缝	上覆底层不均匀载荷导致泥页岩破裂形成的裂缝
非构造裂缝	成岩收缩裂缝	成岩早期或成岩过程中泥页岩脱水收缩、暴露地表风化失水收缩干裂、黏土矿物的相变等作用形成的裂缝
	成岩压溶缝合线	沉积载荷作用使泥页岩层负载引起的成岩期压实和压溶作用，或由于卸载，岩层负载减小、应力释放，岩层内部产生膨胀、隆起和破裂形成的裂缝
	超压裂缝	泥页岩层内异常高的流体压力作用形成的微裂缝
	热收缩裂缝	泥页岩受侵入岩浆烘烤变质，温度梯度作用，受热岩石冷却收缩破裂产生裂缝
	溶蚀裂缝	泥页岩差异溶蚀作用形成的裂缝
	风化裂缝	泥页岩长期遭受风化剥蚀作用，岩石机械破裂而形成的裂缝

页岩气储层具有一定数量的天然裂缝，提供了大量的储集空间，也为页岩气的生产提供了有效运移通道(Davie and Tracy，2004)。开发中，经过压裂，储层产生大量诱导裂缝和人工裂缝，为页岩气生产提供有效运移通道。天然气生产与裂缝密切相关，阿巴拉契亚盆地产页岩气量高的井均处于裂缝发育带，相对而言，裂缝不发育的地区的井产量低，甚至不产气(蒲泊伶，2008)。泥页岩类储层中裂缝各向异性显著，裂缝的产状、密度、组合特征和张开程度等因素共同影响了页岩气开采。裂缝条数越多，裂缝走向越分散，产气量越高(Decker et al.，1992)；受构造作用影响，裂缝系统发育，储层内连通性好，渗透率越高，产气量大。开启的、相互垂直的或多套天然裂缝能增加页岩气储层的产量(Hill，2002)。但也

有研究表明对页岩气产量起实质性贡献的是压裂改造裂缝(Daniel et al.，2007；Bowker，2007)，裂缝对于页岩气的高丰度和高产也存在负作用的一面，即如果裂缝规模过大，可能使天然气逸散，若裂缝还被胶结物充填封闭，不仅评价困难，而且压裂效果变差。

因此，不论在地质历史时期形成的天然裂缝，还是开发过程中由于压裂形成的改造裂缝；不论是由外力作用(构造作用力，外因)引起，还是由非外力作用(干酪根向烃类转化的热成熟作用，内因)引起，或者由两者共同作用产生的压力引起，均能对页岩内部渗透率产生影响，值得重视。

戴弹申和王兰生(2000)对四川盆地不同局部构造裂缝的分布规律进行了研究(表 4-7)。在断裂带等局部构造内裂缝往往发育，且两盘的岩性、断层类型和落差等均会对裂缝发育产生重要影响。构造运动强的区域和部位，储层岩石发生脆性破裂，裂缝发育，但也通过挤压作用增加了压实作用强度，降低了岩石的孔渗性。

表 4-7　四川盆地各断褶带裂缝发育特征(戴弹申和王兰生，2000)

褶皱类型		变形特征	应力作用方式	有效裂缝特征		典型构造
				类型	发育带分布部位	
褶断型		先褶后断以褶为主	水平侧向挤压	纵横张缝	背斜轴、肩、翼部挠曲、端部牵引褶曲	白节滩、纳溪
			水平力偶扭动	纵横张缝与扭张缝	次一级正向褶曲、翼部挠曲、端部牵引褶曲	宋家场
			水平侧向挤压和水平力偶扭动	纵横张缝或纵横张缝与扭张缝	背斜轴、肩、翼部挠曲、端部、次一级正向褶曲、牵引褶曲	阳高寺
断褶型		先断后褶以断为主	水平侧向挤压	纵横张缝	牵引褶曲、翼部挠曲	熊坡
复合型	印支期	先断后褶以断为主	水平侧向挤压和水平力偶扭动	纵横张缝	背斜轴部、端部	中坝
	喜马拉雅期	先褶后断以褶为主		纵横张缝与扭张缝		
	强岩层	先褶后断以褶为主	不同次序与方向水平侧向挤压兼水平力偶扭动	纵横张缝	背斜轴部、牵引褶曲、翼部挠曲	临峰场
	弱岩层	先褶后断以褶为主		纵横张缝与扭张缝		

野外露头剖面及岩心观察表明，四川盆地南部龙马溪组页岩具有较好的脆性特征，性脆、质硬，节理和裂缝较发育，形成了较为复杂的裂缝三维网络系统。野外露头多见大量的天然裂缝[图 4-5(a)和(b)]和风化的页岩破碎带，岩心中也

可见大量的天然裂缝[图 4-5(c)～(e)]，形态多样，有十分发育的高角度微裂缝(龙鹏宇等，2009)、直立缝、斜交缝、网状缝隙[图 4-5(e)]、水平层间缝[图 4-5(c)和(d)]。裂缝尺寸大小不一，从毫米级到厘米级均有分布。成因上，构造成因的构造缝和非构造成因的沉积缝与成岩缝均有表现；且部分裂缝多被方解石填充。龙马溪组页岩类型及其矿物成分测定也表明，龙马溪组，特别是下段，含有较高的脆性矿物组分。综合上述三点，可以认为，川南龙马溪组页岩具有大量的天然裂缝，且易于产生脆性裂缝。

(a)长宁双河 S_{11} 野外露头黑色页岩裂隙

(b)兴文三星 S_{11} 野外露头黑色页岩裂隙

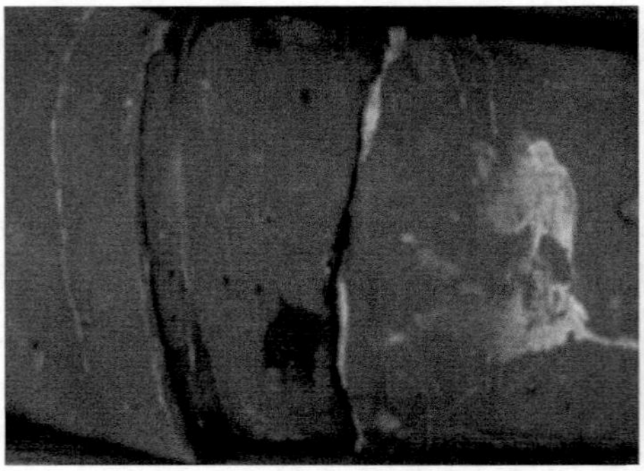

(c)长芯 1 井 S_{11} 灰黑色页岩岩心裂缝

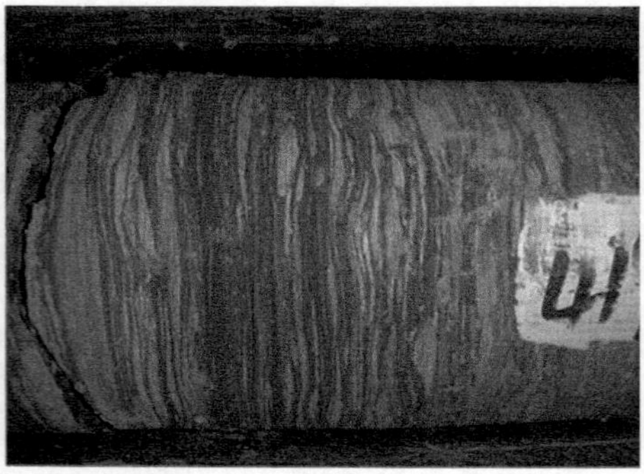

(d)邻区黔江 1 井 S_{11} 灰黑色页岩岩心裂缝

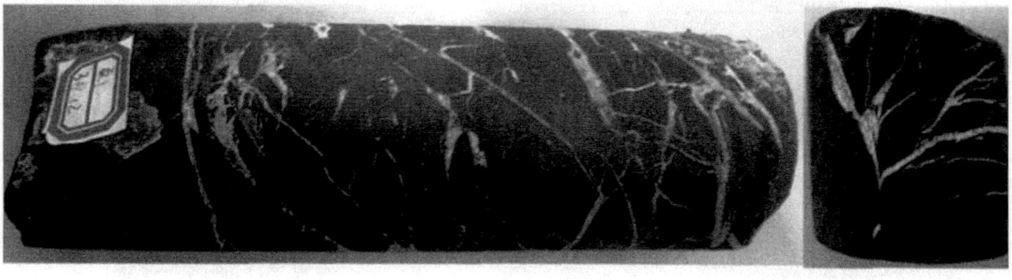

(e)邻区渝东南渝页 1 井 S_{11} 黑色页岩岩心裂缝照片(丁文龙等，2011)

图 4-5　龙马溪组页岩天然裂缝

二、显微裂隙特征

本书将借助于显微镜观察到的裂缝特指为显微裂隙。将 25 个样品放在显微镜下观察，定性地描述研究区裂隙发育(表 4-8)。总体而言，研究区龙马溪组泥页岩样品较为致密，裂隙较发育；在显微镜下观察，有较多的微裂缝；部分裂缝被

表 4-8　显微镜下观察样品裂隙情况

样品编号（由浅至深）	镜下总体特征		典型裂隙特征描述
	致密程度	裂隙发育程度	
SX98	致密	较发育	见 2 条微裂隙，相互不连通
SX97	较致密	较发育	见 2 条相互连通的短裂隙
SX90	较致密	较发育	其中的裂隙与岩壁没有明显的界线，呈过渡性
SX79	致密	不发育	仅见 1 条裂隙
SH18	较致密	发育	与层面平行和垂直方向上均有发育
SH17	较致密	较发育	见 2 条较短的裂隙分布
SH15	致密	不发育	全样未见裂隙
SH12	致密	较发育	见 2 条裂隙，裂隙呈线形分布，两条均近层面分布
SH11	致密	不发育	见 3 条“宏观”裂隙，即在样品表面用肉眼可以观察到，而未发现显微裂隙
SH09	致密	较发育	见 2 条裂隙，裂隙呈线形分布，较长的一条近垂直于层面分布，较短的一条近平行于层面分布
SH08	致密	较发育	见 2 条较短的裂隙分布
SH07	较致密	发育	全样见 3 条裂隙
SH06	致密	不发育	全样仅见 1 条细小裂隙
SH05	极致密	不发育	样品中未见到裂隙分布
SH03	较致密	较发育	样品中见到 3 条较长的裂隙分布
SX58	较致密	较发育	见 2 条较长的裂隙分布
SX56	较致密	发育	样品中含有 1 条贯穿于整个样品的裂隙，其余裂隙均为其分支
SX48	较致密	发育	大部分裂隙呈线状产出，形态为短粗状
SX47	较致密	较发育	见 2 条裂隙，互不连通
SX44	较致密	不发育	颗粒均一，样品中未见裂隙
SX43	致密	不发育	全样仅见 1 条裂隙
SX36	较致密	发育	全样共见 7 条裂隙，且部分相互连通
SX33	疏松	发育	裂隙较多，长度比较短
SX20	致密	较发育	全样见 2 条极小微裂隙
SX18	致密	不发育	见 1 条裂隙，近沿层面分布

注：显微镜下观察样品相对致密程度和裂隙发育程度，即在光片(2cm×3cm 面)上进行观察统计，用致密/较致密/疏松三个等级反映；裂隙发育程度用发育(>3 条)、较发育(2～3 条)和不发育(≤1 条)反映。

方解石、沥青等次生矿物充填。另据蒲泊伶等(2008)对川南地区下志留统龙马溪组页岩中裂缝的研究，认为页岩中裂缝普遍发育，岩屑中普遍见有自形晶方解石和石英(1%～7%)，页岩性脆，裂缝发育。

显微裂隙或限于晶体内，或穿过晶体界面，一般不破坏矿物和岩石的完整性。显微镜样品裂隙统计显示，样品较为致密，裂隙较发育，长宽比值较大，张开程度较小，裂隙长以 1000μm 左右为主，宽以 50μm 左右为主。根据几何形态和复杂性等特征，可将样品裂隙分为简单独立裂隙、分叉裂隙、复杂连通裂隙和微裂隙等类型[图 4-6(a)～(d)]；按其力学性质可分为显微剪裂隙和显微张裂隙。剪裂隙较平直、紧密，充填物较少[图 4-6(g)]；张裂隙多呈锯齿状，较开放，常具充填物[图 4-6(h)]。

这些类型的裂隙是很好的天然气储集空间和流体运移通道，裂隙越发育，越有利于页岩气的储集和开采。不同的裂隙，后期改造的潜力不同，简单独立裂隙改造潜力较小，而分叉裂隙、复杂连通裂隙和微裂隙系统等对于压裂的响应十分显著，对促进压裂效果有重要意义，也是裂隙系统中重点关注的对象。总体而言，研究区龙马溪组泥页岩裂隙较发育，主要发育分叉裂隙、复杂连通裂隙及微裂隙系统，从这一角度来看，对于页岩气的储集和开发是较有利的。

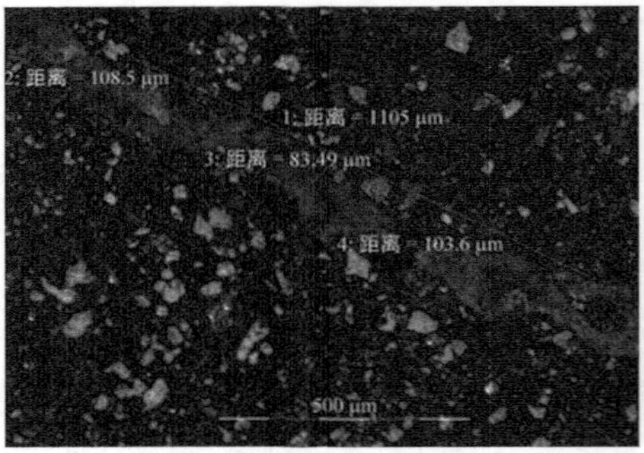

(a) SH07，简单微裂隙，长宽比 11∶1

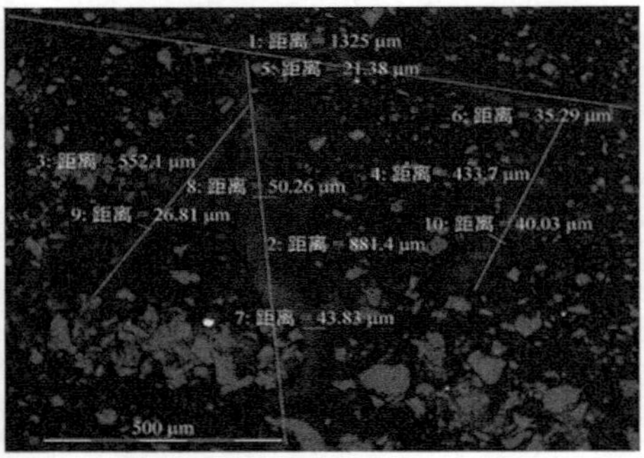

(b) SX58，复杂微裂隙，长宽比 7∶1

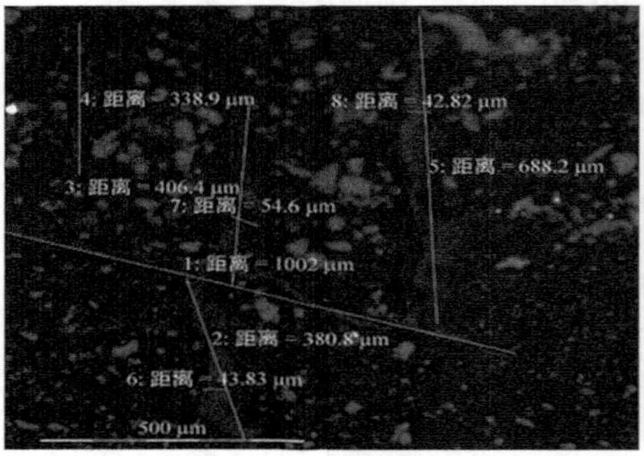

(c) SX56，分叉微裂隙，长宽比 15∶1

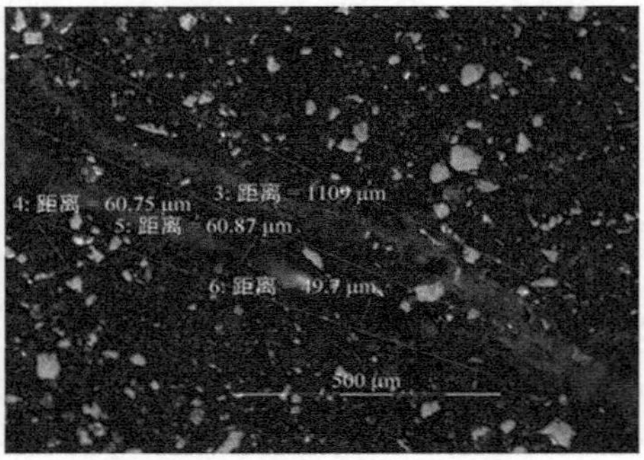

(d) SH12，微裂隙系统，长宽比 22∶1

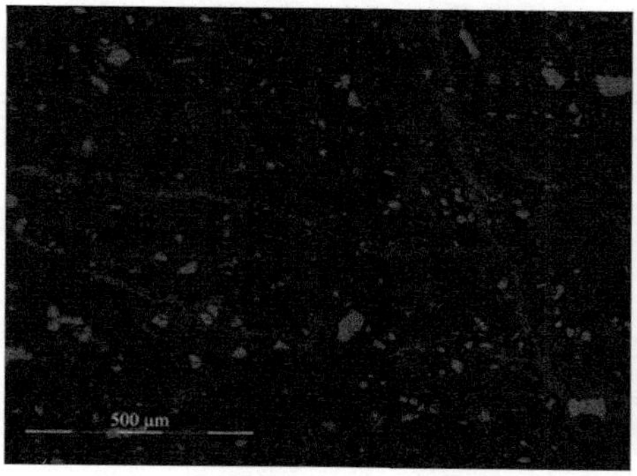

(e) SH03，网状裂隙，连通性好

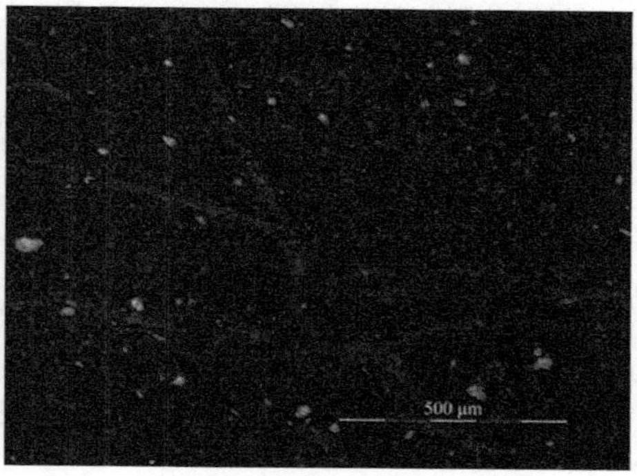

(f) SH18 中网状裂隙，连通性好

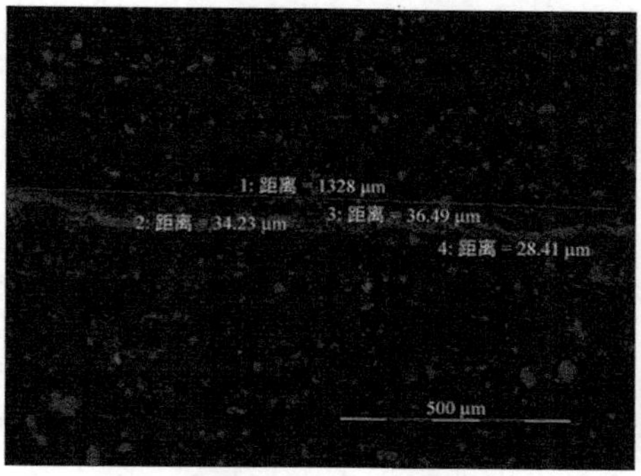

(g) SX97，剪裂隙

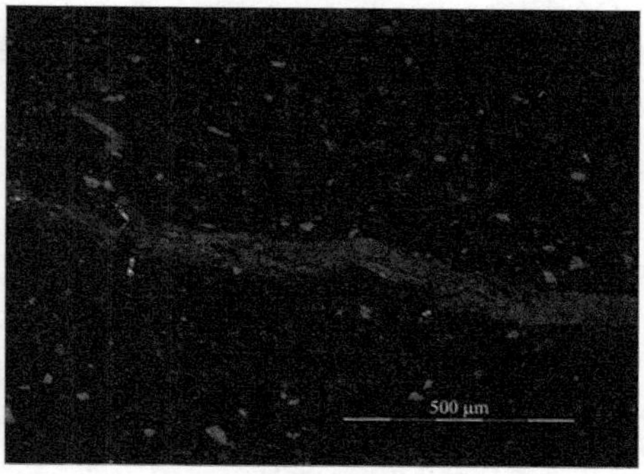

(h) SH03，张裂隙

图 4-6　龙马溪组黑色泥页岩代表性裂隙(显微镜下观察结果)

三、微观-超微观孔裂隙特征(压汞测试表征)

(一)孔隙度

孔隙度是确定游离气含量和评价页岩渗透性的重要参数。页岩气储层通常具有低孔隙度(<10%)、低渗透率(<0.001μm^2)特征。泥页岩中通常同时存在原生孔隙和次生孔隙，原生孔隙系统由十分微细的孔隙组成，形成了较大的内表面积，从而提供了潜在的吸附位置，以存储大量气体，但原生孔隙系统渗透率很低。研究区 16 个龙马溪组泥页岩样品压汞实验结果见表 4-9。

表 4-9　样品压汞测试孔隙度

样品编号	采样深度/m	TOC/%	骨架密度/(g/cm^3)	体密度/(g/cm^3)	孔隙度/%
SX98	40	0.54	2.2342	2.1386	4.2806
SH13	82	1.07	2.2272	2.1435	3.7583

续表

样品编号	采样深度/m	TOC/%	骨架密度/(g/cm^3)	体密度/(g/cm^3)	孔隙度/%
SH08	94	1.18	2.2082	2.1636	2.023
SH05	99	1.11	2.2160	2.1745	1.8753
SH03	108	1.28	2.2134	2.1378	3.4134
SX60	142	1.17	2.1902	2.1528	1.7116
SX58	145	1.21	2.2142	2.1522	2.8007
SX56	147	1.37	2.1895	2.1244	2.9717
SX48	158	2.33	2.1399	2.1023	1.758
SX47	162	2.35	2.0414	1.9645	3.7666
SX44	165	2.46	2.1683	2.1078	2.7892
SX36	170	4.67	2.0107	1.9105	4.9798
SX22	177	4.15	1.9900	1.8164	8.7228
SX13	184	4.39	2.1049	1.8365	12.751
SX07	188	3.82	1.9542	1.8157	7.0906
SX01	197	5.35	1.8711	1.6902	9.6644

龙马溪组黑色页岩孔隙度介于 1.71%～12.75%，平均为 4.71%，其频度多分布在孔隙度>4.0%的范围(图 4-7)，占 37.5%。相对于美国五大含气页岩 3%～14%的孔隙度(评价指标平均大于 4%)，龙马溪组页岩孔隙度为中等偏高。垂向上由浅至深，孔隙度具有增大趋势(图 4-8)。以 SX36 样品为界，下部孔隙度均大于 4%，厚度约 30m；上部孔隙度小于 4%。总体上，龙马溪组黑色页岩底部层段孔隙度相对较高，有利于页岩气的储存富集。

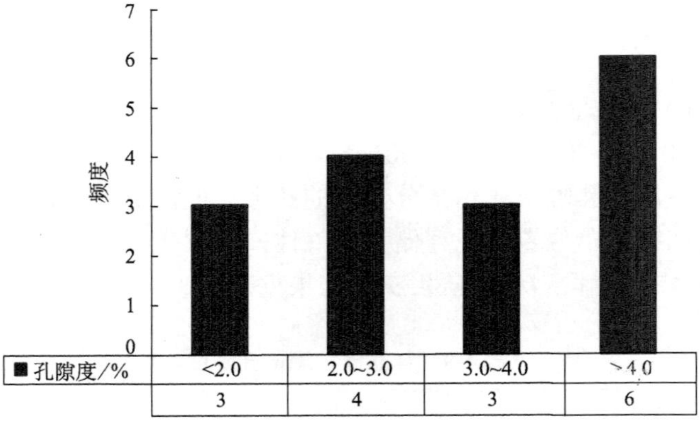

图 4-7　龙马溪组孔隙度分布直方图

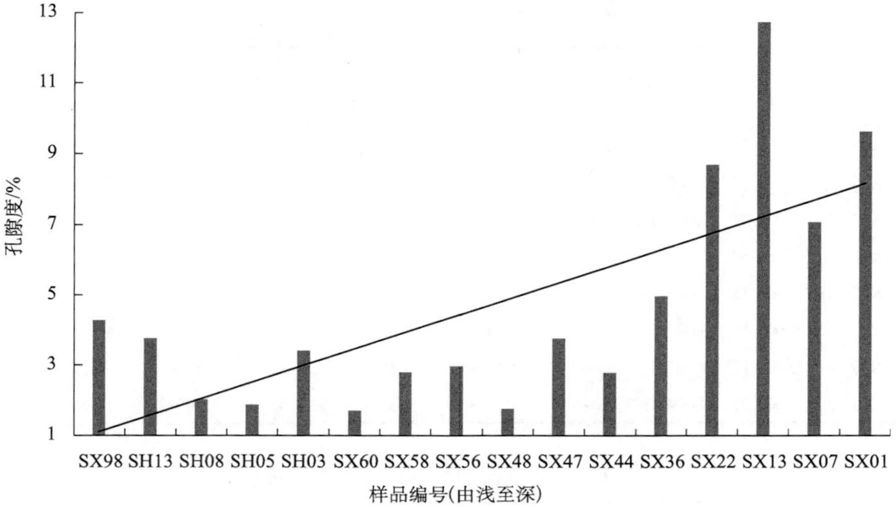

图 4-8　孔隙度随埋深变化图

(二)孔容与孔比表面积

先期处理数据，采用的孔隙分类方案是：超大孔/可见裂隙，V_c，$\Phi \geq 100\ 000$nm (100μm)；大孔，V_1，1000nm$\leq \Phi <$100 000nm(1μm$\leq \Phi <$100μm)；中孔，V_2，100nm$\leq \Phi <$1000nm(0.1μm$\leq \Phi <$1μm)；小孔，V_3，10nm$\leq \Phi <$100nm；微孔，V_4，6nm$\leq \Phi <$10nm。

鉴于测试过程中块样堆积，得到的超大孔和可见裂隙并不是样品本身真实孔裂隙的反映，因此去除超大孔/可见裂隙 V_c 的孔容；另外，受仪器性能限制，最小测试到 6nm，其以下孔隙未能测出。测试结果见表 4-10 和表 4-11。

表 4-10　孔容及孔容比数据表

样品编号	孔容/(cm³/g)					孔容比/%			
(由浅至深)	V_1	V_2	V_3	V_4	V_t	V_1/V_t	V_2/V_t	V_3/V_t	V_4/V_t
SX98	0.001 43	0.006 27	0.009 25	0.001 48	0.018 4	7.75	34.03	50.20	8.01
SH13	0.001 03	0.001 62	0.012 13	0.001 95	0.016 7	6.15	9.71	72.51	11.63
SH08	0.000 93	0.000 71	0.004 55	0.001 95	0.008 1	11.43	8.71	55.92	23.94
SH05	0.000 86	0.000 68	0.004 42	0.001 88	0.007 8	10.94	8.69	56.39	23.97
SH03	0.001 66	0.001 31	0.007 48	0.003 21	0.013 7	12.13	9.58	54.80	23.49
SX60	0.001 38	0.000 47	0.002 19	0.000 91	0.005 0	27.89	9.56	44.23	18.31
SX58	0.001 36	0.001 31	0.006 81	0.002 28	0.011 8	11.54	11.12	57.90	19.43
SX56	0.002 38	0.001 28	0.005 88	0.002 22	0.011 8	20.26	10.91	49.98	18.84

续表

样品编号	孔容/(cm^3/g)					孔容比/%			
(由浅至深)	V_1	V_2	V_3	V_4	V_t	V_1 / V_t	V_2 / V_t	V_3 / V_t	V_4 / V_t
SX48	0.001 56	0.000 60	0.002 96	0.001 24	0.006 4	24.49	9.44	46.59	19.48
SX47	0.001 17	0.000 37	0.002 19	0.001 11	0.004 8	24.20	7.71	45.24	22.86
SX44	0.001 31	0.000 37	0.002 06	0.000 94	0.004 7	28.01	8.00	43.97	20.02
SX36	0.001 62	0.000 81	0.004 58	0.002 72	0.009 7	16.64	8.31	47.10	27.94
SX22	0.001 18	0.005 12	0.026 67	0.012 99	0.046 0	2.57	11.13	58.03	28.27
SX13	0.002 56	0.029 62	0.033 46	0.002 58	0.068 2	3.75	43.42	49.05	3.79
SX07	0.003 12	0.005 30	0.009 71	0.013 45	0.031 6	9.86	16.79	30.75	42.59
SX01	0.002 38	0.004 41	0.028 98	0.019 38	0.055 2	4.32	8.00	52.53	35.14

表 4-11　孔比表面积及孔比表面积比数据表

样品编号	孔比表面积/(m^2/g)					孔比表面积比/%			
(由浅至深)	S_1	S_2	S_3	S_4	S_t	S_1 / S_t	S_2 / S_t	S_3 / S_t	S_4 / S_t
SX98	0.001 0	0.168 8	1.261 9	0.749 3	2.181 0	0.05	7.74	57.86	34.36
SH13	0.001 0	0.036 9	1.843 3	1.024 8	2.906 0	0.03	1.27	63.43	35.27
SH08	0.001 0	0.013 2	0.886 7	0.997 1	1.898 0	0.05	0.70	46.72	52.53
SH05	0.001 0	0.013 2	0.840 8	0.990 9	1.846 0	0.05	0.72	45.55	53.68
SH03	0.001 0	0.027 7	1.306 6	1.577 7	2.913 0	0.03	0.95	44.85	54.16
SX60	0.001 0	0.007 2	0.443 3	0.412 5	0.864 0	0.12	0.83	51.31	47.75
SX58	0.001 0	0.026 4	1.315 8	1.180 8	2.524 0	0.04	1.05	52.13	46.78
SX56	0.002 0	0.024 3	1.116 3	1.148 4	2.291 0	0.09	1.06	48.73	50.13
SX48	0.001 0	0.010 2	0.603 1	0.637 6	1.252 0	0.08	0.82	48.17	50.93
SX47	0.000 0	0.007 1	0.472 7	0.555 2	1.035 0	0.00	0.68	45.67	53.65
SX44	0.001 0	0.006 1	0.438 4	0.515 5	0.961 0	0.10	0.63	45.62	53.65
SX36	0.001 0	0.016 2	0.970 3	1.411 5	2.399 0	0.04	0.68	40.45	58.84
SX22	0.001 0	0.100 6	5.358 0	6.834 5	12.294 0	0.01	0.82	43.58	55.59
SX13	0.002 0	0.868 0	3.371 3	1.355 7	5.597 0	0.04	15.51	60.23	24.22
SX07	0.003 3	0.110 7	1.955 0	7.242 9	9.312 0	0.04	1.19	20.99	77.78
SX01	0.002 3	0.092 1	6.258 7	10.232 9	16.586 0	0.01	0.56	37.74	61.70

注：S_1～S_4分别表示大孔比表面积、中孔比表面积、小孔比表面积、微孔比表面积；S_t表示总孔比表面积。

结果显示，龙马溪组泥页岩样品总孔体积介于 0.0047～0.0682cm^3/g，平均为 0.02cm^3/g，总孔比表面积为 0.8640～16.586m^2/g，平均为 4.18m^2/g。垂向上，龙马溪组孔容和孔比表面积具有相似的趋势，数据显著地分布在两个区间，上段样品的总孔容和总孔比表面积均在平均值内浮动，下段样品的总孔容和总孔比表面积随着深度增加而增大[图 4-9(a)和(b)]。中孔和小孔孔容的变化与总孔容的变化趋势相同[图 4-9(c)]；小孔和微孔的孔比表面积与总孔比表面积的变化趋势相同[图 4-9(d)]，综合孔容比图[图 4-9(e)]和孔比表面积比图[图 4-9(f)]，表明小孔(10nm≤Φ<100nm)是孔容的主要贡献者，小孔和微孔(Φ≤100nm)是总孔比表面积的主要贡献者。

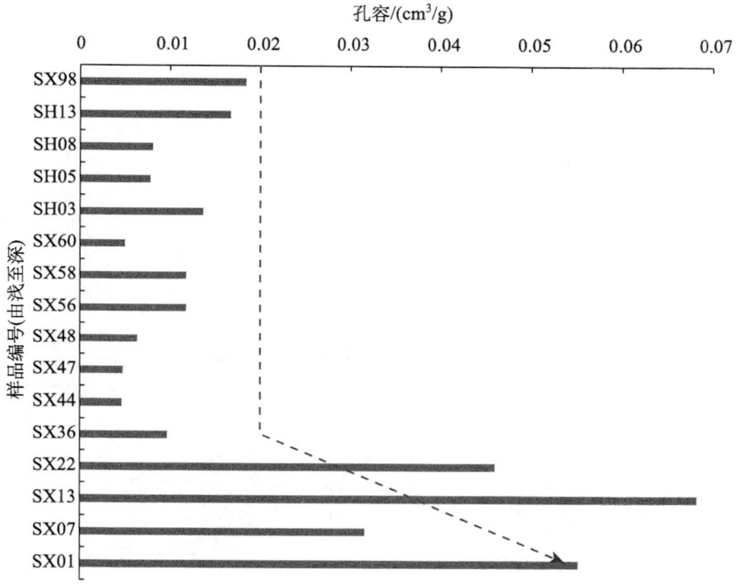

(a)

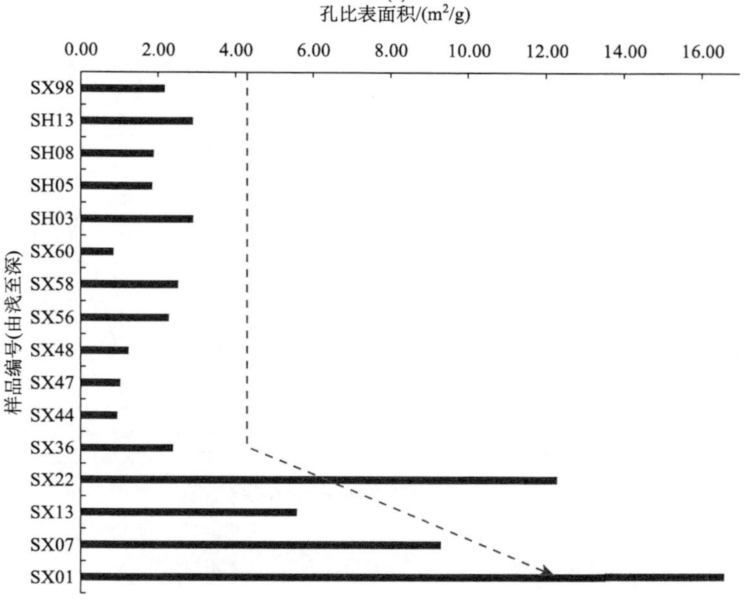

(b)

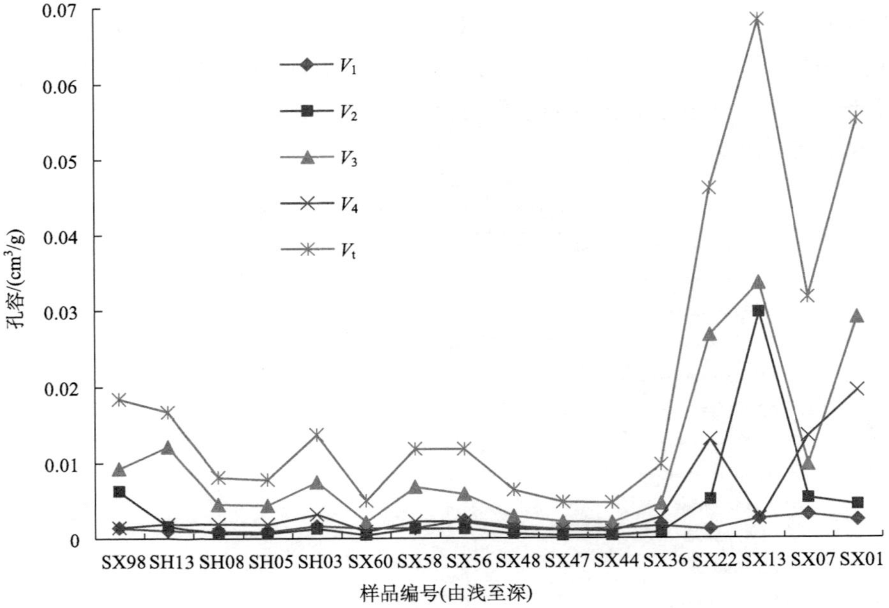
0.07
0.06
0.05
0.04
0.03
0.02
0.01
0
孔容/(cm³/g)
V1
V2
V3
V4
Vt
SX98 SH13 SH08 SH05 SH03 SX60 SX58 SX56 SX48 SX47 SX44 SX36 SX22 SX13 SX07 SX01
样品编号(由浅至深)

(c)

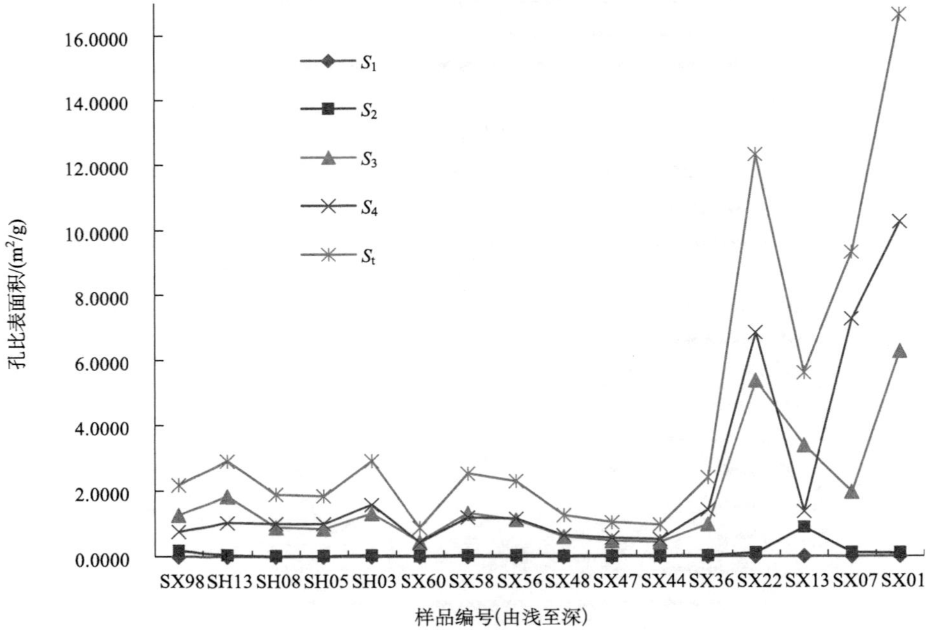
16.0000
14.0000
12.0000
10.0000
8.0000
6.0000
4.0000
2.0000
0.0000
孔比表面积/(m²/g)
S1
S2
S3
S4
St
SX98 SH13 SH08 SH05 SH03 SX60 SX58 SX56 SX48 SX47 SX44 SX36 SX22 SX13 SX07 SX01
样品编号(由浅至深)

(d)

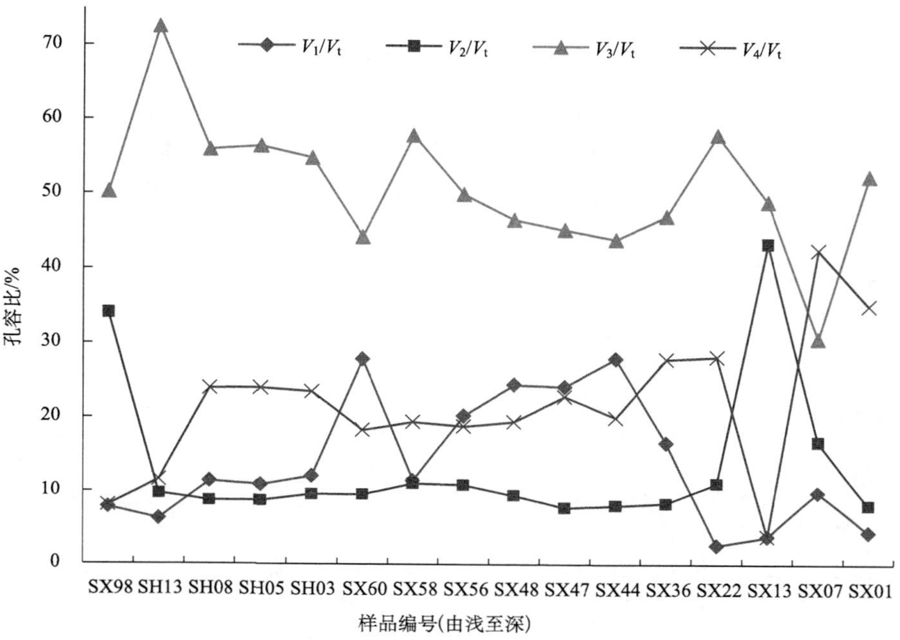

(e)

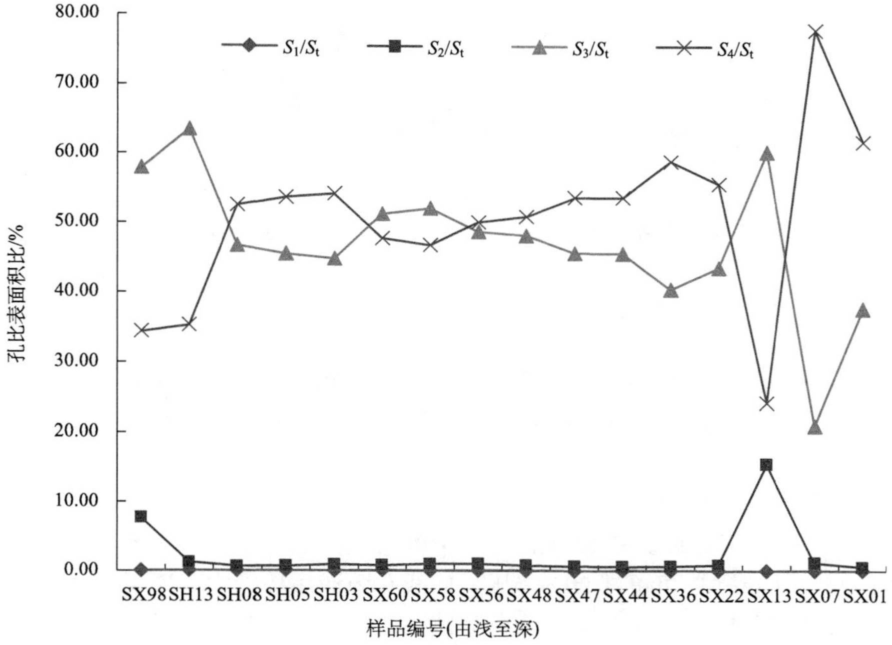

(f)

图 4-9　总孔容和孔容比、总孔比表面积和孔比表面积比分布特征

（三）孔径分布

根据压汞阶段进汞量特征，可以确定龙马溪组页岩气储层的储集空间主要由裂隙（超大孔）、大孔、中孔、小孔和微孔5种类型组成（图4-10）。孔隙体积以小于1000nm的中孔、小孔和微孔为主要孔径，特别是6～120nm的孔隙占有重要比例。

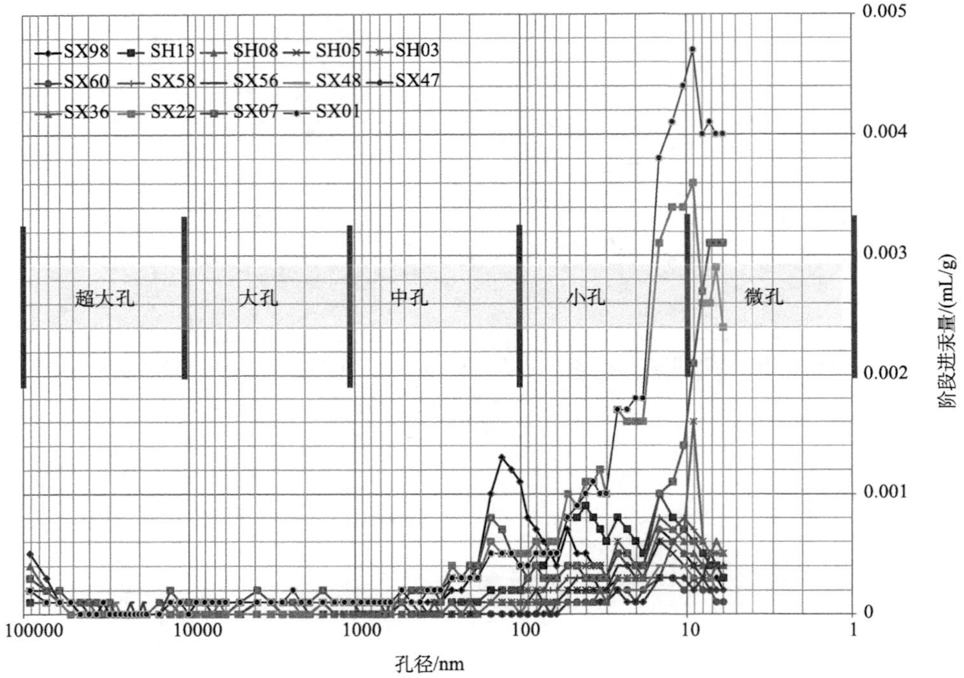

图4-10　龙马溪组黑色泥页岩样品压汞阶段注入量与孔径关系图

（四）进退汞曲线与孔隙结构

不同样品的压汞曲线（进汞-退汞曲线）孔隙滞后环宽度及进汞、退汞体积差（压力差）不同，据此可分析样品的孔隙特征。将样品的孔隙分为以下四种类型（图4-11）。

第一种类型，SX22、SX13［图4-11(a)］、SX07和SX01（由浅至深）等样品［图4-11(b)］，进汞曲线在5MPa左右（10MPa前）迅速增大，小孔和中孔占绝对优势，两者孔容比之和超过90%，压汞曲线孔隙滞后环宽大，退汞曲线上凸，进汞和退汞体积差极大，表明在压汞所测试的孔径范围内开放孔极多，孔隙连通性很好。这种孔径结构很有利于页岩气的解吸、扩散和渗透，其所代表的储层是页岩气勘探开发的有利储层，位于龙马溪组黑色页岩底部。

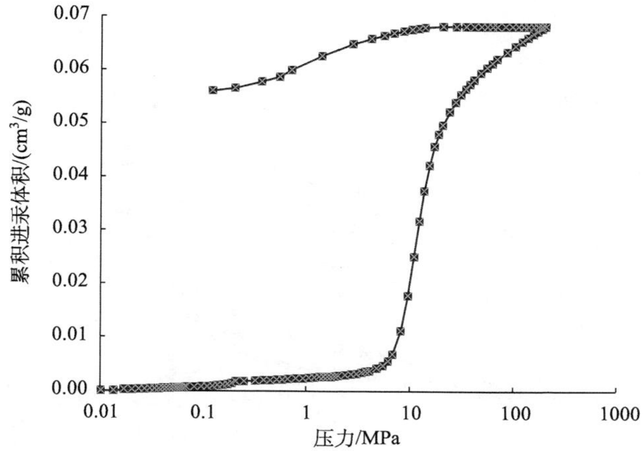
0.07
0.06
0.05
0.04
0.03
0.02
0.01
0.00
累积进汞体积/(cm³/g)
0.01
0.1
1
10
100
1000
压力/MPa

(a)

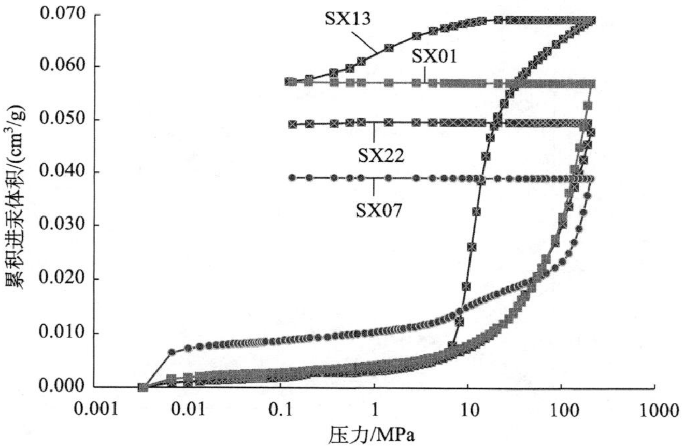
SX13
SX01
SX22
SX07
0.070
0.060
0.050
0.040
0.030
0.020
0.010
0.000
累积进汞体积/(cm³/g)
0.001
0.01
0.1
1
10
100
1000
压力/MPa

(b)

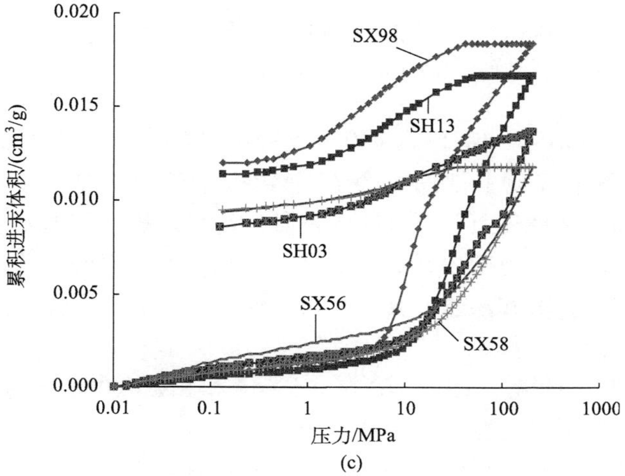
SX98
SH13
SH03
SX56
SX58
0.020
0.015
0.010
0.005
0.000
累积进汞体积/(cm³/g)
0.01
0.1
1
10
100
1000
压力/MPa

(c)

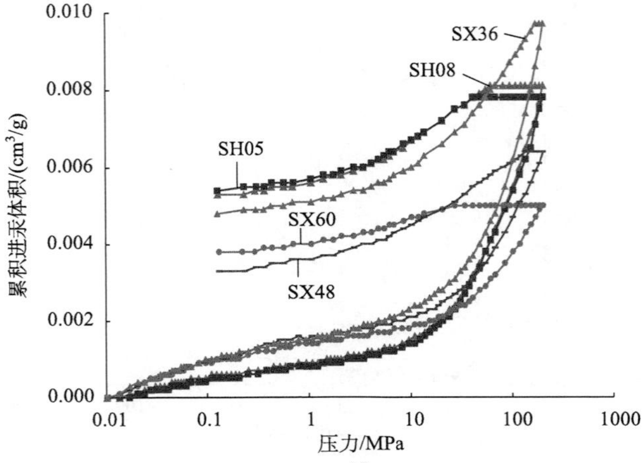

(d)

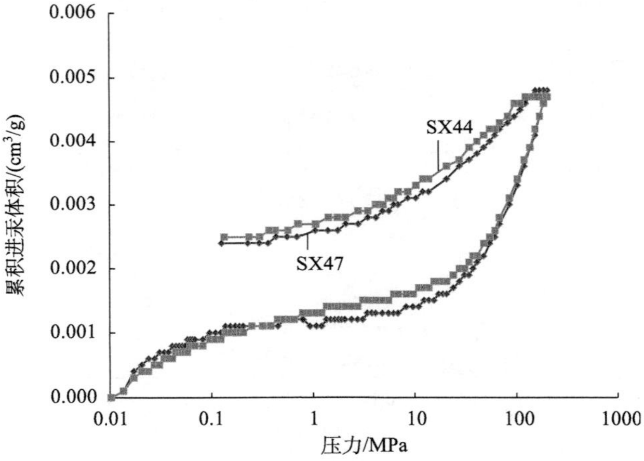

(e)

图 4-11　龙马溪组不同样品进汞-退汞曲线类型

a 为 b 中的 SX13，以清晰展示

第二种类型，SX98、SH13、SH03、SX58 和 SX56（由浅至深）五个样品所代表的这种类型[图 4-11（c）]，压汞曲线在 5MPa 左右迅速增大，压汞曲线孔隙滞后环宽大，退汞曲线呈现先上凸后下凹的两阶段趋势，进汞和退汞体积差很大，表明在压汞所测试的孔径范围内开放孔很多，孔隙连通性很好。这种孔径结构有利于页岩气的解吸、扩散和渗透，其所代表的储层是页岩气勘探开发的有利储层，位于龙马溪组下段中上部。

第三种类型，SH08、SH05、SX60、SX48 和 SX36（由浅至深）[图 4-11（d）]，其压汞曲线孔隙滞后环较宽，进汞和退汞体积差较大，表明在压汞所测的孔径范围内开放孔较多，孔隙连通性较好。这种结构较有利于页岩气的解吸、扩散和渗透，其所代表的储层是页岩气勘探开发的较有利储层。

第四种类型，SX47 和 SX44(由浅至深)样品[图 4-11(e)]，其进汞曲线较之其他样品存在一个显著增大区间，这一区间内，压力小，进汞量迅速增大，即存在大比重的超大孔隙；其压汞曲线孔隙滞后环较窄，进汞和退汞体积差(压力差)较小，表明在压汞所测试的孔径范围内开放孔较少，孔隙连通性一般，超大孔隙结构较不利于页岩气的解吸、扩散和渗透，其所代表的储层不是页岩气勘探开发的有利储层。

综合认为龙马溪组黑色页岩底部储层开放孔极多，孔隙连通性很好，有利于页岩气的解吸、扩散和渗透，是页岩气勘探开发的有利储层。但下段 90m 内的各层间又具有较为明显的孔隙结构差异，层间不均一性明显，应进行更深入的研究。

四、微观-超微观孔裂隙特征(液氮吸附表征)

(一)吸附等温线与孔隙结构

图 4-12 是龙马溪组页岩气储层样品低温氮吸附等温升压过程的吸附曲线(图中灰色线)和降压过程的脱附曲线(图中黑色线)。根据吸附和脱附曲线类型可以判别样品的孔隙特点。各样品的吸附曲线在形态上略有差别，但整体呈反 S 型，据吸附等温线的 BET 分类(Brunauer et al.，1940)，曲线与Ⅱ型吸附等温线接近(图 4-13，TypeⅡ)；吸附曲线前段上升缓慢，略向上微凸，后段急剧上升，一直持续到相对压力接近 1.0 时也未呈现出吸附饱和现象，表明样品在吸附氮气的过程中发生了毛细孔凝聚现象。具体看，低压段(p/p_0：0～0.3)，曲线前段上升缓慢，并呈向上微凸的形状，此阶段为吸附单分子层向多分子层过渡阶段；曲线中间段(p/p_0：0.3～0.8)，随压力的增大吸附量缓慢增加，此阶段为多分子层吸附过程阶段；曲线后段(p/p_0：0.8～1.0)，吸附线急剧上升，直到接近饱和蒸汽压也未呈现出吸附饱和现象，表明样品中含有一定量的微孔(2～50nm)和小孔(>50nm)，由于毛细凝聚而发生大孔容积充填。Ⅱ型吸附等温线对应的吸附剂孔径范围是从小至分子级孔(孔径约为 18.6nm)到大至无限的孔。

吸附曲线和脱附曲线在压力较高的部分不重合，形成吸附回线(图 4-12)。吸附回线是由于吸附过程中随着相对压力的增加，相应的 Kelvin 半径的孔发生毛细凝聚，增压之后再进行减压，会出现吸附质逐渐解吸蒸发的现象，由于试样中孔的具体形状不同，同一个孔发生凝聚与蒸发时的相对压力可能不同，于是吸附-脱附等温线便会形成两个分支(陈昌国等，2000；Neimark et al.，2003；Thommes，2004)。De Boer(1958)提出将吸附回线分 5 类(图 4-14，左)，国际纯粹与应用化学联合会(IUPAC)在此基础上推荐分为 4 类(图 4-14，右)(姜秀民等，2001)，H1 和 H4 代表 2 种极端类型，前者的吸附、脱附分支在相当宽的吸附范围内垂直于

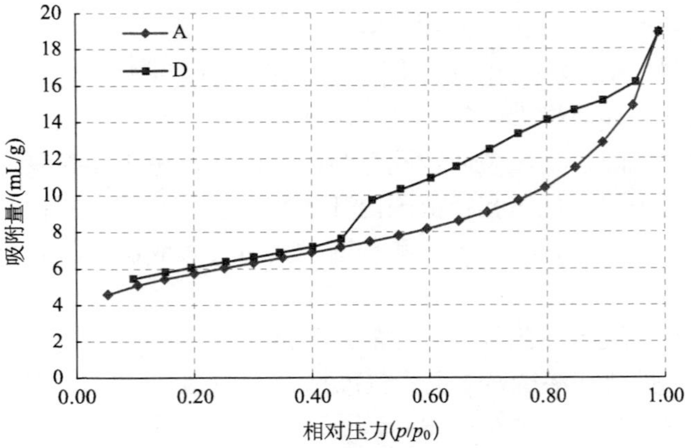

(a) SX07

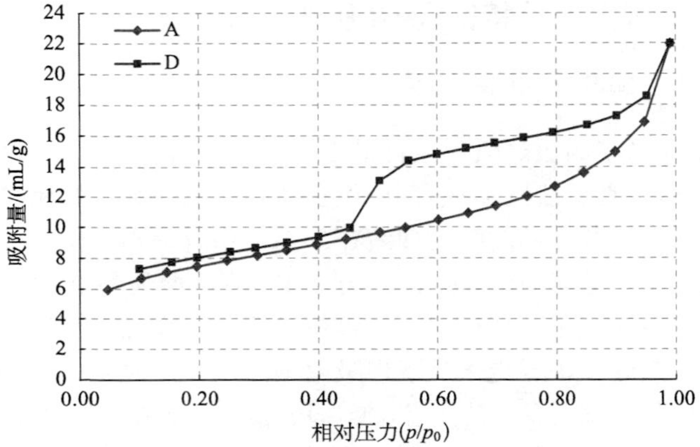

(b) SX36

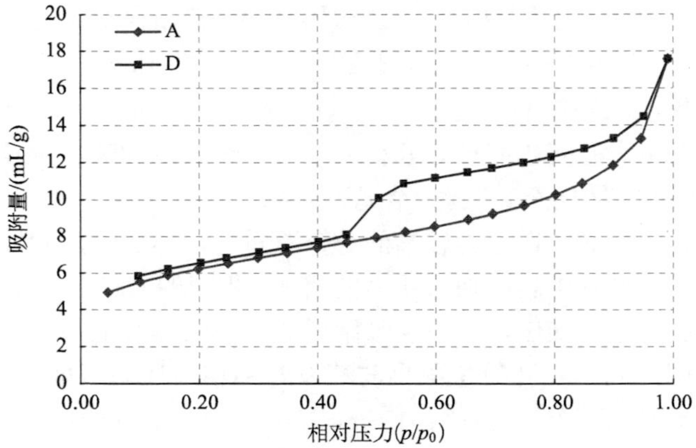

(c) SX47

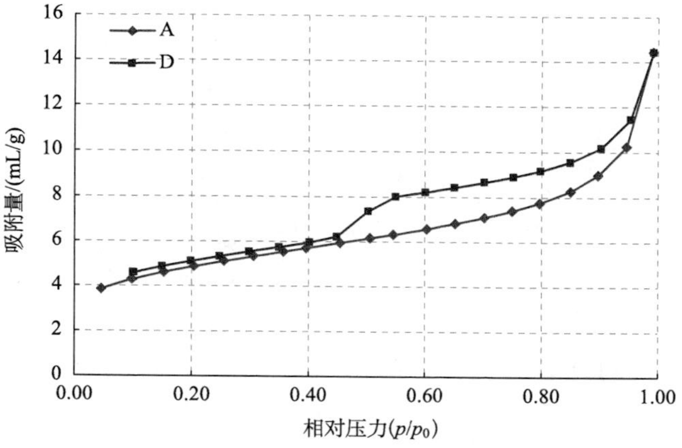

(d) SX56

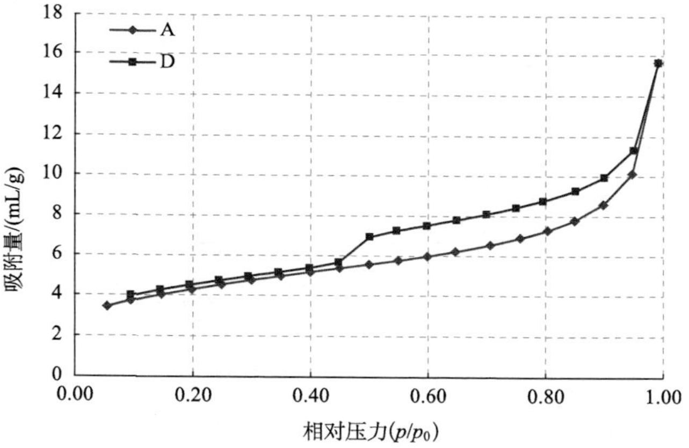

(e) SH05

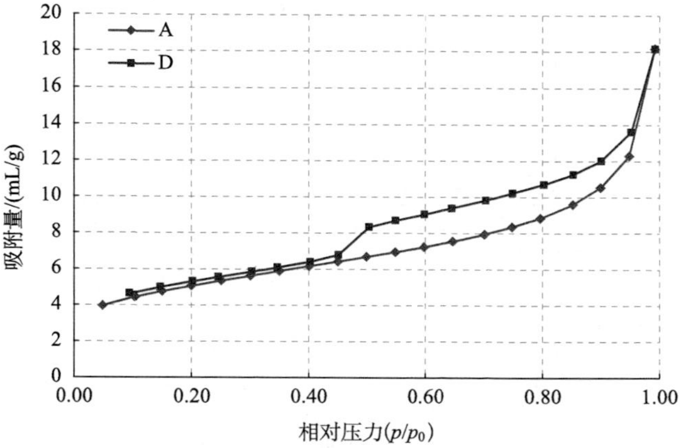

(f) SH08

图 4-12　样品的吸附等温线

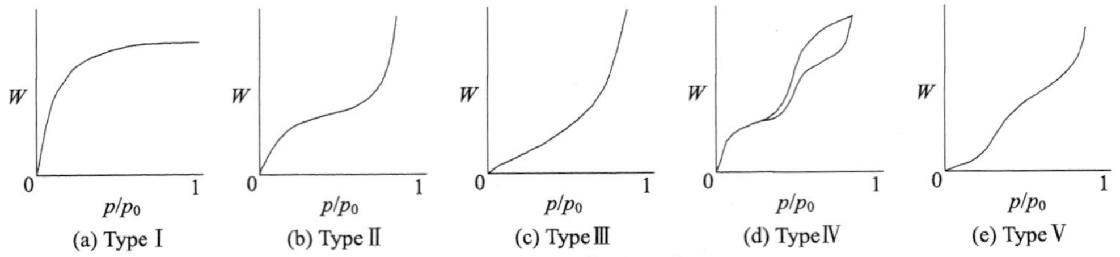

图 4-13　等温线类型(BDDT，Brunauer et al., 1940)

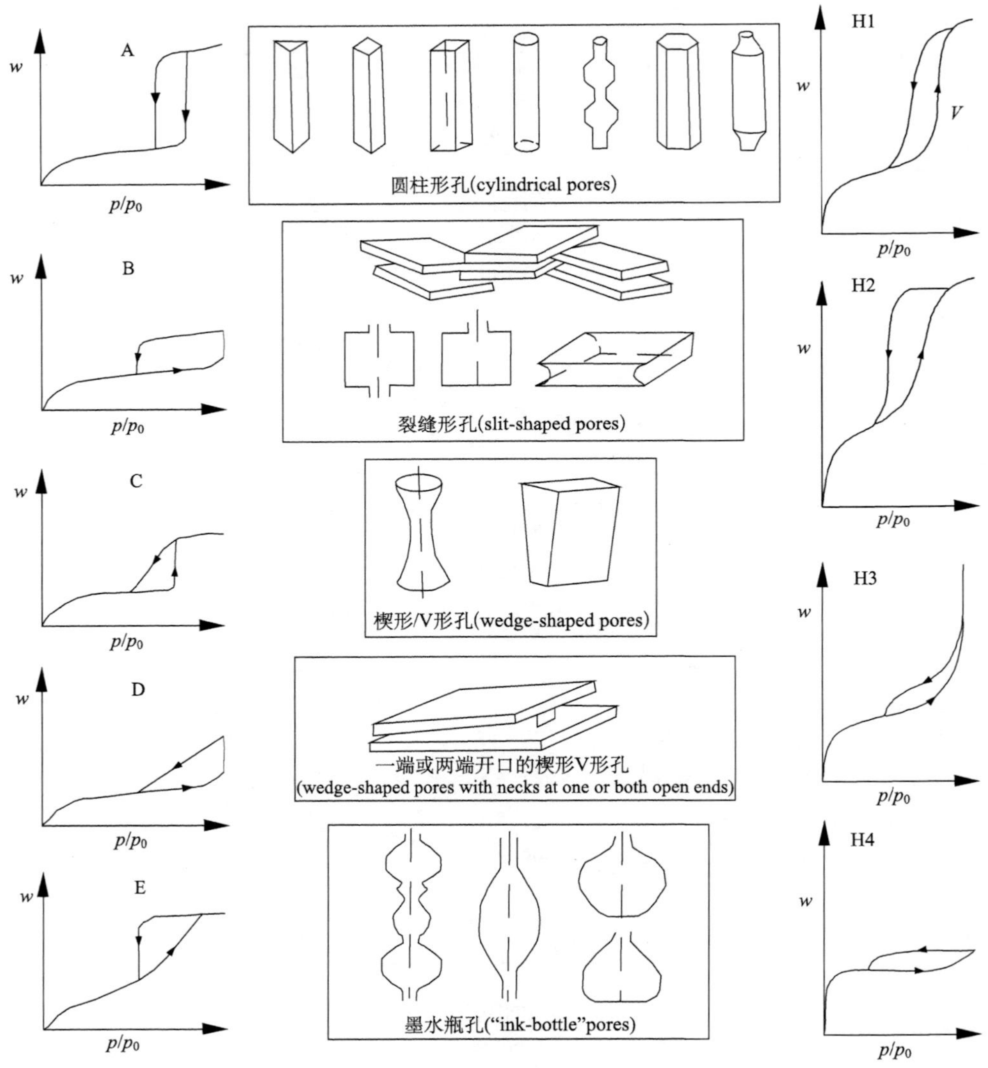

图 4-14　De Boer(左)与 IUPAC 推荐(右)脱附回线分类及其孔隙类型(中)

压力轴且相互平行，后者的吸附、脱附分支在宽压力范围内是水平的，且相互平行；H2 和 H3 是两极端的中间情况。吸附回线形状类型反映一定的孔结构特征和类型(图 4-14，中)，尺寸和排列都十分规则的孔结构常得到 H1 型回线，主要由微孔组成的样品中会产生 H4 型回线，无规则孔结构的样品中主要产生 H2 和 H3 型回线。因孔隙形态复杂，几乎不可能用某一种吸附回线代表的孔隙类型来描述实际孔隙特征，实际吸附回线大致与某种类型相似，即可近似描述孔隙特征。吸附回线存在较大差异，表明各样品孔的具体形状存在差异。

总体上 6 个样品的吸附曲线在饱和蒸汽压附近很陡，脱附曲线在中等压力处很陡，与 De Boer 提供的 B 类回线较为相近但不完全相同，与 IUPAC 推荐的 H3 型回线接近，兼有 H4 型回线特征(介于 H3～H4 型)，所呈现的回线是多个标准回线的叠加，是样品孔隙形态的综合反映，表明龙马溪组页岩气储层的孔隙主要由纳米孔组成，且结构具有一定的无规则(无定形)孔特征，颗粒内部孔结构具有平行壁的狭缝状孔特征，且含有多形态的其他孔。研究认为狭缝状孔可能与泥页岩中黏土矿物颗粒片状结构特征有关(韩向新等，2007；孙佰仲等，2008)。封闭性孔(包括一端封闭的圆筒形孔、平行板孔和圆锥形孔)不能产生吸附回线(墨水瓶孔虽一端封闭，却能产生吸附回线)，而 6 个样品均产生了吸附回线，表明龙马溪组页岩气储层孔隙形态呈开放状态，以两端开口的圆筒形孔及四边开放的平行板孔(圆锥、圆柱、平板和墨水瓶形)等开放性孔为主。孔隙的开放程度与吸附线的上升速率有关，上升越快说明孔隙开放度越大，6 个样品在垂向上具有一定的规律，由浅到深，孔隙开放程度增大。

(二)孔体积与孔比表面积

将吸附相对压力 p/p_0=0.99 时的吸附量作为孔体积，据 BET 模型，计算样品的比表面积(表 4-12)，龙马溪组页岩气储层样品孔体积为 0.022 19～0.033 78mL/g，平均约 0.027 3mL/g；比表面积为 14.16～24.24m^2/g，平均约 18.29m^2/g。

表 4-12　样品比表面积和孔体积

样品编号 (由浅至深)	孔体积 /(mL/g)	比表面积/(m^2/g)	平均孔径/nm	p/p_0 范围
SH08	0.027 90	16.81	6.640	0.049 048～0.992 750
SH05	0.024 04	14.16	6.790	0.055 518～0.991 540
SX56	0.022 19	15.56	5.704	0.046 158～0.992 030
SX47	0.027 01	20.24	5.336	0.046 613～0.991 780
SX36	0.033 78	24.24	5.575	0.046 675～0.099 190
SX07	0.029 05	18.71	6.209	0.052 848～0.991 870

(三) 孔径分布

实验数据记录的孔径范围为 2.030～77.698nm，表 4-12 表明龙马溪组页岩气储层样品的平均孔径为 5.336～6.790nm，平均为 6.042nm。页岩属低渗透多孔性岩石，而多孔固体的孔形状一般极不规则，孔隙大小各不相同，通常用不同孔径范围内的孔体积分布参数表征，由吸附等温线数据可计算孔径分布。图 4-15 为用密度泛函 (DFT) 法得到的样品内部孔隙体积的分布，从图中可直观地看到，样品孔体积密度分布主要有 3 个峰，分别位于 2～4nm、16nm 左右和 28nm 左右，表明在这三个孔径范围内的孔隙占有重要比例。

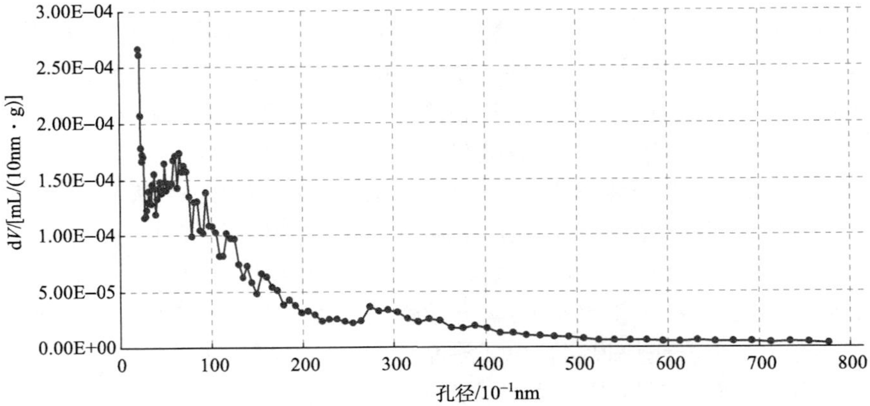

(a) SX07

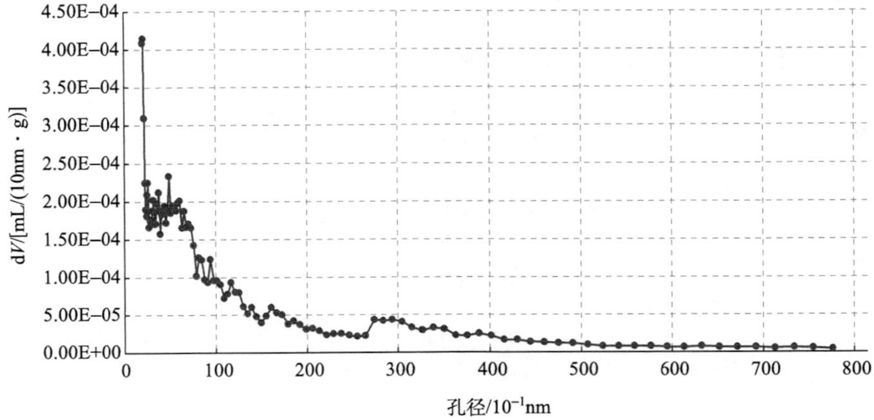

(b) SX36

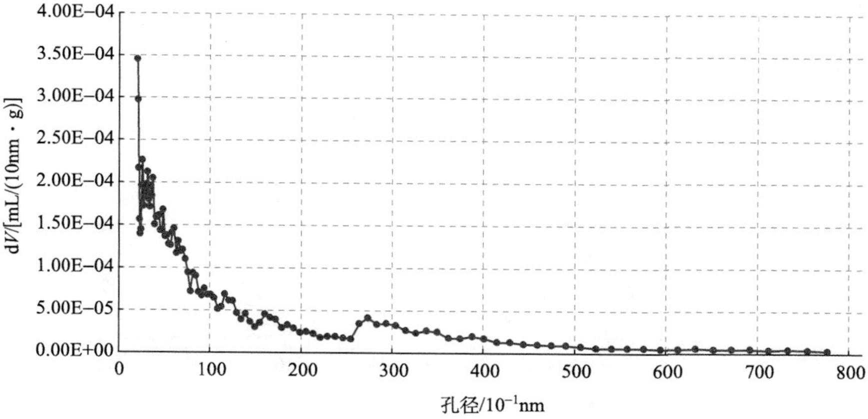

(c) SX47

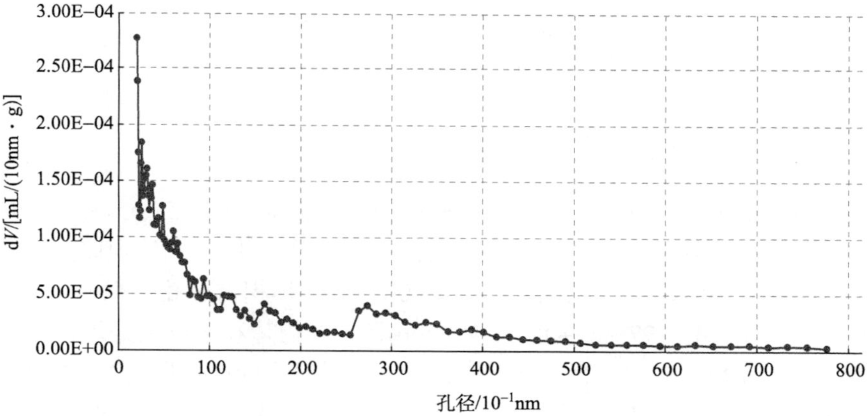

(d) SX56

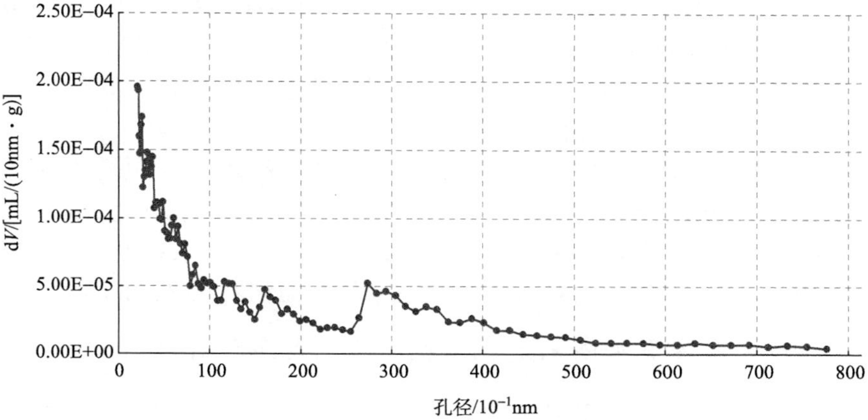

(e) SH05

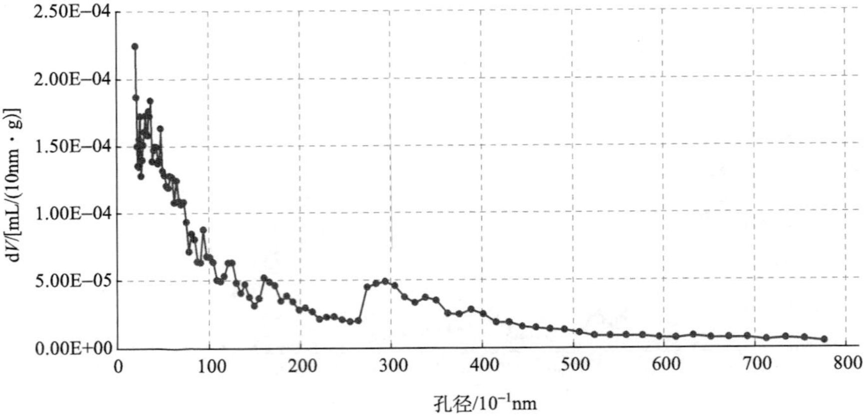

(f) SH08

图 4-15　样品孔径分布图

纵坐标 dV 表示总孔容对孔径(直径)的微分

(四)页岩气储层纳米级孔隙主孔范围

以小于 10nm、10～20nm、20～30nm、30～40nm、40～50nm、50～60nm、60～70nm 和大于 70nm 8 个孔径范围分别计算各孔径范围的孔体积比例，得到分布直方图(图 4-16)。由图可见孔径小于 10.0nm 的孔体积占总孔体积的 41.311%～54.145%，平均为 48.997%，接近一半；各孔径范围内体积比例很好地以指数形式分布(R^2 为 0.9709)；孔比表面积则显著地分布在小于 10nm 范围，介于 85.661%～90.765%，平均为 88.25%，对应各孔径范围内的孔比表面积分布很好地以乘幂形式分布(R^2 为 0.9874)。由此认为龙马溪组页岩中孔-小孔-微孔-超微孔(<100nm)中的主孔位于 2～40nm，占孔隙总体积的 88.39%，占据了 98.85%的比表面积。因此，龙马溪组泥页岩中，微孔(2～50nm)提供了主要的孔隙体积空间，微孔和超微孔(<2nm)提供了主要的孔比表面积。

另外，若按照 IUPAC 的分类(Sing et al.，1985)，龙马溪组泥页岩孔隙体积中，以中孔(孔径在 2～50nm)体积为主，微孔(孔径小于 2nm)体积次之(图 4-17)，大孔(孔径在 50nm 以上)体积最少，分别平均约占 82.036%、11.334%、6.627%；孔比表面积则主要集中在微孔和中孔，共约占总比表面积的 99.435%。

(五)压汞和液氮吸附确定孔体积和孔比表面积对比

对同时采用了压汞法和液氮吸附法测定孔体积和孔比表面积的样品进行对比分析。压汞测试法记录了样品中 6～10000nm(理论上下限为 3.75nm)间分布的孔隙体积及比表面积，液氮吸附法则记录了样品中 2～78nm(理论上 0.6～

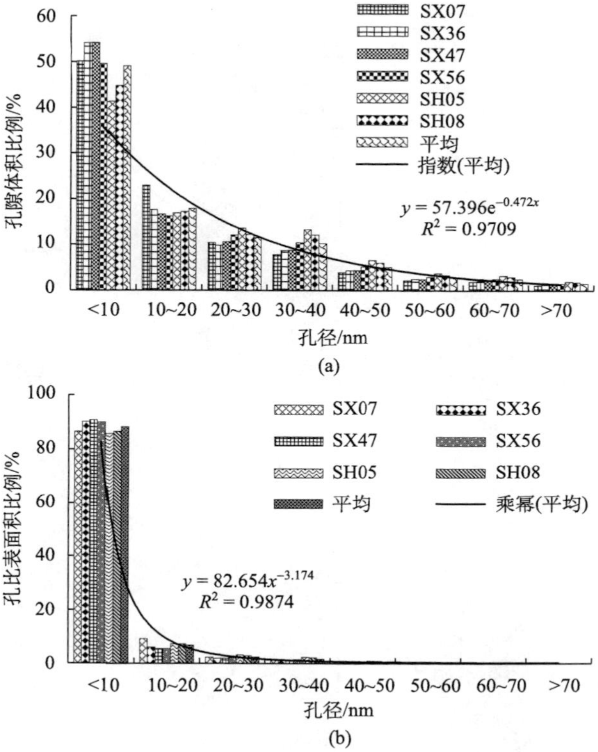

图 4-16　孔隙体积与孔比表面积分布直方图

500nm)间分布的孔隙体积及比表面积，其中有不同的范围区间，但也有交叉的孔径范围(表 4-13)。液氮吸附法测得的孔体积/孔比表面积与压汞法测得结果差值可以表示为

$$V_{差值}=\left[V(\phi_A)+V(\phi_B)\right]-\left[V(\phi_B)+V(\phi_C)\right]=V(\phi_A)-V(\phi_C)$$

$$S_{差值}=\left[S(\phi_A)+S(\phi_B)\right]-\left[S(\phi_B)+S(\phi_C)\right]=S(\phi_A)-S(\phi_C)$$

表 4-13　压汞法和液氮吸附法测试范围对比表

测试方法	实际测定范围	分段范围		
	(全部)	$V(\phi_A)$、$S(\phi_A)$	$V(\phi_B)$、$S(\phi_B)$	$V(\phi_C)$、$S(\phi_C)$
压汞法	6～10000	—	$6\leqslant\phi_B\leqslant78$	$78<\phi_C\leqslant10000$
液氮吸附法	2～78	$2\leqslant\phi_A<6$	$6\leqslant\phi_B\leqslant78$	—

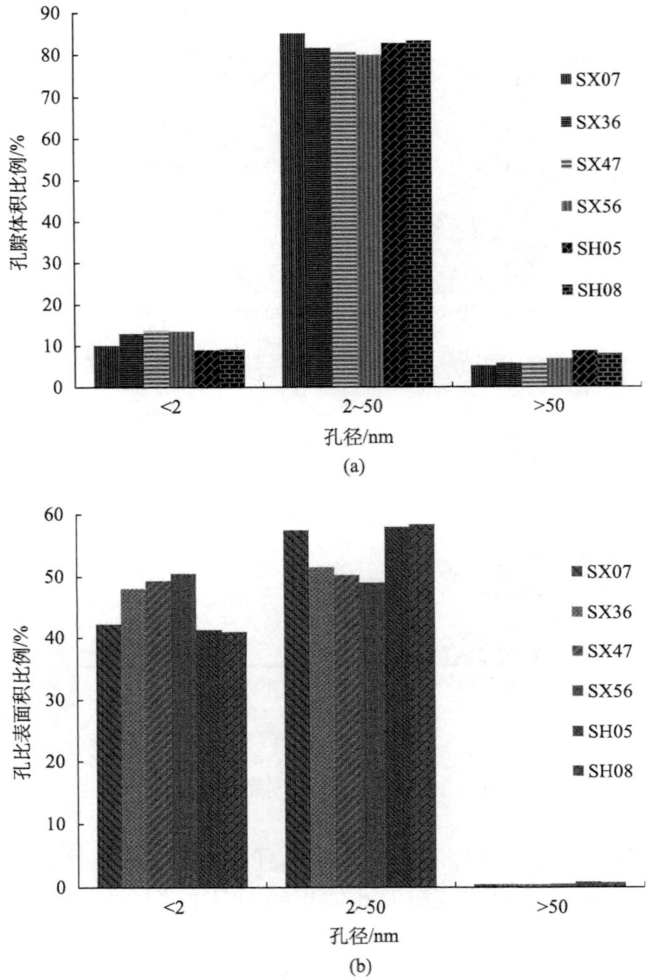

图 4-17　IUPAC 分类下的孔隙体积与孔比表面积分布直方图

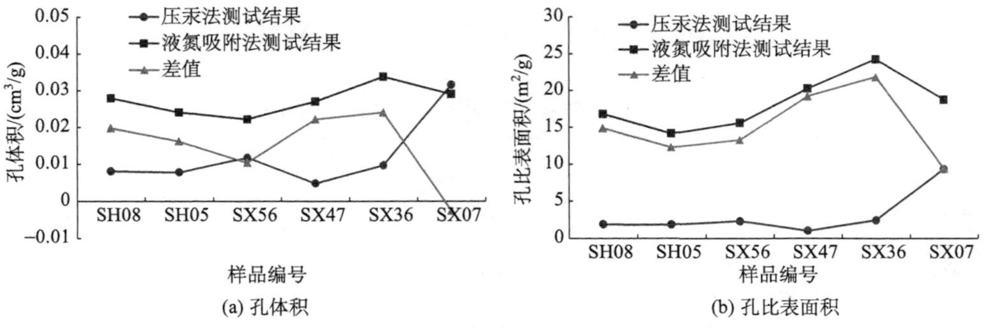

图 4-18　压汞法和液氮吸附法所测孔体积与孔比表面积的对比图

图 4-18 表明液氮吸附法测试的总孔体积除了龙马溪组底部的 SX07 样品较小外，其余的均比压汞法测试的总孔体积大[图 4-18(a)]，液氮吸附法测试的比表面积则均比压汞法测试的结果大[图 4-18(b)]，说明 $2nm \leqslant \phi_A < 6nm$ 孔径小范围的孔体积 $V(\phi_A)$ 和孔比表面积 $S(\phi_A)$ 数量远大于 $78nm < \phi_C \leqslant 10000nm$ 孔径大范围的孔体积 $V(\phi_C)$ 和孔比表面积 $S(\phi_C)$，这也间接反映了龙马溪组以微孔-超微孔为主体的特征。

五、微观-超微观孔裂隙特征(SEM 表征)

龙马溪组样品致密程度不一，总体较为致密。孔裂隙较发育，且连通性好，裂隙主要分布于晶形较为完整的矿物颗粒周缘。通过 39 个样品拍照记录和 170 余张孔裂隙对比分析照片发现，样品中的孔裂隙存在多种类型(图 4-19)。

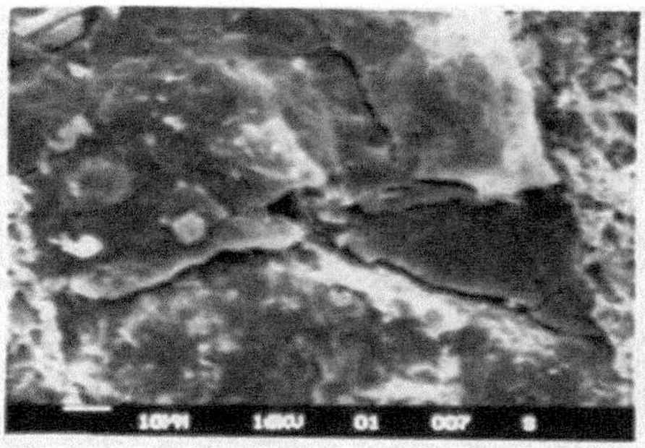

(a)交叉裂隙，裂缝宽度 2μm 左右，标尺 10μm，黑色页岩，S_{1l}，长宁双河

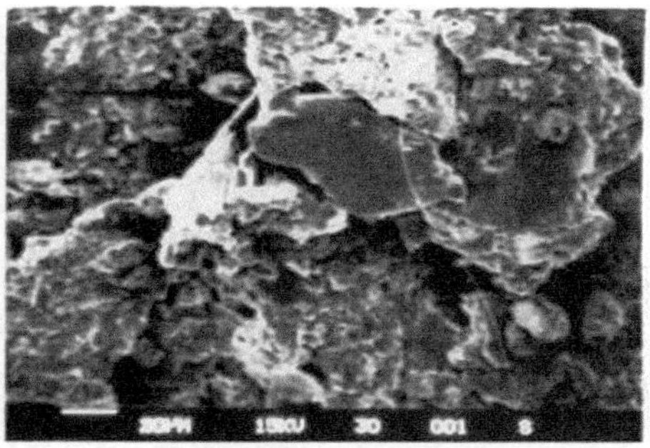

(b)颗粒间裂隙，裂缝宽度 4μm 左右，标尺 20μm，黑色页岩，S_{1l}，兴文三星

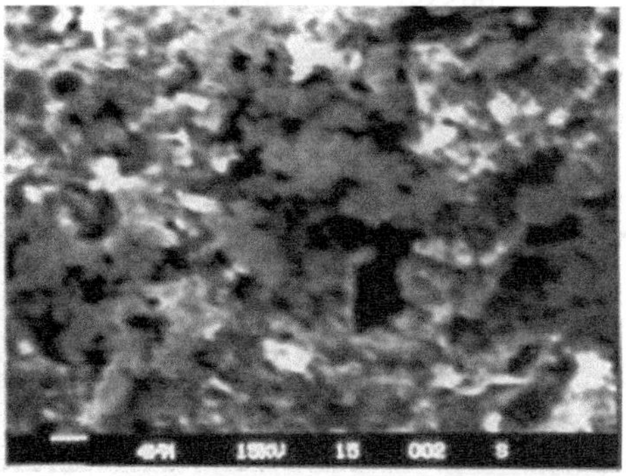

(c)蜂窝状孔洞，孔洞 5μm 左右，标尺 40μm，灰黑色页岩，S_{1l}，长宁双河

(d)溶蚀孔洞，孔洞 4μm 左右，标尺 10μm，灰黑色页岩，S_{1l}，兴文三星

一般都大于 100nm。这些孔隙为页岩气提供了充足的储集空间，也反映了龙马溪组具备优质的储集条件。

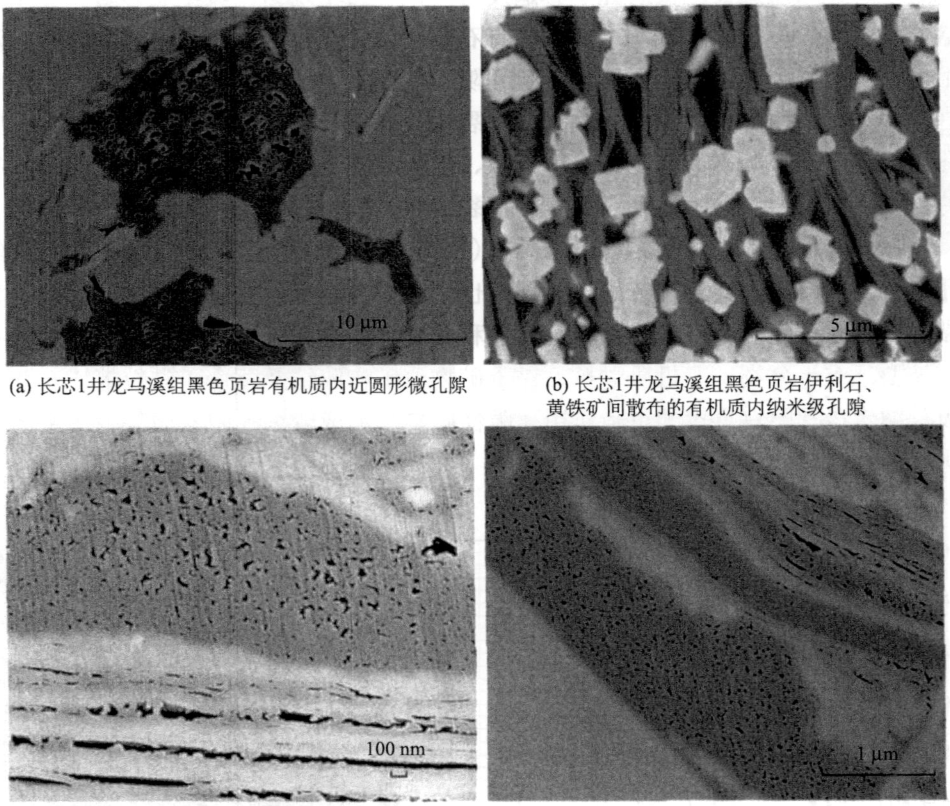

(a) 长芯1井龙马溪组黑色页岩有机质内近圆形微孔隙

(b) 长芯1井龙马溪组黑色页岩伊利石、黄铁矿间散布的有机质内纳米级孔隙

(c) 威201井龙马溪组黑色页岩分散状、纹层状有机质内纳米级孔隙

(d) 威201井龙马溪组黑色页岩分散状、纹层状有机质内纳米级孔隙

图 4-21　长芯 1 井与威 201 井龙马溪组黑色页岩有机质微米-纳米级孔隙分布(邹才能等，2010b)

六、储层孔裂隙系统综合特征及其影响因素

龙马溪组节理和裂缝较发育，形成了较复杂的裂缝网络系统，多发育于构造部位。天然裂缝形态多样，高角度微裂缝、直立缝、斜交缝、网状缝隙、水平层间缝等构造成因的构造缝(张性缝和剪性缝)和非构造成因的沉积缝与成岩缝均有发育，尺寸大小不一，从毫米级到厘米级的裂缝均有分布；且部分裂缝被方解石填充。显微镜下显示龙马溪组总体较为致密，裂隙较发育，长宽比值较大，张开

程度较小。简单独立裂隙、分叉裂隙、复杂连通裂隙和微裂隙等类型均有反映；显微剪裂隙较平直、紧密，充填物较少；显微张裂隙多呈锯齿状，较开放，常具充填物。扫描电镜与能谱分析表明，龙马溪组微米级孔隙和纳米级孔隙极为发育，孔隙连通性较好；微裂隙也较为发育。普遍见有机质内微孔、片状黏土矿物内孔隙、脆性矿物颗粒间孔隙和微裂隙、莓状黄铁矿晶间孔隙等多种孔隙类型。有机质颗粒、黏土矿物、矿物胶结及黄铁矿颗粒等均对微米级与纳米级孔隙的形成有直接作用；脆性矿物是形成较大孔隙和微裂隙(以独立裂隙为主)的主要物质原因。

储层储集空间主要由超大孔-裂隙(大于 100μm)、大孔、中孔、小孔、微孔和超微孔 5 种类型的孔隙组成。储层主要孔径位于小于 1000nm 的中孔、小孔、微孔和超微孔范围；小于 100nm 的小孔和微孔孔体积和孔比表面积是总孔隙孔体积和孔比表面积的主体。纳米孔的主孔位于 2～40nm，占孔隙总体积的 88.39%，占比表面积的 98.85%；小于 50nm 的微孔和超微孔提供了主要的孔隙体积空间和孔比表面积。液氮测试龙马溪组页岩气储层平均孔体积约 $0.0273cm^3/g$；平均比表面积约 $18.29m^2/g$。压汞测试总孔体积平均为 $0.02cm^3/g$，总孔比表面积平均为 $4.18m^2/g$。对比结果反映出龙马溪组具有以微孔为主体的孔隙结构特征。

根据进汞-退汞曲线孔隙滞后环宽度及进汞、退汞体积差特征，样品孔隙可分为四种类型，其中位于龙马溪组下段黑色页岩底部的第一种类型，压汞曲线孔隙滞后环宽大，退汞曲线上凸，进汞和退汞体积差极大，在压汞所测试的孔径范围内开放孔极多，孔隙连通性很好，该孔径结构有利于页岩气的解吸、扩散和渗透，所代表的储层是页岩气勘探开发的有利储层。根据吸附-脱附曲线特征，龙马溪组页岩气储层孔隙具有一定的无定形结构，颗粒内部孔结构具有平行壁的狭缝状孔，且含有多形态的其他孔；孔隙呈开放形态，以两端开口的圆筒形孔及四边开放的平行板孔(圆锥、圆柱、平板和墨水瓶状)等开放性孔为主。

垂向上龙马溪组孔体积和孔比表面积具有相似的趋势，数据显著地分布在两个区间，上段样品的总孔体积和总孔比表面积均在平均值内浮动，下段样品的总孔体积和总比表面积随着深度增大而增大；下段孔隙开放程度增加。龙马溪组黑色页岩孔隙度介于 1.71%～12.75%，平均为 4.71%，中等偏高，其频度多分布在孔隙度>4.0%的范围；垂向上埋深由浅至深，孔隙度具有增大趋势。下段底部有厚约 30m 的黑色页岩孔隙度均大于 4%，有利于页岩气储存富集。

页岩气源岩-储层中孔裂隙系统的形成机理极为复杂，孔裂隙系统的形成及其变化贯穿于成岩基础物质的沉积和成岩演化整个过程，并受后期构造演化的显著影响。现今所呈现的孔裂隙系统的结构特征，是沉积-成岩-构造演化历史叠加结果的综合反映。

(1) 多期构造应力场活动是形成储层张性裂隙和剪性裂隙并存的主要动力。

宏观观测和显微观测均表明，龙马溪组中发育有张性裂隙和剪性裂隙等构造成因裂隙。构造改造强度对自然裂缝有显著影响。由于四川盆地南部构造演化受控于扬子板块的演化，现今构造格局是多期构造运动叠加的结果，经历了伸展—收缩—转化的早古生代原特提斯扩张-消亡旋回(加里东旋回)、晚古生代—三叠纪古特提斯扩张-消亡旋回(海西—印支旋回)和中、新生代新特提斯扩张-消亡旋回(燕山—喜马拉雅旋回)3 个巨型旋回，并经历了震旦纪(可能包括新元古代)—早奥陶世加里东早期伸展阶段、中奥陶世—志留纪加里东晚期收缩阶段、晚古生代—三叠纪海西—印支期伸展阶段、侏罗纪—早白垩世燕山早—中期的总体挤压背景下的伸展裂陷阶段、晚白垩世至古近纪—新近纪喜马拉雅期挤压变形阶段 5 个沉积演化阶段。龙马溪组黑色页岩沉积后，经历了海西期、燕山期、喜马拉雅期等多期构造运动，复杂的构造沉积演化背景是形成龙马溪组复杂构造成因裂隙及其裂隙网络的力学基础。喜马拉雅期构造作用强烈，是构造裂缝形成的主要时期，区域受水平力侧向挤压和水平力扭动为主的应力，地层全面褶皱，形成以纵弯褶皱为主的构造变形，特别是在背斜核部变形区、断层末端区、多组断层交汇区与转换区、弯曲断层外凸区等应力集中区形成裂缝发育带，形成较多的纵向裂缝和水平裂缝，并形成裂隙网络系统，且具有局部发育特征。这一方面提供了储层页岩气(主要是游离态)的空间，另一方面，方向上的多向性和复杂性增加了储层的连通性和渗透率。

(2) 物质成分及其成岩演化是形成储层孔隙结构特征的主要内因。

通过扫描电镜和能谱等手段定性来看，龙马溪组孔裂隙系统的形成显著受到石英等矿物的影响，可通过压汞和液氮吸附数据与矿物成分进行相关性分析，来探究页岩气源岩-储层孔裂隙形成的矿物学机理。

黏土矿物和石英是龙马溪组泥页岩矿物成分的主体，两者的含量与总孔体积密切相关，石英含量与总孔体积呈现正线性相关(R^2=0.730)，黏土矿物含量与总孔体积呈负线性相关(R^2=0.753)，见图 4-22。且以矿物含量 40%为界，显著地分布在两个区域，当黏土矿物含量大于 40%而石英含量小于 40%时，总孔体积落在小于 0.02cm^3/g 的区间；当黏土矿物含量小于 40%而石英含量大于 40%时，总孔体积落在大于 0.03cm^3/g 的区间。

孔比表面积具有和孔体积完全相似的相关性和分布特征，石英含量与孔比表面积呈现正线性相关(R^2=0.722)，黏土矿物含量与孔比表面积呈负线性相关(R^2=0.695)。这表明，压汞测得的大于 6nm(理论上大于 3.75nm)的孔隙受到黏土矿物和石英两者含量的显著控制。分别考察大孔、中孔、小孔和微孔的孔体积和孔比表面积与黏土矿物和石英含量的关系(图 4-23)，表明黏土矿物含量和石英含量分别与小孔和微孔的孔体积及孔比表面积相关。

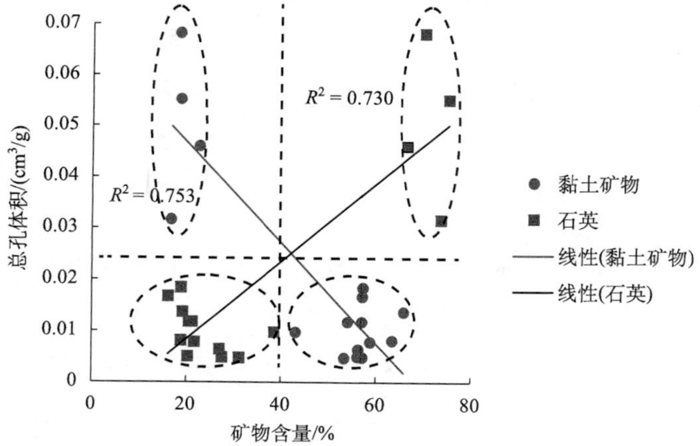

(a) 总孔体积与主要矿物含量的关系

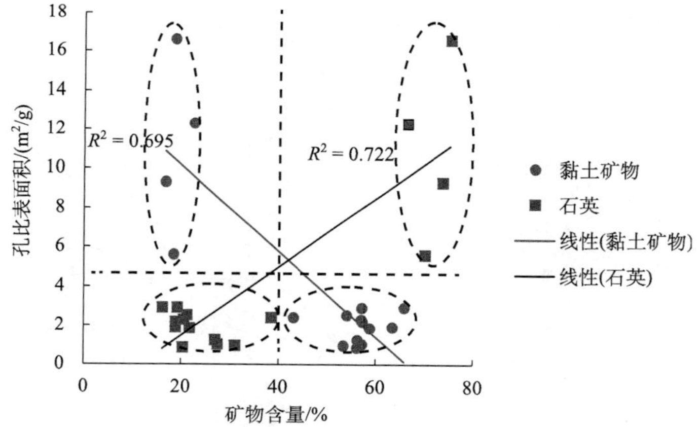

(b) 总孔比表面积与主要矿物含量的关系

图 4-22　总孔体积和总孔比表面积与主要矿物含量的关系

石英含量与小孔体积和微孔体积呈现较为显著的正线性关系(R^2分别为0.596和0.660)，与小孔及微孔比表面积也呈现较为显著的正线性关系(R^2分别为0.610和0.665)；黏土矿物含量与小孔体积和微孔体积呈较为显著的负线性相关(R^2分别为0.623和0.616)，与小孔及微孔比表面积也呈现较为显著的负线性关系(R^2分别为0.607和0.623)。从小孔至微孔，相关性略有增强，且与总孔体积和孔比表面积的分布特征趋近。以上表明小于100nm的小孔和微孔，较显著地受到黏土矿物和石英两者含量的控制，即黏土矿物和石英含量对小孔和微孔的贡献量大。

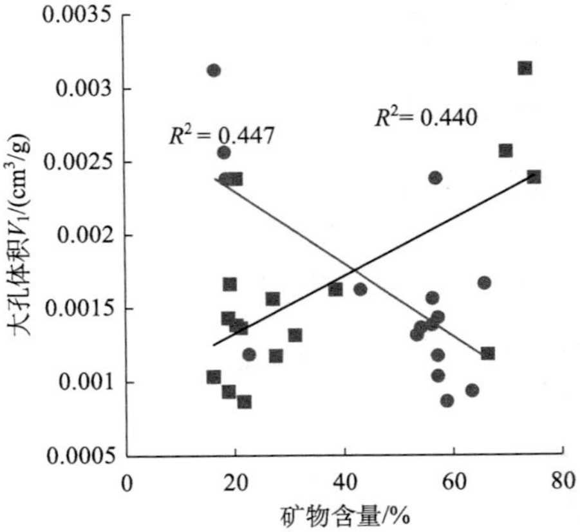

(a) 大孔体积

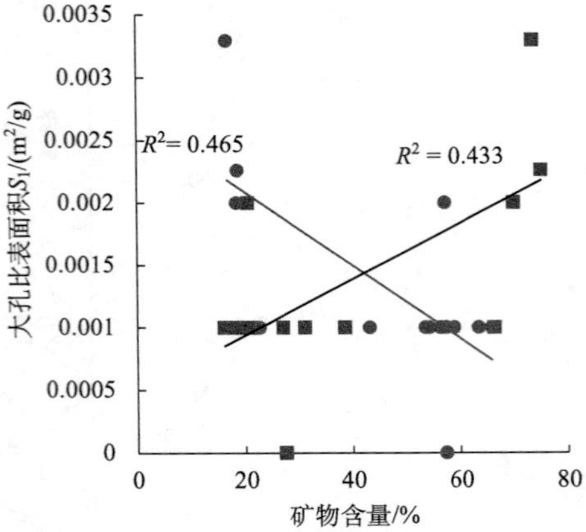

(b) 大孔比表面积

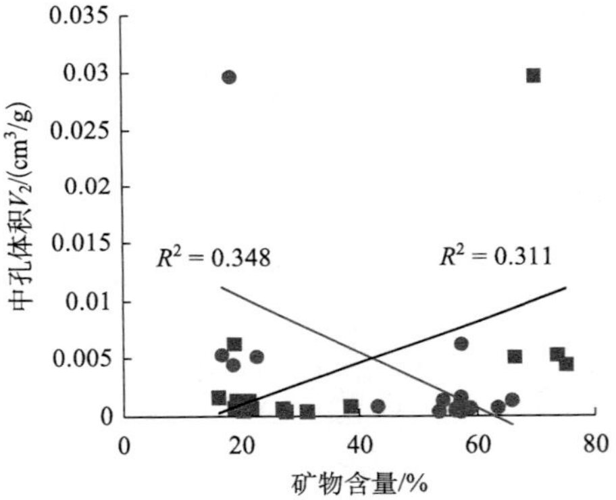

(c) 中孔体积

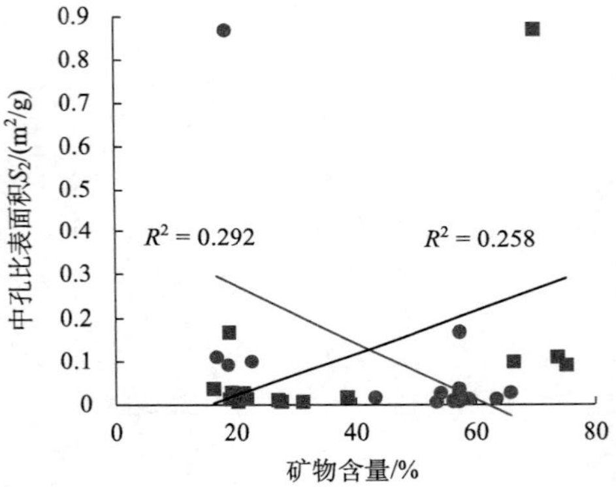

(d) 中孔比表面积

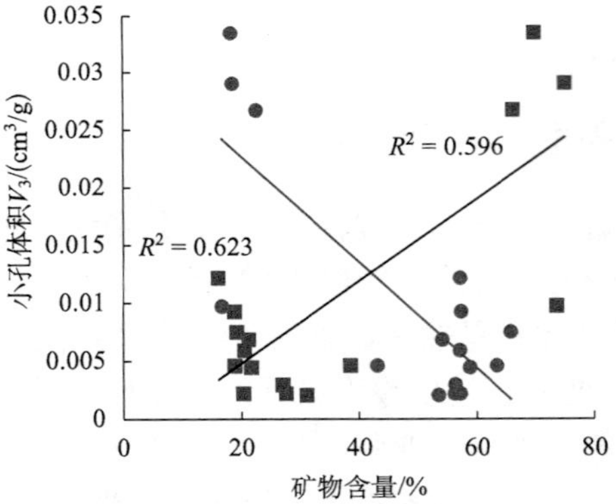

(e) 小孔体积

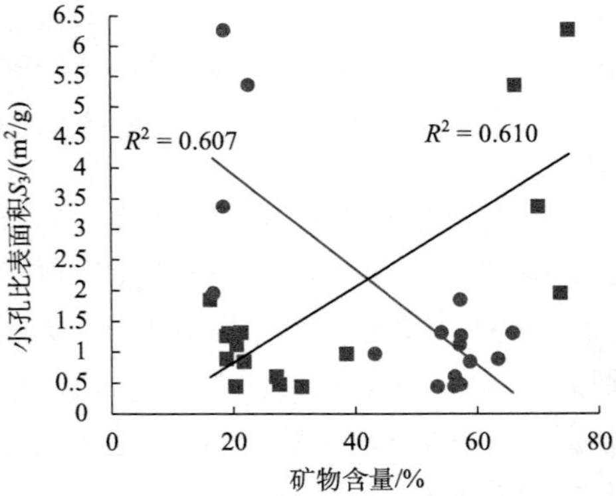

(f) 小孔比表面积

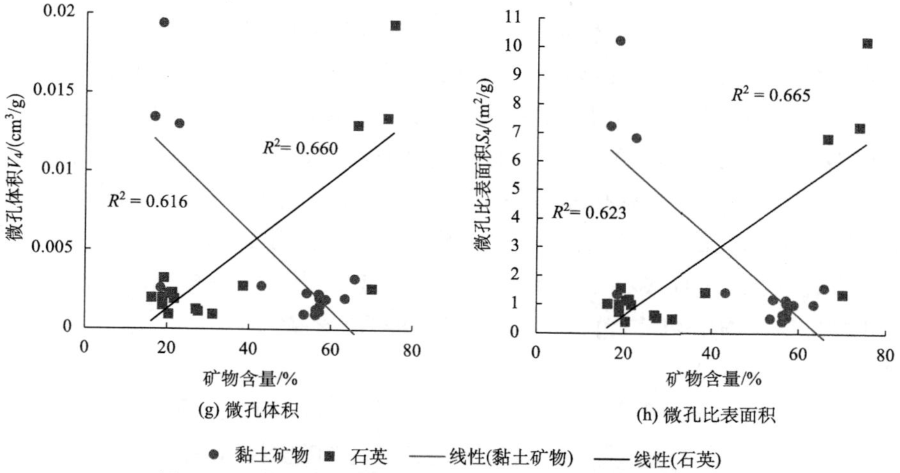

(g) 微孔体积　(h) 微孔比表面积

图 4-23　各孔体积和孔比表面积与主要矿物含量的关系

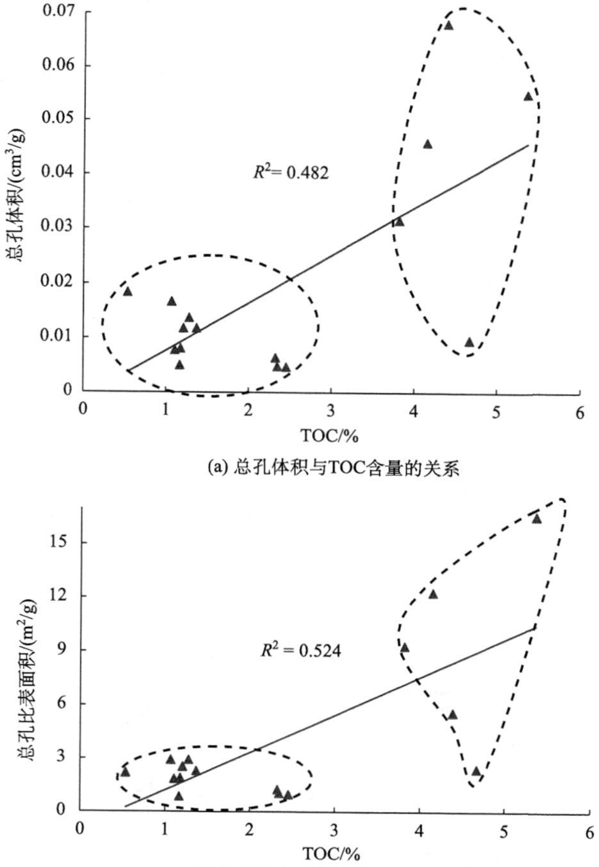

(a) 总孔体积与TOC含量的关系

(b) 总孔比表面积与TOC含量的关系

图 4-24　孔隙度、总孔体积和总孔比表面积与 TOC 含量的关系

考察 TOC 含量和总孔体积与孔比表面积的关系(图 4-24)，TOC 与总孔体积和比表面积总体上呈一定正线性关系，但较弱(R^2 分别为 0.482 和 0.524)。与黏土矿物和石英含量相似，总孔体积和孔比表面积也存在两个较为明显的分区，TOC 含量较小时(2.5%左右)，总孔体积和孔比表面积均较小，且分布较为集中；当 TOC 含量较大时(4%左右)，总孔体积和孔比表面积显著增大，且分布分散。TOC 含量对总孔体积和孔比表面积有一定的影响。一方面表明 TOC 含量增大后，对总孔体积和孔比表面积的贡献增大；另一方面表明 TOC 增大，各样品间孔隙的差异显著，可能与其他物质相关(可能与黏土矿物和石英含量密切相关，也可能与有机质的赋存形式密切相关)。

进一步考察大孔、中孔、小孔和微孔的孔体积和孔比表面积与 TOC 含量的关系(图 4-25)，表明 TOC 含量分别与小孔和微孔的孔体积和孔比表面积有较弱的正相关性(R^2 介于 0.410～0.477)，与大孔和中孔的孔体积和孔比表面积相关性很差(R^2 均小于 0.291)。从小孔至微孔，相关性略有增强，且与总孔体积和孔比表面积的分布特征趋近。这表明，小于 100nm 的小孔和微孔受到 TOC 含量的影响，而中孔和大孔几乎不受 TOC 含量的影响。

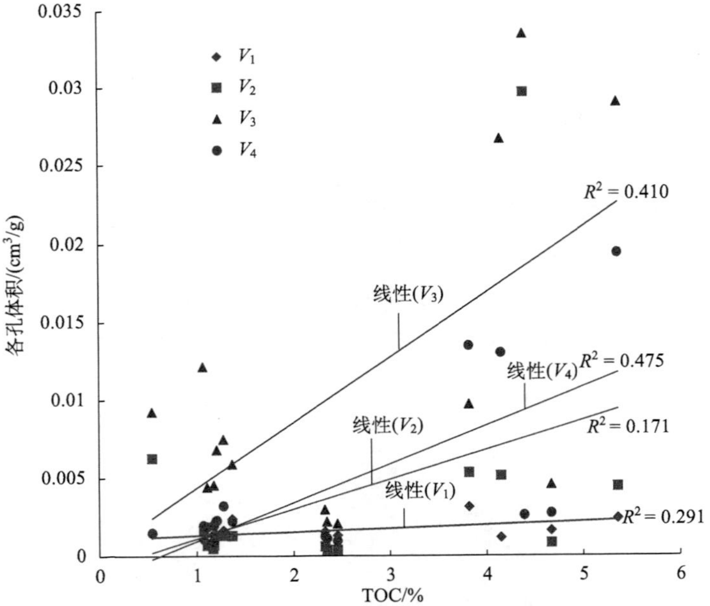

(a) 各孔体积与TOC含量的关系

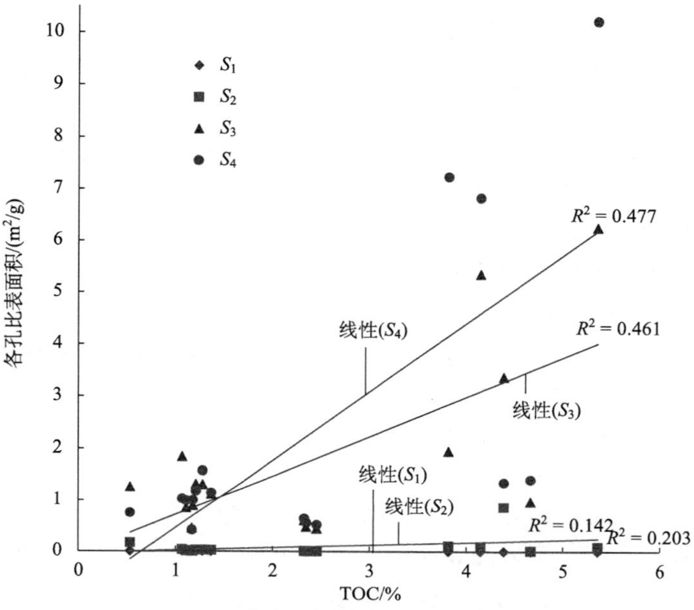

(b) 各孔比表面积与TOC含量的关系

图 4-25　各孔体积和孔比表面积与 TOC 含量的关系

因此，物质及其演化是孔裂隙系统特征形成的主要内因，多期构造演化是孔裂隙系统发育和改造的动力。

第三节　含气性特征

一、页岩气含气量概述

页岩含气性特征通常包括吸附气、游离气和溶解气等在内的所有赋存态的综合特征。页岩气含气量是指每吨泥页岩中所含天然气换算到标准状态(25℃，101.325kPa)下的天然气体积。页岩含气量是计算原始含气量(OGIP)和页岩气资源潜力评价的核心指标之一。

页岩气存在多种赋存状态，包括吸附气、游离气和溶解气等，由于溶解气等其他形式所占的比例很小，所以在计算原位含气量的时候，通常主要考虑吸附气和游离气含量的体积。吸附态气体主要吸附存储在泥页岩基质的微孔和中孔孔隙表面，换句话说，就是吸附于有机质(干酪根)和无机质(黏土矿物)颗粒的表面；游离态气体主要被压缩在大孔隙和天然裂缝中(Mavor，2003)。页岩气原位含气量受到 TOC 含量、孔隙度、颗粒和体密度、水饱和度、毛细管压力、XRD 和阳离子交换能力等诸多因素的控制，但是吸附气和游离气所受控制因素各有所侧重，吸附气含量更多地受到 TOC 含量、成熟度、温度和压力等因素的控制，而游离气则更多地受孔隙度、毛细管压力、地层压力、含水饱和度和含气饱和度、温度等因素的控制。

精确测定泥页岩储层中页岩气原位含气量的体积是复杂而困难的，因此通常需要测定大量系列的数据以确定含气量。含气量中吸附气的确定较游离气更为容易，比较简化的方法是通过样品的解析量确定吸附气体的含量和组分，通过甲烷和乙烷的吸附等温数据确定吸附气体的存储能力。原位游离气体积则是通过测井分析的方法确定。测井分析方需要根据岩心分析来估算原位孔隙度和含水饱和度，并将测井数据和由岩心分析获得的 TOC 含量、孔隙度、颗粒和体密度、水饱和度、毛细管压力、XRD 和阳离子交换能力等数据结合，建立测井分析模型。研究表明，若将原位含气量理想地视为由吸附气和游离气组成，则吸附气体约占总原位含气量的 61%(Mavor，2003)。

目前我国钻探页岩气井少，能够获取的页岩含气量数据极为有限。更多的是通过老井复查时在黑色页岩段获取的大量气测显示(发生井涌和井喷现象)来证明页岩段含气性的优良性。四川盆地南部地区钻穿下志留统龙马溪组页岩层段的 15 口井中有 32 个层段有良好的气测显示(据李新景等，2007；张金川等，2008c；蒲泊伶等，2008 综合)，存在钻时曲线异常(岩性差异)、地层密度下降(含气页岩)、钻井液漏失(裂缝发育)、黏度上升(流体异常)、槽面升高、气侵及后效气侵(游离与吸附气)、气测高异常、井涌甚至井喷等气测异常。其中位于九奎山构造的阳 63 井 3505～3518m 龙马溪组页岩段测试后获日产天然气 3500m^3；隆 32 3164.2～3175.2m 黑色碳质页岩初产气 1948m^3/d。太 13 钻穿 3110.2～3113.3m 时发生强烈井喷，测试日产气量为(6.2～7.2)×10^4m^3。

因此，要测定泥页岩含气量，可以通过直接或者间接的方法获得。李玉喜等(2011)和唐颖等(2011)介绍了基本的含气量测定方法，包括等温吸附法、测井解释法和解吸法。其中，等温吸附法和测井解释法属于页岩含气量测试的间接方法，解吸法是页岩含气量测试的直接方法。下面对几种基本方法做简要的介绍。

(一)直接方法——解吸法

解吸法作为测定页岩含气量最直接的方法，能在模拟储层条件下反映页岩的含气性特征。基本原理是 USBM(United States Bureau of Mine)法，操作简单，测试精度能满足勘探阶段的需要。解吸法可进一步丰富，包括改进的直接法、Smith-Williams 法和曲线拟合法等。

通常采用岩心(及二次取心)、井壁取心或岩屑等解吸确定解吸气含量，解吸效果也按该次序逐渐变差。岩心解吸有快速和慢速两种解吸方法。其中，快速解吸时间一般在 8～24h，由解吸气、损失气和残留气三部分构成总解吸气量，表示为

$$总解吸气量 = 解吸气Q_1 + 损失气Q_2 + 残留气Q_3$$

慢速解吸时间一般在 45d 以上，由损失气量和解吸气量两部分构成，表示为

$$总解吸气量 = 解吸气Q_1 + 损失气Q_2$$

Q_1 由岩心装罐解吸获得的天然气和为获取残留气在碎样过程中释放的天然气两部分组成。

解吸气主要在钻井取心现场完成测量。唐颖等(2011)对两种解吸气测量的具体方法做了详细的论述，此处不再赘述。

现场解吸获得的解吸气量 V_m 代入式(4-1)换算成标准状态下的体积 V_s，除以样品质量即为岩心的解吸气含量 $Q_1(V_d)$。

$$V_s = \frac{273.15 p_m V_m}{101.325 \times (273.15 + T_m)} \tag{4-1}$$

式中，V_s 为标准状态的解吸气体积，cm^3；p_m 为现场大气压力，kPa；V_m 为实测解吸气体积，cm^3；T_m 为现场大气温度，℃。

Q_2 是从获取岩心的地层被钻开后到岩心从井口取出，直至样品装入解吸罐前损失(释放散失)的气量的总和。有 4 种方法确定 Q_2，USBM 直接法、Smith-Williams 法、Amoco 法和下降曲线法。USBM 直接法应用最为广泛；根据扩散模拟，在解吸作用初期，解吸总气量随时间的平方根呈线性变化，据此将最初几个小时解吸作用的读数外推至计时起点，运用直线拟合可推导出损失气量 V_L，再除以岩心质量即为样品的损失含气量 Q_2。

$$V_s = V_L + k\sqrt{t_0 + t} \tag{4-2}$$

式中，V_L(取绝对值)为损失气量，cm^3；k 为直线段斜率；t_0 为散失时间，min；t 为实测解吸时间，min。

Q_3 是正常的解吸过程中已不能产气后，将样品粉碎到一定程度后再度解吸获得的天然气量。快速解吸法确定总解吸气量时必须进行残留气量测定。残留气的确定较为困难，需要确定碎样过程中的散失气量和残留气量。有破碎法、图示法和球磨法 3 种方法可用于确定残留气测量。解吸出来的气体量转换为标准状态下的体积再除以样品质量即为页岩的残留气含量(Q_3)。

(二)间接方法——测井解释与等温吸附法

间接方法实际上是对泥页岩中的吸附气、游离气和残留气运用不同的方法测量，最终得到页岩总含气量。吸附气含量一般通过解吸和测井方法获取。游离气借助岩电模型，利用饱和度测井确定，即先从岩心获得含水饱和度(或含油饱和度)，再计算游离气的含气饱和度。

通过测井资料综合解释确定泥页岩含气量的方法为测井解释法。泥页岩的矿

平均为 1.28m^3/t(蒲泊伶等，2010)，四川盆地为 1.73～3.28m^3/t(邹才能等，2010b)，鉴于露头样品 TOC 的风化损失，按照 50%校正，则吸附量综合来看，与北美商业开发的页岩气含气量 1.1～9.91m^3/t 下限较为接近，达到了商业性页岩气开发的下限。

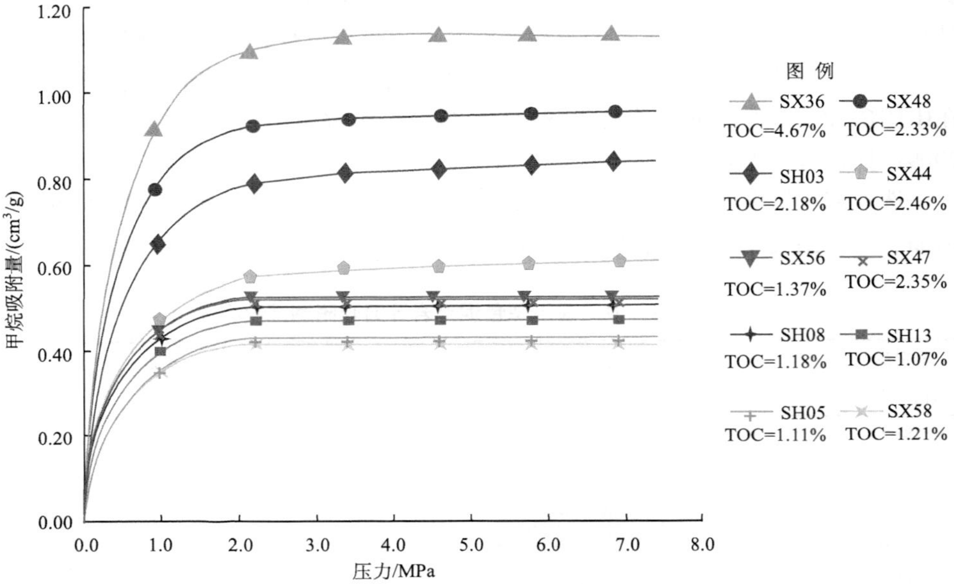

图 4-27　龙马溪组黑色泥页岩等温吸附曲线

垂向上，由浅至深，龙马溪组黑色泥页岩对甲烷的最大吸附量不同，从顶部至底部总体上呈现逐渐增大的趋势(图 4-28)。

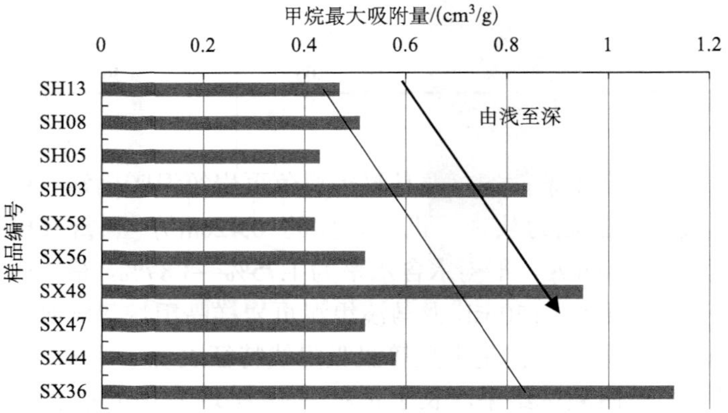

图 4-28　龙马溪组黑色泥页岩最大吸附量随深度变化特征

吸附和解吸附通常是一种可逆过程，因此才采用吸附的方式进行实验测试。从液氮吸附曲线看，反S形曲线特征不显著，即Ⅱ型吸附线特征弱化；而甲烷的等温吸附曲线的Ⅰ型特征也弱化，Ross 和 Bustin(2007b)的研究也表明某些等温线甚至没有表现典型的Ⅰ型等温吸附曲线。Ⅰ型等温吸附曲线，气体的吸附作用在相对低压下增加较快，吸附空间被持续充注，孔隙和孔隙壁的吸附能力引起了等温线初期的大斜率特征，在更高的压力系统下，吸附达到饱和，吸附气不再增加，单层吸附体现主要特征。而实际的曲线在高压阶段发生变化，甚至“倒转”，表明单层吸附特征存在差异。Ⅰ型等温吸附曲线适用于表面积较小的微孔隙物质的吸附，泥页岩等温吸附过程发生时，有机质最具该特征，因而在低压阶段，有机质先吸附，此时Ⅰ型等温吸附曲线特征明显，吸附曲线符合 Langmuir 方程，拟合程度高。但进入高压阶段，有机质有限，要在泥页岩介质中发生单分子层吸附，由于各类物质的孔隙结构差异和本身对甲烷的吸附性能的差异，使得不再是单一的单层吸附，可能存在分子间的作用力，不单纯地以表面吸附的形式存在，而是以特殊的方式充填在数量很多，但单一空间较小的微孔环境中，不符合 Langmuir 方程的表征拟合特征，因此在高压阶段出现了异常，吸附模式复杂化，导致Ⅰ型等温吸附曲线特征弱化，甚至异常。加之泥页岩中有机质和黏土矿物颗粒的表面并不是理想的表面，凹凸不平，极不规则，同样可能造成储集空间实验值与实际值不符，使所测得的储集空间值无效性增大。因此，吸附含气性值得更深入的研究。

三、最大含气量影响因素

富有机质泥页岩对页岩气的吸附能力受到多种因素的影响，一般而言，页岩吸附能力与泥页岩物质组成，特别是 TOC 含量、干酪根成熟度、储层温度、压力、孔裂隙结构及其发育程度、页岩原始含水量和天然气组分等特征有关，其中以有机碳含量和压力为主(Hill，2002)。影响龙马溪组泥页岩对甲烷的最大吸附量的因素很多，本书重点从龙马溪组泥页岩内部物质条件(TOC 和矿物成分含量、水分)、外部地层环境条件(温度、压力)、成岩作用演化(成熟度和孔隙度)和构造破坏等几个方面具体展开讨论。

(一)TOC 含量(及类型)与最大吸附量的关系

有机质是页岩气储层的重要物质组成部分，也是形成页岩气的基础。有机质在页岩含气性方面的影响表现在三个方面：第一，作为生烃的物质基础，在生烃能力方面起着决定性作用，TOC 值高，生气潜力大，单位体积页岩中的含气率高，从本质上影响了页岩的含气性；第二，作为储存的空间和吸附载体，有机质(干酪根)可以提供大量的微孔隙，提供了大量的吸附位和孔隙空间；第三，其表面具亲油性，对气态烃有较强的吸附能力，对含气量有着至关重要的作用。烃类气体在无定形和无结构基质沥青质体中的溶解作用也对增大气体的吸附能力做出了贡献。有机质对气的吸附量远大于岩石中矿物颗粒对气的吸附量，占主导地位(李剑，2001)；早先对页岩气的研究也表明，甲烷吸附能力和 TOC 呈正相关(Manger et al.，1991；Lu et al.，1995，Hill et al.，2007；Ross and Bustin，2007b)[图 4-29(a)]，TOC 值的高低甚至会导致吸附气发生数量级程度的变化(Nuttall et al.，2005)[图 4-29(b)]。研究表明[图 4-29(c)]，在相同条件下(温度、压力和平衡水)，随 TOC 含量增大，甲烷吸附量呈现增加趋势，两者间的正线性关系较为显著(R^2=0.578)，表明有机质仅是影响吸附气含量的部分因素。

(二)黏土矿物与最大吸附量的关系

黏土矿物具有层间和晶间微孔隙，因而具有较大的微孔体积和显著的比表面积，可能在其内部结构吸附一定量的甲烷(Venaruzzo et al.，2002；Ross and Bustin，2008)；美国二叠纪页岩中黏土矿物就具有一定的吸附甲烷的能力(Lu et al.，1995)。考察龙马溪组黑色泥页岩样品的黏土矿物含量与甲烷最大吸附量的关系[图 4-30(a)]，发现两者数据离散，总体上显示负相关关系，但是相关关系极弱(R^2=0.177)，随黏土矿物含量增大，吸附量减小。考虑到 TOC 含量对甲烷吸附含量的正线性相关性影响，对甲烷最大吸附量进行 TOC“归一”，再与黏土矿物含量进行关系分析[图 4-30(b)]，可见黏土矿物含量与最大吸附量间具有一定正相关关系(R^2=0.551)，表明黏土矿物能吸附一定量的甲烷。

不同的黏土矿物，其吸附能力也存在差异[图 4-30(c)和(d)]。目前有研究表明，页岩黏土矿物吸附气体的能力主要与伊利石有关，甚至认为页岩吸附态甲烷主要吸附在伊利石表面，其次才吸附于干酪根之中(Schettler and Parmely，1990)，在 TOC 含量低的情况下，吸附气的储存空间可以由甲烷吸附在伊利石上来弥补(Lu et al.，1995)。考察 10 个样品甲烷最大吸附量与伊利石含量的关系[图 4-31(a)]，可以看出数据离散，没有相关关系(R^2=0.002)；利用相同方法，对甲烷最大吸附量进行 TOC“归一”，再与伊利石含量进行关系分析[图 4-31(b)]，表明经过 TOC 含量归一的甲烷最大吸附量，即消除了 TOC 含量影响的最大吸附量，与伊利石含量间存在较为显著的正相关关系(R^2=0.519)。在相同条件(温度、压力、平衡水和 TOC 含量)下，随伊利石含量的增大，甲烷最大吸附量增大，伊利石也仅是影响吸附气含量的部分因素。

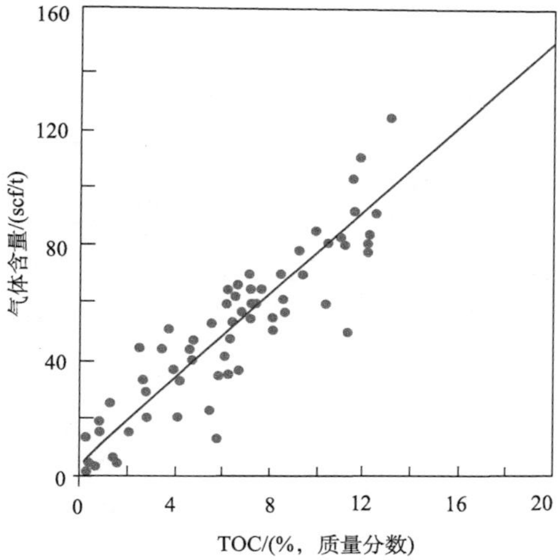

(a)

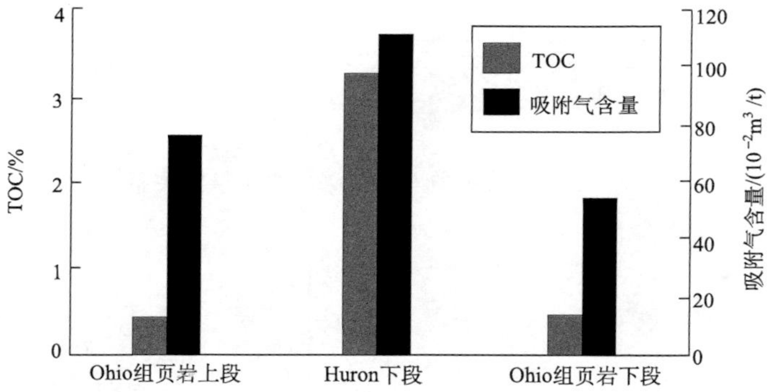

(b) (Nuttall et al.，2005)

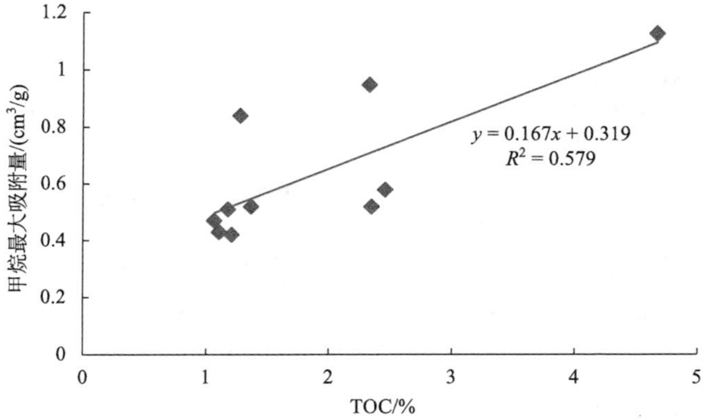

(c)

图 4-29　甲烷最大吸附量与 TOC 的关系

1scf≈$0.0283168m^3$

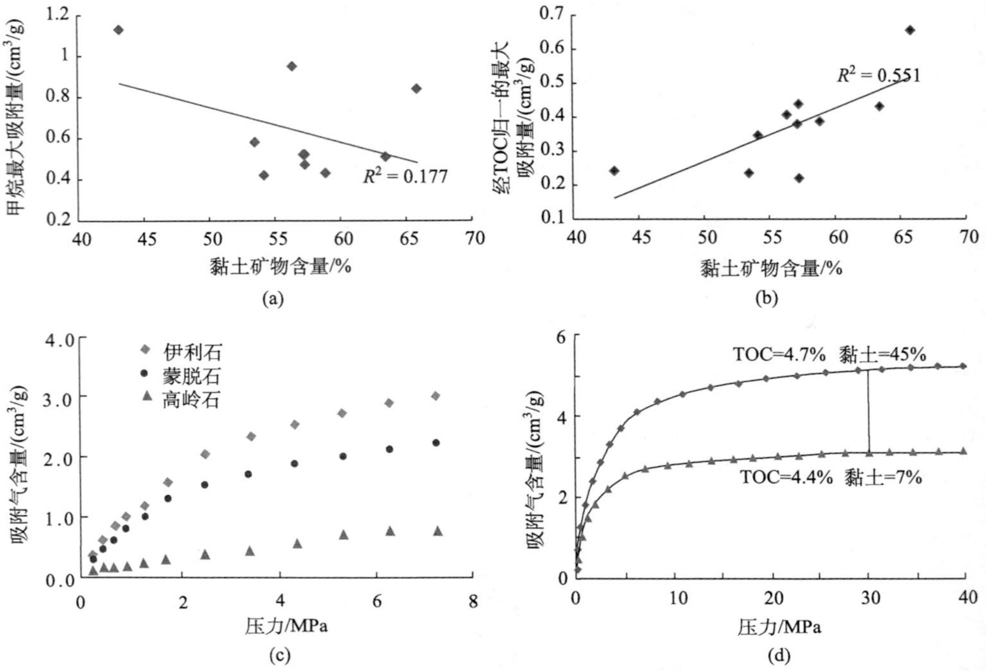

图 4-30　黏土矿物与甲烷最大吸附量的关系

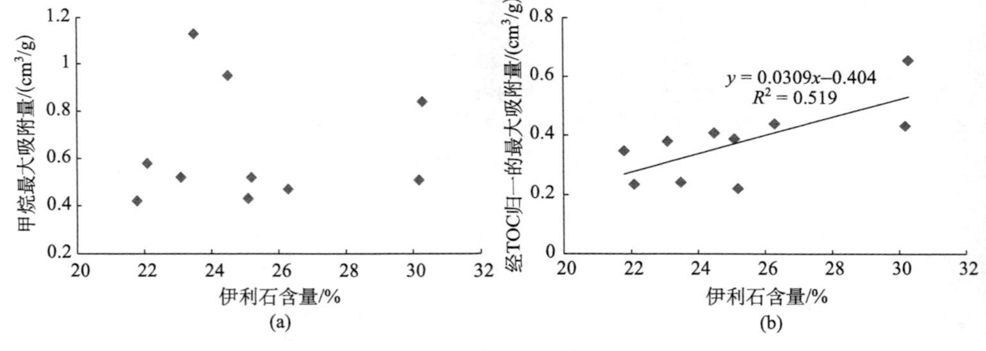

图 4-31　甲烷最大吸附量与伊利石含量的关系

综合分析，黏土矿物含量与最大吸附量间具有一定正相关关系(R^2=0.55)，黏土矿物能吸附一定量的甲烷；在相同条件下，随着伊利石含量的增大，甲烷最大吸附量增大，伊利石能促进泥页岩对甲烷的吸附量。

(三)脆性矿物与最大吸附量的关系

通常用矿物组成法计算脆性系数时，仅取石英含量；而计算脆性矿物含量时，则包括石英、方解石、白云石(碳酸盐岩)和长石(钾长石和斜长石)。由于石英含量占脆性矿物含量(石英、方解石、长石和白云石)的主体(占 41%～85%)，所以考察 10 个样品甲烷最大吸附量与石英含量和总脆性矿物含量(石英、方解石、长石和白云石四者含量的总和)的关系[图 4-32(a)]，可以看出总脆性矿物含量数据离散，没有相关关系(R^2=0.042)；尽管石英含量与最大吸附量存在弱的正线性相关关系(R^2=0.416)，但因为石英含量高的样品 TOC 含量也高，所以这种正相关关系可能是由于 TOC 导致的；对甲烷最大吸附量进行 TOC“归一”，再与石英和总脆性矿物含量进行关系分析[图 4-32(b)]，表明经过 TOC 含量归一消除了 TOC 含量影响的最大吸附量与石英和总脆性矿物含量间均存在较弱的负线性相关关系(R^2 为 0.479 和 0.356)。方解石、长石和白云石含量与最大吸附量之间几乎不存在相关性[图 4-32(c)]。

因此，在相同条件(温度、压力、平衡水和 TOC 含量)下，随石英含量及总脆性矿物含量的增大，甲烷最大吸附量减小；脆性矿物含量增加，会减弱泥页岩对页岩气的吸附能力。这可能是由于石英等粉砂级矿物颗粒主要充填于泥页岩孔隙之中，使孔隙变小，减小了可供甲烷分子吸附的比表面积。

(四)水分与最大吸附量的关系

水分对吸附量有一定影响，Ross 和 Bustin(2007b，2008，2009a)发现在含水量>4%时，页岩对气体的吸附能力才显著降低[图 4-33(a)]。龙马溪组泥页岩样品的平衡水含水量在 1.75%～3.87%，平均为 2.18%，吸附能力和平衡水含水量间有较为显著的正相关关系[图 4-33(b)]。

含水量对吸附能力的影响可能是通过与黏土矿物间的间接作用发生的。有研究表明，黏土矿物吸附能力较低与其亲水性及表面负电荷有关(Rutherford et al.，1997；Ross and Bustin，2007b)，当矿物吸附大量的水分子后，占据了介质表面的吸附位，从而消除了大孔隙的表面吸附空间，降低吸附能力，即矿物质表面存在甲烷和水竞争吸附的情况。综合分析(一)、(二)和(三)，TOC 与甲烷最大吸附量间呈现较为显著的正线性关系，其影响是通过自身提供的吸附作用直接使甲烷最大吸附量增大的；伊利石与平衡水间几乎无显著关系，其对于吸附能力的影响也是通过自身对甲烷的吸附能力而直接使甲烷最大吸附量增大的；绿泥石与平衡水含量间具有显著的线性负相关关系，减小了对水的吸附位，间接地促进泥页岩对甲烷的吸附；伊/蒙混层与平衡水含量间具有显著的正相关关系，增大了对水的吸附位，间接地抑制泥页岩对甲烷的吸附量。

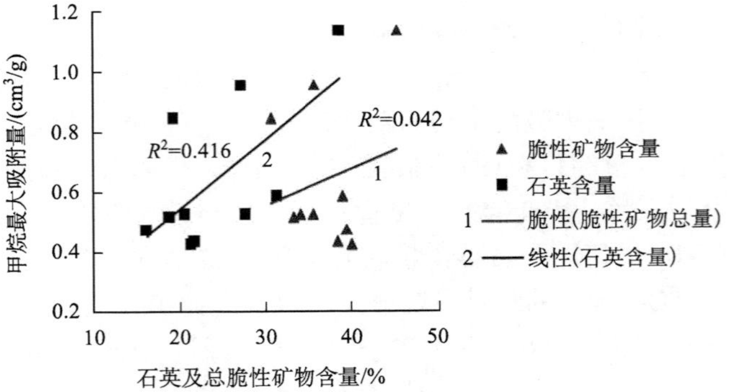

(a)

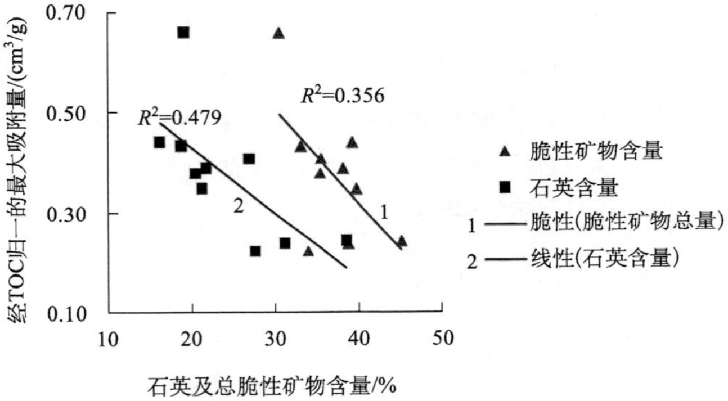

(b)

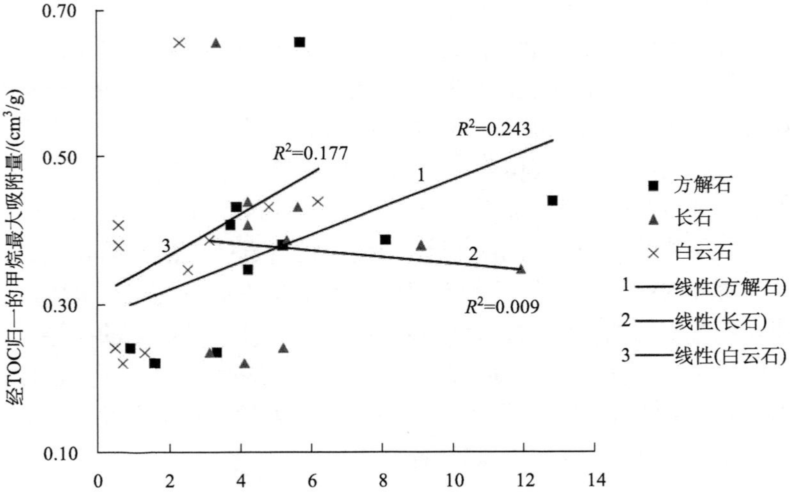

(c)

图 4-32　其他脆性矿物含量与甲烷最大吸附量的关系

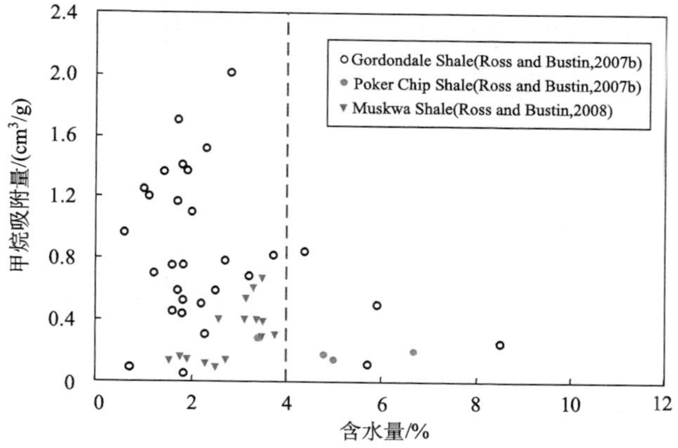

(a)

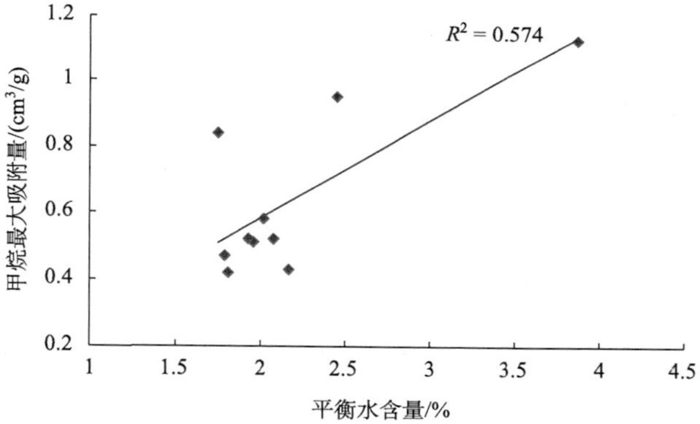

(b)

图 4-33　平衡水含量与甲烷最大吸附量的关系

（五）温度和压力对甲烷最大吸附量的影响

页岩气储层在不同的埋深环境下具有不同的温度和压力条件。不同的温压条件可能对页岩气吸附性能产生不同的影响。本书选择 TOC 含量相对较高的 SX36（TOC=4.67%）样品和 TOC 含量相对较低的 SX44（TOC=2.46%）样品，分别在 30℃和 40℃条件下进行等温吸附实验［表 4-14，图 4-34（a）］。可见，TOC 含量相对较高的 SX36，在 40℃时的最大吸附量比 30℃的最大吸附量略小 0.07cm³/g，但相差不大，只有微弱的变化；TOC 含量较低的 SX44，在两个温度下几乎没有变化。因此，可以认为，温度对甲烷最大吸附量影响较小，但随着 TOC 含量的增大，影响程度增强。随着温度升高，最大吸附量减小。这一结论和前人研究成果相似（Ross and Bustin，2008）［图 4-34（b）］。由于吸附是一个放热过程，无论是物理吸附还是化学吸附，温度升高均引起解吸趋势增加，从而降低岩石的吸附能力，因此，当温度较高时，吸附态气体可以忽略不计，以游离态为主。

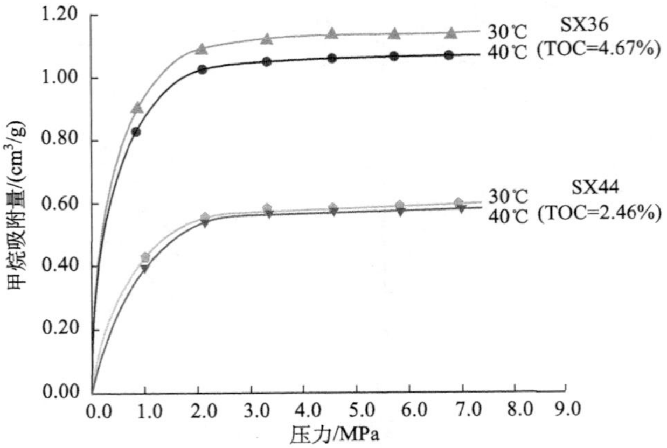

(a)

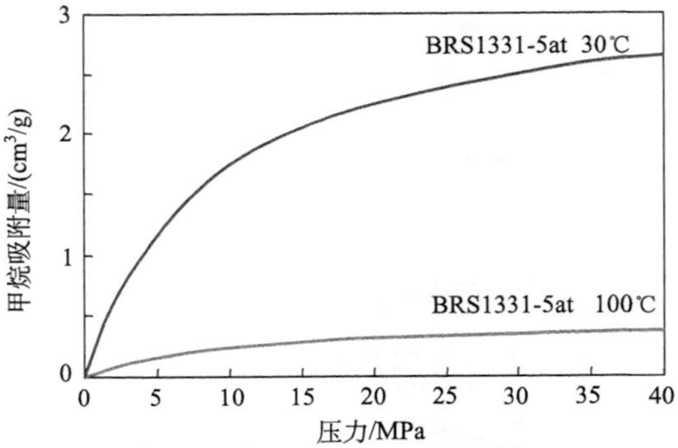

(b) Devonian-Mississippian样品，TOC=4.89%(Ross and Bustin，2008)

图 4-34　温度对泥页岩吸附甲烷性能的影响

此外，从等温吸附曲线上可以看出，泥页岩对甲烷的吸附能力(最大吸附量)随压力的增加而增大。

(六)成熟度与甲烷最大吸附量的关系

龙马溪组基本处于过成熟阶段，对 R_o 和甲烷最大吸附量的关系分析表明(表 4-15)，R_o 在 2.5%～3.3%变化的范围里，与甲烷最大吸附量之间不存在明显的关系[图 4-35(a)。将不同 TOC 含量下的甲烷吸附量“归一”处理，再分析与 R_o 的关系[图 4-35(b)]，结果表明，两者间的相关关系依然不显著，但根据两者数据点的包络线判断，归一化处理后，成熟度 R_o 与最大吸附量间存在一定的负相关关系，特别是在 R_o<3.0%范围内；当 R_o>3.0%时，甲烷最大吸附量随着 R_o 的增大迅速减小。因本次研究中 R_o 值范围区间较小，且所对应的吸附量数据少，特别是中国南方高成熟度条件下，对此认识还有很大局限，值得进行深入的研究。

表 4-15　甲烷最大吸附量和成熟度间的关系

样品编号（由浅至深）	TOC/%	最大吸附量/(cm³/g)	“归一”(TOC=2%)后的最大吸附量/(cm³/g)	成熟度 R_o/%
SH13	1.07	0.47	0.88	2.79
SH08	1.18	0.51	0.86	2.63
SH05	1.11	0.43	0.77	2.72
SH03	1.28	0.84	1.31	2.63
SX58	1.21	0.42	0.69	2.58
SX56	1.37	0.52	0.76	3.06
SX48	2.33	0.95	0.82	3.03
SX47	2.35	0.52	0.44	3.30
SX44	2.46	0.58	0.47	2.77
SX36	4.67	1.13	0.48	2.76

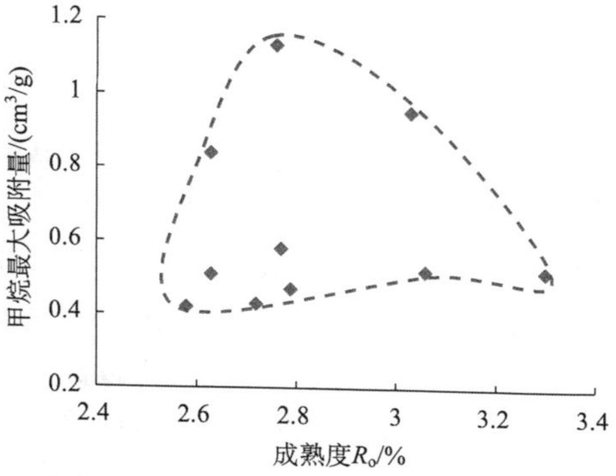

(a) 未经归一化处理的关系图

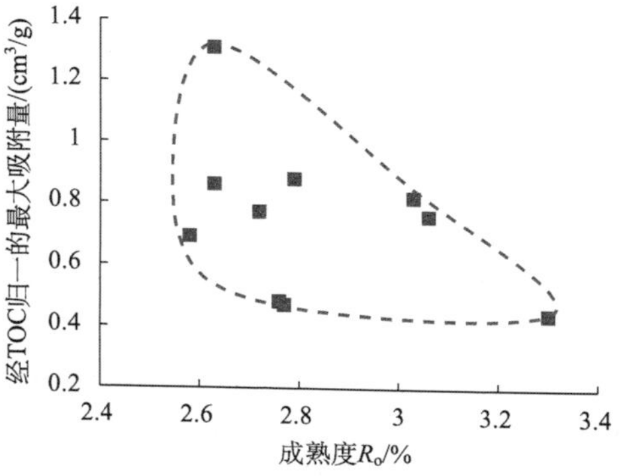

(b) 归一化后的关系图

图 4-35　成熟度 R_o 与最大吸附量的关系

（七）孔隙度与甲烷最大吸附量的关系

成岩演化过程中，岩石的孔隙结构及其孔隙度发生变化，也对甲烷的吸附量产生一定的影响。Chalmers 和 Bustin（2007a）报道白垩系页岩甲烷吸附量随着微孔隙体积的增大而增大，与煤层气储层相类似。和页岩 TOC 含量密切相关的微孔隙度是孔隙介质的主要组成部分，和具有相似组成的固体大孔隙相比（Dubinin and Stoeckli，1980），形成大量的内表面面积和吸附能（即微孔孔道的孔壁间距非常小，吸附能高)。研究表明[图 4-36(a)]，尽管两者的线性关系不显著，但总体上随孔隙度的增大，甲烷最大吸附量增大。但是，从页岩气赋存的角度考虑，一般存在如下规律，即在孔隙度较大的页岩中，页岩气主要以游离态方式存储于孔裂隙中，在孔隙度较小的页岩中，页岩气则主要以吸附态存在[图 4-36(b)]。

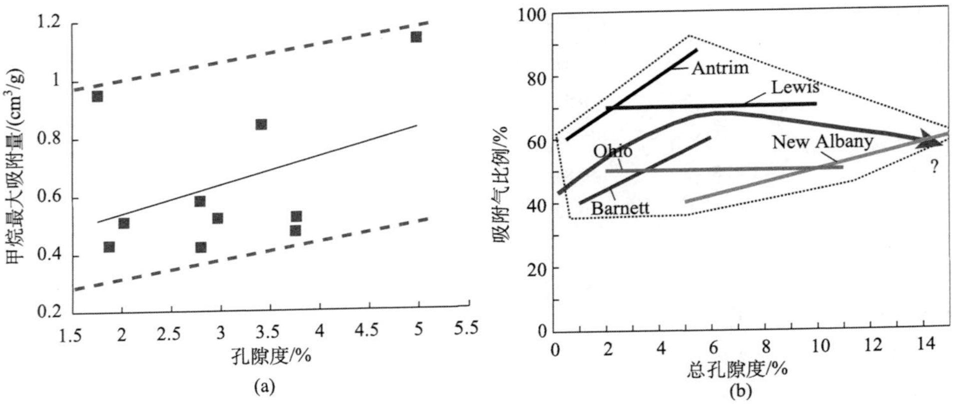

图 4-36　甲烷吸附能力及吸附气比例与孔隙度的关系

综上所述，龙马溪组矿物组成种类较多，黏土矿物含量最高，平均达53.39%(16.8%～70.10%)；石英含量次之，平均为 29.15%(16.2%～75.2%)；含有较多的方解石和长石，平均含量分别为 5.46%和 4.93%；白云石、黄铁矿、磷铁矿、石膏等矿物平均含量均小于 2%。龙马溪组石英含量变化范围大，平均含量偏低。从石英含量(>50%)判断，龙马溪组底部至少有厚约 30m 的泥页岩是理想的页岩气重点勘探开发层位。下段黑色页岩弹性模量平均为 2.22MPa、泊松比平均为 0.18，与美国主要产气盆地页岩岩石力学性能主要参数大致相当，具有较高的弹性模量和较低的泊松比，岩石硬度大，脆度好，具有较好的压裂造缝基础条件。

裂隙多发育于构造部位，页岩节理和裂缝较发育，并形成了较为复杂的裂缝三维网络系统。天然裂缝形态多样，高角度微裂缝、直立缝、斜交缝、网状缝隙、水平层间缝等构造成因的构造缝和非构造成因的沉积缝与成岩缝均有发育，尺寸大小不一，毫米级到厘米级裂缝均有分布；且部分裂缝被方解石填充。龙马溪组总体较为致密，裂隙较发育，长宽比值较大，张开程度较小。简单独立裂隙、分叉裂隙、复杂连通裂隙和微裂隙等类型均有反映；剪裂隙较平直、紧密，充填物较少；张裂隙多呈锯齿状，较开放，常具充填物。龙马溪组微米级孔隙和纳米级孔隙极为发育，且连通性较好；微裂隙也较为发育。发现有有机质内微孔、片状黏土矿物内孔隙、脆性矿物颗粒间孔隙和微裂隙、莓状黄铁矿晶间孔隙等多种孔隙类型，难于分类。有机质颗粒、黏土矿物、矿物胶结及黄铁矿颗粒等均对微米级及纳米级孔隙有直接的贡献作用；脆性矿物是形成较大孔隙和微裂隙的主要物质原因。其中微裂隙以独立裂隙为主。

根据研究需要，将储层储集空间以孔隙直径 Φ 大小分为六个级别：$\Phi \geq 10000$nm，超大孔隙-裂隙；1000nm $\leq \Phi <$ 10000nm，大孔；100nm $\leq \Phi <$ 1000nm，中孔；50nm $\leq \Phi <$ 100nm，小孔；2nm $\leq \Phi <$ 50nm，微孔；$\Phi <$ 2nm，超微孔。

压汞测试表明，龙马溪组页岩孔隙度中等偏高；垂向上，由浅至深，孔隙度具有增大的趋势。总孔体积平均为 0.02cm^3/g，总孔比表面积平均为 4.18m^2/g。垂向上，上段样品的总孔体积和总孔比表面积均在平均值内浮动，下段样品的总孔体积和总比表面积随着深度增大而增大。小孔是孔体积的主要贡献者，小孔和微孔是总孔比表面积的主要贡献者。根据进汞-退汞曲线孔隙滞后环宽度及进汞、退汞体积差特征，将样品孔隙分为四种类型。其中位于龙马溪组黑色页岩底部的第一种类型，压汞曲线孔隙滞后环宽大，退汞曲线上凸，进汞和退汞体积差极大，在压汞所测试的孔径范围内开放孔极多，孔隙连通性好，这种孔径结构非常有利于页岩气的解吸、扩散和渗透，其所代表的储层是页岩气勘探开发的有利储层。

液氮吸附测试表明，龙马溪组页岩气储层孔隙主要由微孔组成，具有一定的无定形结构，颗粒内部孔结构具有平行壁的狭缝状孔，含有多形态的其他孔；孔隙呈开放形态，以两端开口的圆筒形孔及四边开放的平行板孔(圆锥、圆柱、平板和墨水瓶状)等开放性孔为主；垂向上由深到浅，孔隙开放程度减小。龙马溪组纳米孔的主孔位于 2～40nm，占孔隙总体积的 88.39%，占比表面积的 98.85%；2～50nm 的微孔提供了主要的孔隙体积空间，小于 50nm 的微孔和超微孔提供了主要的孔比表面积。液氮吸附法测试的总孔体积和比表面积与压汞法测试的结果对比，间接反映了龙马溪组以微孔为主体的孔隙结构特征。

30℃平衡水高压条件下，龙马溪组黑色页岩等温吸附测试的吸附气含量较小，吸附甲烷气体的能力从贫有机质岩样的 0.42cm^3/g 到富有机质岩样的 1.13cm^3/g，平均为 0.637cm^3/g。龙马溪组泥页岩样品甲烷等温吸附线属于压力为 8MPa 的 Langmuir 类型，但 I 型等温吸附线特征表现不明显。综合来看，与北美商业开发的页岩气含气量 1.1～9.91m^3/t 下限较为接近。由浅至深，龙马溪组黑色泥页岩对甲烷的吸附从顶部至底部总体上呈现逐渐增大的趋势。

TOC 自身提供吸附作用，与甲烷最大吸附量间呈现较为显著的正线性关系；伊利石与平衡水间几乎无显著关系，也具有吸附甲烷的能力；绿泥石和高岭石与平衡水含量间具有显著的线性负相关关系，减小了对水的吸附位，间接促进泥页岩对甲烷的吸附量的提高；伊/蒙混层与平衡水含量间具有显著的正相关关系，增大了对水的吸附位，间接抑制泥页岩对甲烷的吸附量；蒙皂石含量对甲烷吸附能力基本无影响。温度对甲烷最大吸附量影响极小，但随 TOC 含量增大，影响程度增强；且随温度升高，最大吸附量减小。随孔隙度增大，甲烷最大吸附含量增大。

第五章 页岩气赋存特征

页岩气的赋存状态是页岩气成藏机理的基础问题之一。目前认为页岩气主要有吸附态和游离态两种赋存形式，但还包括溶解态等其他相态。由于页岩中有机质生烃后首先满足自身的吸附，通常在吸附达到饱和以后，才以其他相态形式赋存，因此，页岩气的赋存机理首先要研究其中吸附气的赋存机理，而这一问题一直没有得到完善的解决。所以，本章重点探讨页岩的吸附特征及微观孔隙结构，以期分析页岩气的赋存机理并为天然气评估提供依据。

第一节 页岩气赋存机理的多相性与复杂性

页岩气系统自身的性质决定了页岩气赋存机理上的多相性与复杂性。

（一）源–储同层导致页岩气赋存相态的复杂性

页岩气的源岩和储层同层。源岩生烃后，一般先满足自身物质对烃类的吸附，达到饱和后，烃类逐渐向外运移，但因其同时是储层，所以运移的距离极短，烃类保存在微孔和裂缝之中。在地层条件下，若温度压力恒定，则在吸附和游离为主的相态间以某种比例平衡下来。但是，由于受到沉积和构造活动的影响，地层压力不断变化，导致温度和压力变化，吸附态和游离态间的比例动态变化，导致了赋存机理的复杂性。

（二）物质组成及其孔裂隙结构导致页岩气赋存相态的复杂性

泥页岩的物质组成决定了自身的空间结构特征。首先，由于黏土矿物的组成各异，页岩本身的非均质性强。黏土矿物含量与孔隙度呈正相关关系（Yang and Aplin，2010），随着黏土矿物含量的变化，泥页岩孔隙度及其渗透率的变化更趋复杂，即便有些样品具有相同的孔隙度，但渗透率可能差几个数量级，这种空间结构的变化，直接影响游离气体的赋存空间，导致赋存的复杂性。其次，有机质和黏土矿物中的伊利石含量与泥页岩的孔隙度和比表面积呈正相关关系，一旦两者的含量变化，比表面积变化，可为气体提供不同的吸附位置，导致吸附态气体赋存增加。最后，由于有机质主控的纳米级孔隙广泛存在，如果纳米微孔中与气体的动力学半径相当的孔隙增多，这种孔隙结构均会增加（结构化）赋存的复杂性。此外，少量残留液态烃类（少量沥青）和地层水也直接影响溶解态的赋存。因此，泥页岩的物质组成及空间结构的不同，即孔隙和裂隙结构复杂多变，使得页岩气赋存机理复杂化。

(三)沉积环境-成岩作用导致的赋存机理复杂性

泥页岩是在特定的沉积环境和沉积过程中，碎屑物质和生物质经搬运、沉积、压实等作用，发生物理、化学、生物等变化而形成的，不同沉积环境中，页岩类型和结构差异较大。在上覆沉积层厚度增加的过程中，沉积成岩作用发生，泥页岩沉积物内部的温度和压力不断上升，使页岩化学成分、显微结构、宏观性质等发生变化，并改变内部流体的化学性质和水的赋存方式及生成烃类的种类。沉积环境-成岩作用首先控制了泥页岩的孔裂隙结构，使页岩气的赋存机理复杂化。同时，由于成岩作用过程，泥页岩孔隙结构不断演化。泥页岩的孔隙度与岩石的比表面积成正比，且与有机质和伊利石的含量呈正相关，由于泥页岩中伊利石多为成岩晚期的产物，因此可以推断成岩和生烃作用会对泥页岩的孔隙度有显著的影响(Chalmers and Bustin，2008a)。方俊华(2010)利用丁道桂的孔隙度与埋深关系模型，模拟了研究区龙马溪组黑色页岩孔隙度演化史(图 5-1)，随志留纪—早泥盆世地层沉积，沉积物快速堆积，龙马溪组埋深加大，受沉积压实作用，孔隙度降低；早泥盆世末期，孔隙度降至约 20%；早泥盆世末期—早二叠世，经历多次小规模的海进海退，沉积与剥蚀地层厚度相当，埋深未超过前期最大埋深，因此孔隙度变化不大；中二叠世—中三叠世，不同构造部位沉积演化出现明显差异，孔隙度区域性变化显现；中三叠世末期，孔隙度降至 10%以下，长宁地区甚至

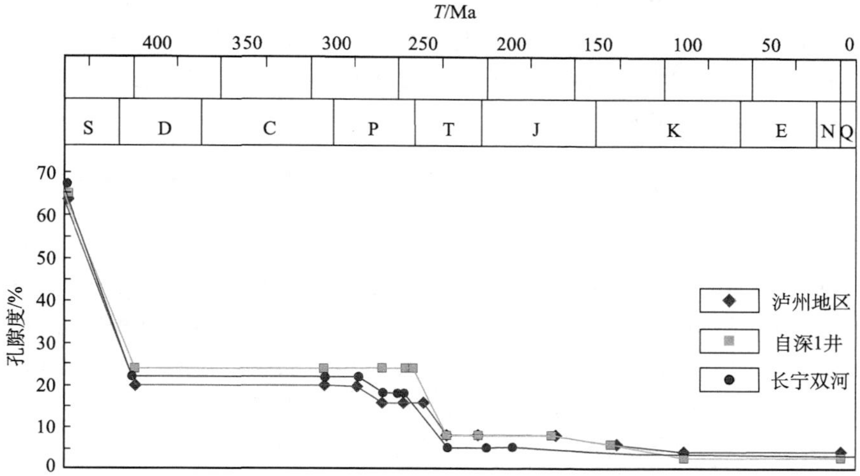

图 5-1　龙马溪组黑色页岩孔隙度演化史(方俊华，2010)

小于 5%；早侏罗世—早白垩世末期，龙马溪组黑色页岩埋深增至最大，孔隙度基本定型，稳定在 4%左右，部分地区小于 1%。而伴随着孔隙的演化，页岩气赋存的相态也随之变化。

第二节 沉积环境对页岩气赋存的基础控制作用

四川盆地南部龙马溪组页岩气源岩-储层发育受多种因素的综合优化控制，发育较好，得益于古地理位置、古气候、海平面变化和上升流等提供了良好的外部环境背景，更直接受益于沉积环境、沉积速率和保存条件等因素的优化配置。沉积环境通过对富有机质页岩厚度的控制及其中有机质的含量的控制而对页岩气赋存机理产生影响。

(一) 沉积环境控制的黑色页岩厚度是页岩气生成和赋存的基础

形成有机质丰度高的黑色泥页岩需要较快速的沉积条件和封闭性较好的还原环境，通常发育在台地或陆棚环境，与大规模的水进过程相关联。下志留统龙马溪组总体由一套深灰-黑色粉砂质页岩、富有机质(碳质)页岩、硅质页岩夹泥质粉砂岩组成，下段为黑色富有机质笔石页岩，属于典型的海相有机质富集层，是在全球性海平面下降和海域萎缩的背景下，形成的台内拗陷的滞留静海环境(浅海陆棚相)。泥页岩中碎屑状石英含量平均约为 29%，白云石和方解石等自生矿物及黄铁矿等金属硫化物均指示浅海陆棚沉积环境特征(显微镜和扫描电镜下均观察到大量极细莓状黄铁矿存在，图 3-1)。在这种沉积环境背景下，龙马溪组下段黑色页岩在研究区广泛发育，大部分地区沉积厚度超过 80m，沿珙县—纳溪—江安—泸州—永川沉积中心 NE 向展布一线多大于 100m，高值达到 170m，奠定了页岩气生成和赋存的基础。

(二) 沉积环境控制的有机质类型和丰度对页岩气赋存的控制作用

下古生界龙马溪组海相环境沉积的有机质原始母质多为藻类、浮游动物和细菌等，属 I 型干酪根，即腐泥型，以生油为主，但有机质成熟度平均为 2.69%，处于高-过成熟阶段，发生裂解，生成烃类气体。浅海陆棚滞留沉积环境对有机质的富集和保存有利，决定了龙马溪组下段黑色页岩的高有机质丰度，龙马溪组下段至少存在 TOC 含量大于 2%的有效富有机质黑色页岩 50m。两者保障了生成充足的烃类气体，为页岩气藏的形成提供了良好的沉积条件，即有页岩气来源，同时也提供了大量的吸附位置和微孔隙空间，对页岩气赋存起基础控制作用。

（三）有机质类型对页岩气赋存的影响

有机质类型对页岩气赋存富集的影响主要体现在两个方面：

第一，不同的干酪根类型对页岩气生成的数量产生影响。干酪根是沉积有机质的主体，大约 80%以上的油气均由干酪根转化而来。不同的干酪根类型具有不同的生成油气的特征，Ⅰ型和Ⅱ型干酪根以生油为主，Ⅲ型干酪根以生气为主。北美页岩气主要来源于Ⅱ型和Ⅲ型干酪根（Jarvie，2003），不同干酪根在演化过程中的起始条件不同，总体上，所有干酪根在热演化过程中随着演化程度的加深，天然气的生成量逐渐增大，从而影响生成页岩气的数量。

第二，不同的干酪根类型对页岩气的吸附和扩散存在影响。不同母质类型和演化程度的泥页岩的等温吸附曲线存在显著差异（Chalmers and Bustin，2008a）。三种类型的干酪根对甲烷的最大吸附量依次为Ⅰ型干酪根>Ⅱ型干酪根>Ⅲ型干酪根，龙马溪组泥页岩有机质类型为Ⅰ型，类型好，对甲烷的吸附量大，从而影响其赋存和富集。

（四）有机质丰度对页岩气赋存的影响

有机质碳含量 TOC（丰度）对页岩气的成藏具有基础性影响作用。一方面，高有机质含量是生成页岩气的物质基础，也决定了生烃与排烃能力；富有机质页岩气在适宜的条件下生烃后，排烃能力对页岩气的富集具有重要意义，而富有机质页岩相对贫有机质页岩而言有更好的排烃能力。另一方面，TOC 决定了页岩气源岩中的有效源岩厚度，也因此影响了页岩气源岩在区域上的展布范围，即有效源岩的体积。此外，由于泥页岩中有机质自身特殊的物质组成和微孔隙结构特征，能吸附大量的页岩气（图 5-2）（Chalmers and Bustin，2008a），有利于页岩气的赋存。

第三章第三节中已述，龙马溪组黑色页岩有机质含量 TOC 从浅至深逐渐增大（图 3-16）；第四章第三节中已述，龙马溪组黑色页岩吸附甲烷的能力从上到下增强（图 4-32），最大达到 1.13cm^3/g，这也表明，在龙马溪组下段具有较好的吸附页岩气的潜力。研究认为，在温压条件一致的情况下，泥页岩对甲烷的最大吸附能力与有机碳含量（TOC）呈现正相关关系。图 5-3 表明，TOC 含量和泥页岩与甲烷的最大吸附能力间存在正相关关系（R^2=0.578，p<0.05）（Chen et al.，2011a），即 TOC 很大程度上对页岩气的吸附能力具有重要贡献，与前人的研究结论一致（Ross and Bustin，2007b）。也就是说，沉积环境通过控制富有机质页岩的厚度，特别是其中的有机质含量，通过有机质自身所具有的微孔结构，提供大量的吸附位，增加吸附量，影响页岩气的赋存；也对页岩气的赋存起到基础性控制作用。

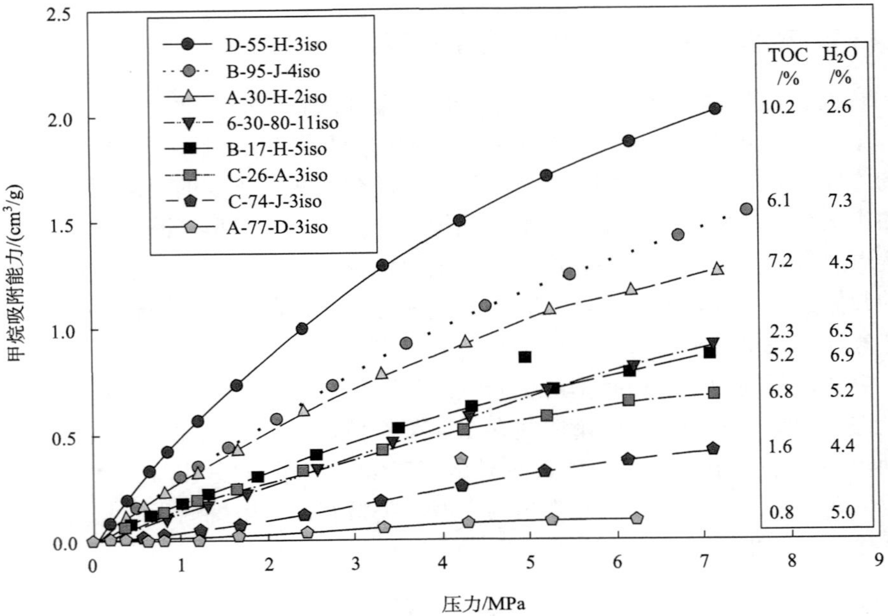

图 5-2　甲烷吸附量随 TOC 含量增大而增大(Chalmers and Bustin，2008a)

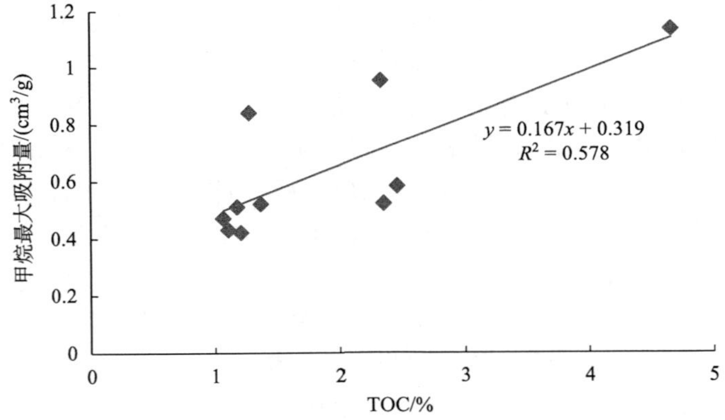

图 5-3　TOC 与最大吸附量间的关系(Chen et al.，2011a)

第三节　成岩作用过程对页岩气赋存的影响

泥岩成岩作用过程中伴随着岩石压实、黏土矿物转化、烃类生成、孔隙结构演化等过程，随埋深的增加，蒙脱石-伊利石混层或蒙脱石-绿泥石混层逐渐转化为伊利石或绿泥石，有机质生成油气，孔隙结构、矿物成分产生变化(图 5-4)。

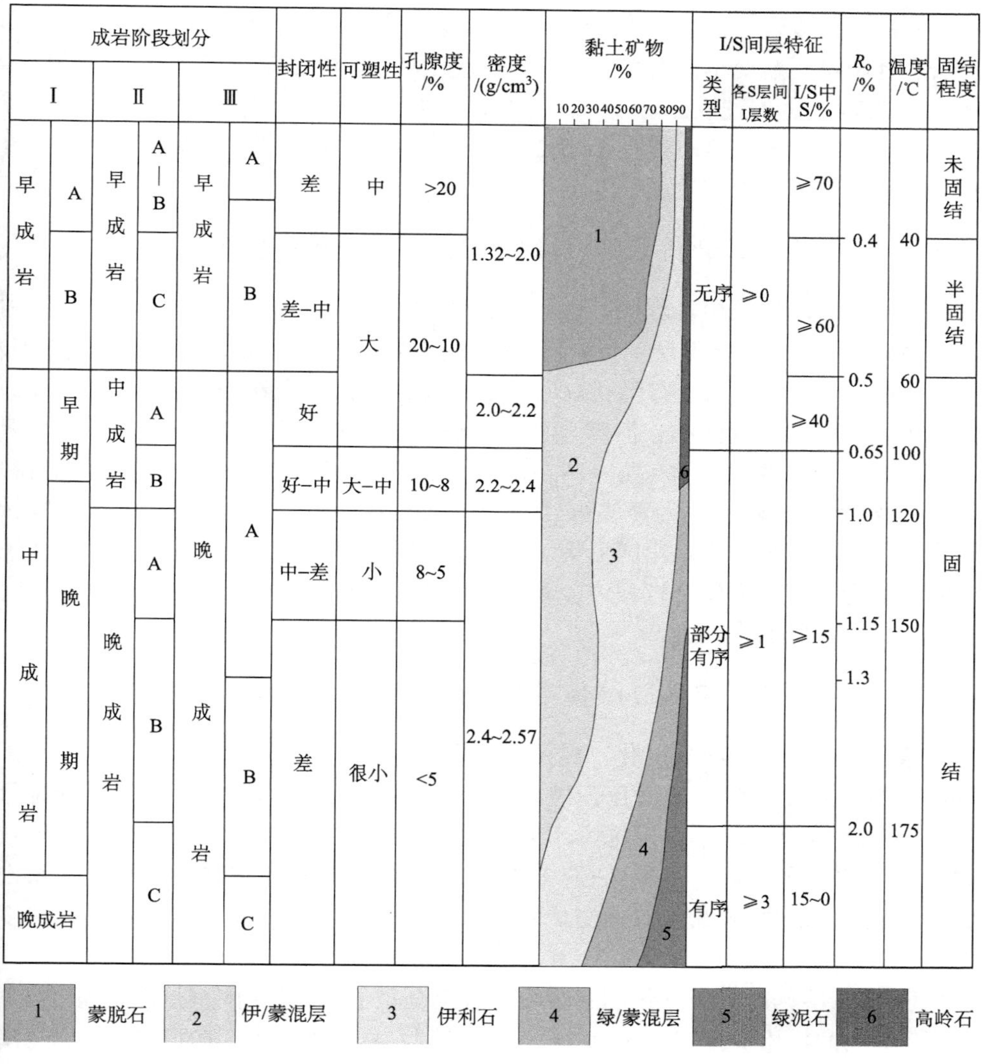

图 5-4　泥岩成岩模式与演化阶段划分（据马力等，2004 和张长江等，2008 修改）

早期成岩阶段，泥页岩沉积物中水分大量排出，孔隙度迅速减小，压实排水作用的增强使岩石渗透性减弱，水力传导能力减弱，至孔隙水缓慢排出阶段，孔隙度演化进入相对缓慢下降阶段；在上覆荷载作用下，黏土矿物发生转化，形成不规则的绿泥石蒙脱石混层黏土；埋深相对较小，地温较低，有机质演化程度低，未进入“生油窗”，R_o 小于 0.5%，部分地区可发育生物化学成因气藏。中期成岩阶段，泥页岩孔隙度继续减小，除孔隙水排出外，黏土矿物层间水也大量排出；黏土矿物排水、机械压实作用下的次生孔隙生成；埋藏深度较大，地温增加较快，有机质演化程度较高，最终 R_o 超过 2.0%，进入高-过成熟阶段。晚期成岩阶段，泥页岩孔隙度逐渐变小，且变化缓慢，埋深很大，地温较高，有机质演化程度高，R_o 大于 2.0%，进入过成熟阶段。后生作用阶段，泥页岩岩埋深加大，水分继续减少，固结成岩，孔隙度一般小于 5%，黏土矿物转化为伊利石和绿泥石，有机质达到高成熟阶段且裂解生成干气。

(一) 成岩过程中黏土矿物的转化对赋存机理的影响

在泥页岩成岩作用过程中，黏土矿物中的蒙脱石、高岭石、伊/蒙混层和伊利石逐渐向绿泥石、绿/蒙混层和伊利石转化(图 5-4)。研究区泥页岩黏土矿物的 XRD 分析表明，全部样品均含有伊利石与伊/蒙混层。伊利石是最为普遍且含量最高的黏土矿物，平均达 24.49%；伊/蒙混层平均含量为 3.92%；虽然部分样品不含绿泥石，但其平均含量为 12.7%(0～16.5%)，仅次于伊利石。龙马溪组底部伊利石和绿泥石含量显著减小(约为顶部的 1/3)。因此，龙马溪组在成岩作用黏土矿物转化中，伊利石含量增大，第四章第三节中已表明，伊利石含量增大，能增强甲烷的吸附能力，即成岩作用过程中，黏土矿物转化，高伊利石含量为页岩气的吸附赋存提供了较好的条件。

(二) 成岩过程中孔隙演化对赋存机理的影响

成岩作用过程中物质转化，成熟度改变，孔隙度发生变化。泥页岩中黏土矿物的形成、转变、消失及其所反映出的分布规律受古环境、成岩作用及物源母质等多种因素控制，不同地区、不同层位黏土矿物的控制因素往往不同，导致黏土矿物的分布类型也不相同(赵杏媛等，1994)。页岩气成藏与成熟度关系密切，而某些标志性的黏土矿物演化及组合可以作为表征成岩作用阶段及成熟度的指标。

伊/蒙混层、高岭石、伊利石与绿泥石组合是中成岩作用阶段的特征组合(刘伟新等，2007)，伊利石主要在晚成岩作用阶段和极低变质作用阶段出现，龙马溪组伊利石与黏土矿物的质量比为 36.41%～74.86%，平均达到了 48.32%，高而稳定的伊利石含量表明四川盆地南缘龙马溪组成岩作用已经历晚成岩作用阶段；伊/蒙混层平均含量为 8.16%，据马力等(2004)研究成果，龙马溪组进入了晚成岩作用阶段，对应有机质演化的成熟-高成熟阶段(R_o 为 1.0%～2.6%，孔隙度小于 8%)，其成熟度接近美国圣胡安盆地的 Lewis 组页岩(R_o 为 1.6%～1.88%)，略低于区域上的 R_o(>2.5%)(黄籍中，2009)，或为 2.3%～3.4%(蒲泊伶等，2010)。

压汞实验测得样品的孔隙度介于 1.71%～12.75%，平均为 4.65%(表 4-9)，与成岩作用演化之间的对应关系一致。因此，若要研究孔隙度的演变过程，也可以通过其成岩作用过程进行研究。一般而言，随着埋深的增大，地温升高，之后成岩作用发生，压实作用增强，孔隙趋于定向，孔隙度会降低(Jarvie et al.，2007)。当埋深小于 800m 时，随埋深增加孔隙度明显下降，大致由 80%降到 20%；当埋深为 800～1800m 时，随埋深增加孔隙结构与孔隙度变化均较小，孔隙度降至 20%～16%；埋深大于 3000m 后，随埋深增加孔隙结构变化很缓慢，孔隙度很低；至 3600m，孔隙度一般小于 5%，甚至部分已接近 1%(丁道桂等，2005)。但是，龙马溪组孔隙度随着埋深的增大呈现增大的趋势(图 4-8)。这应该和其自身的物质组成密切相关。研究发现，孔隙度和脆性矿物含量(此处仅包含石英和方解石)间具有显著的正相关关系(R^2=0.818，p<0.01，图 5-5)，孔隙度与黏土矿物含量间具有显著的负相关关系(R^2=0.808，p<0.01，图 5-6)，而孔隙度与 TOC 含量间的正线性关系则减弱(R^2=0.623，图 5-7)。这种关系表明，脆性矿物是形成泥页岩孔隙度的主要因素，而有机质含量的贡献则位居其次，因为在采用压汞实验测试孔隙度的实验中(理论上小于 3nm，实际上更高)，有机质中的大量微孔隙无法测得(Chen et al.，2011a)。

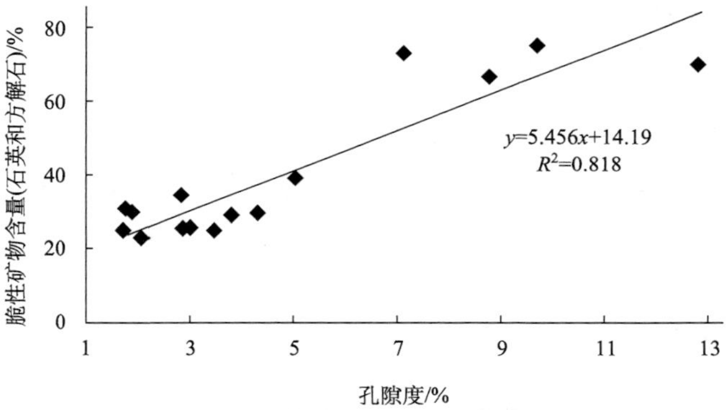

图 5-5　孔隙度与脆性矿物含量的关系

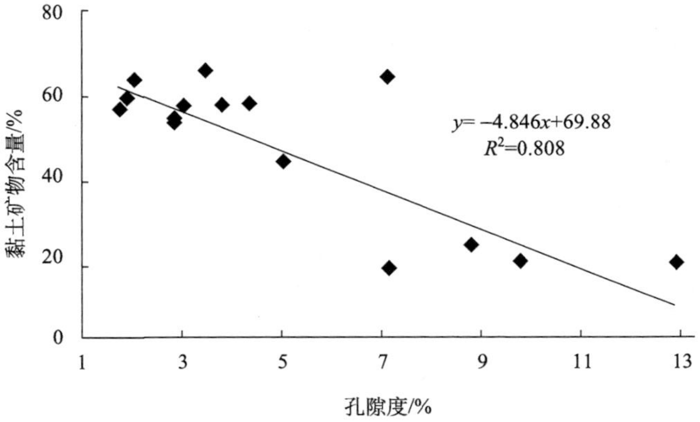

图 5-6　孔隙度与黏土矿物含量的关系

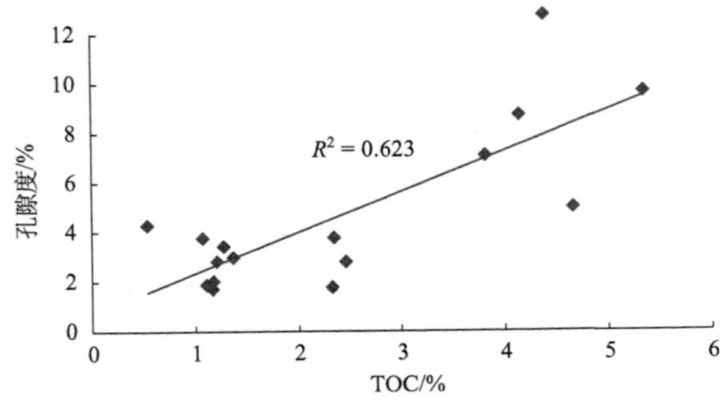

图 5-7　孔隙度与 TOC 含量的关系

黏土矿物对孔隙演化与保存具有重要作用，其中高岭石相对含量变化与孔隙演化趋势一致，伊利石和绿泥石相对含量变化与孔隙演化趋势相反(程晓玲，2006)。按此规律推论，龙马溪组底部伊利石和绿泥石含量显著减小，则底部必然具有较高的孔隙度，而实际测得的孔隙度随埋深的变化和此推论一致，随着深度增大，孔隙度确实增大，这能为页岩气的储存提供良好的场所。

朱平等(2004)认为单矿物绿泥石和绿/蒙混层组合形成的包膜在孔隙保护中具有显著作用。研究区龙马溪组中部及上部的绿泥石含量较大，虽然孔隙度可能不及底部大，但绿/蒙混层的普遍存在对孔隙起到保护作用，会对页岩气存储起积极影响。由于黏土矿物有极大的比表面积和表面自由能，故外来流体侵入后易发生敏感性物理或化学反应也值得重视。总体而言，黏土矿物对龙马溪组页岩气藏的形成和开发有积极影响，特别是底部(低伊利石和绿泥石含量、高孔隙率)是页岩气勘探开发的重点段。

此外，孔隙度对页岩气赋存相态也有显著影响(Ross and Bustin，2007b)，孔隙度为 0.5%，游离气量仅占总含气量的 5%[图 5-8(a)]；当孔隙度为 4.2%时，游离气量占总含气量的比例增至 70%[图 5-8(b)]。

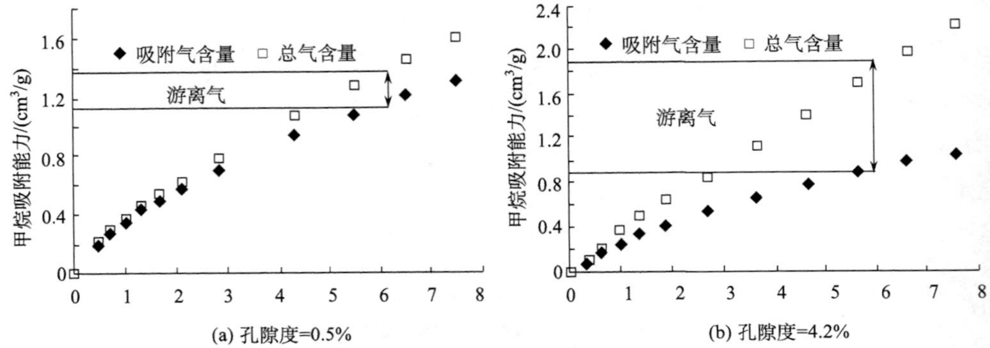

图 5-8　孔隙度对游离气含量的影响(Ross and Bustin，2007b)

(三)成岩作用过程中有机质生烃导致孔隙增加

按照正常的孔隙演化规律，随着深度的增加，孔隙度减小，(二)中已述，龙马溪组下段(底部)的孔隙度却增大(图 4-8)，应该和其自身的物质组成密切相关。龙马溪组下段(底部)有机碳含量和脆性矿物含量显著增大。研究认为泥页岩中的孔隙以有机质生烃形成的孔隙为主(Jarvie et al.，2007)。随着成熟度增加，干酪根、原油热解大量生烃，同时有机质本身还可以产生 5～200 nm 级孔隙(Reed and Loucks，2007)。泥页岩中有机质演化生烃过程中，有机质逐渐消耗，其中的孔隙逐渐增多，使储层的孔隙体积增加(图 5-9)(Jarvie et al.，2007)。正是这种演化规律，使得底部孔隙度增大；且脆性矿物有很好的造缝和保护孔隙的能力，与有机质演化过程中形成的孔隙体积一起，对底部高孔隙度和孔隙体积的形成具有重要作用。这种成岩演化作用，对页岩气的赋存和富集产生影响。

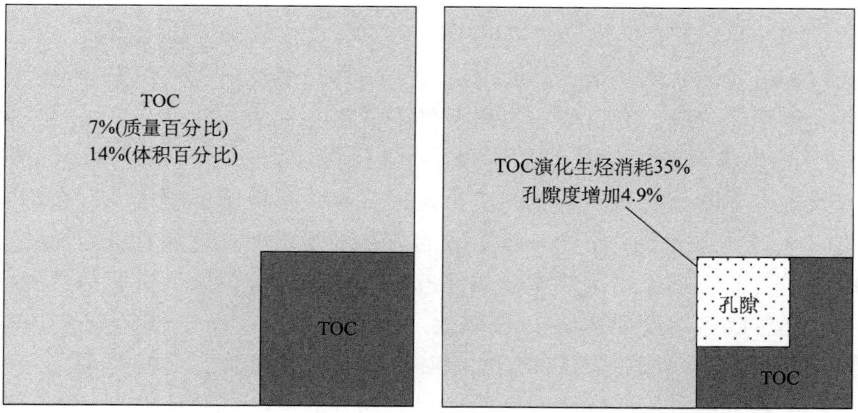

(a) 有机质演化前　　(b) 有机质演化后形成的孔隙

图 5-9　有机质生烃与储层孔隙增加演化示意图(Jarvie et al.，2007)

此外，有机质的存在有助于烃类以吸附气的形式聚集在有机质孔隙内部的表面活性位置。干酪根通常提供了页岩基质的混合润湿性条件，接近干酪根位置的显著亲油，而远离干酪根位置的亲水(Boyer et al.，2006)。有机质的不断演化，影响了其周围物质含量的变化，并间接地影响页岩气的赋存。

(四)成岩作用过程中液态物质对页岩气赋存的影响

随着成岩作用过程的不断变化，龙马溪组沉积物内部的温度和压力不断上升，泥页岩沉积物的化学成分、显微结构和宏观性质等均发生变化，特别是会改变内部流体的化学性质和水的赋存方式。龙马溪组沉积物中的有机质相应会发生生物化学等一系列变质作用，经历从未成熟、成熟到高成熟和过成熟的热成熟过程，同时经历生成生物成因甲烷、重质原油、轻质原油和气，以及干气等生烃作用阶段。当龙马溪组源岩-储层演化至成岩作用晚期阶段，有机质在某个演化阶段(主要是低成熟-高成熟阶段)，生成液态烃类，而液态烃本身对甲烷具有溶解和吸附作用，且随着压力的变化，吸附能力不同。因此，液态烃类物质通过自身对甲烷的溶解作用对页岩气的赋存产生影响。但是，液态烃在不同的地层条件下(或者温压条件)对甲烷的溶解度的定量关系尚不清楚，现今存在残留液态烃(如少量沥青)的数量也不清楚，值得更进一步的研究。

另外，成岩作用过程中，自由水逐渐排出，水化结合水比例增加，水量与水的赋存方式发生变化。而水对甲烷等烃类有一定的溶解作用，随着泥页岩中水的赋存方式的变化，水中溶解的烃类的赋存也随之变化，因此沉积环境-成岩作用通过水的赋存使溶解态页岩气更趋复杂化，同样值得更深入的研究。

(五)有机质成熟度对页岩气赋存的影响

沉积有机质随着埋深增大，温度和压力增加，要经历成岩作用、深成热解作用和后成作用等阶段，有机质在温压条件下成熟并生成油气，是页岩气三种成因(生物成因、热成因和二者混合成因)的主要控制因素之一。特别是热成因页岩气，页岩气的生成伴随着有机质成熟的整个过程。如果有机质类型相同，在不同的演化阶段生成的页岩气数量不同，且生成的总量不断增加，这是有机质成熟度对页岩气成藏的首要影响。也因此将热成熟度指标作为评价页岩气资源前景的主要指标之一，远景区成熟度要达到 1.0%以上，更好质量的远景区则应超过 1.3%。

其次，由于不同演化阶段的干酪根显微组分发生变化，结构与形态也相应变化，会对页岩气的吸附赋存造成影响。已有研究表明，高热成熟度导致纳米级等超细孔隙的出现，从而增加了基质孔隙度，能够提高页岩气的赋存储集能力(图 5-10，Reed and Loucks，2007)。

尽管北美热成因页岩气中，页岩成熟度从 0.4%～0.5%的低成熟到 0.5%～2.0%的成熟，乃至 2.0%～3.0%的超成熟等阶段均有分布(Michigan 盆地 Antrim 晚泥盆世页岩 0.4%～1.6%，Appalachian 盆地 Ohio 晚泥盆世页岩 0.4%～1.3%，Illinois 盆地 New Albany 晚泥盆世页岩 0.4%～1.3%，San Juan 盆地 Lewis 早白垩世页岩 1.6%～1.9%，Fort Worth 盆地 Barnett 早石炭世页岩 1.0%～2.1%)，但研究区龙马溪组泥页岩的成熟度均值为 2.65%，部分区域更高，当泥页岩中有机质成熟度更高以后，内部孔隙结构如何变化，是否还能增加页岩气的吸附储集能力则尚无定论(图 5-11)(Jarvie et al.，2007)，有待进行深入研究。

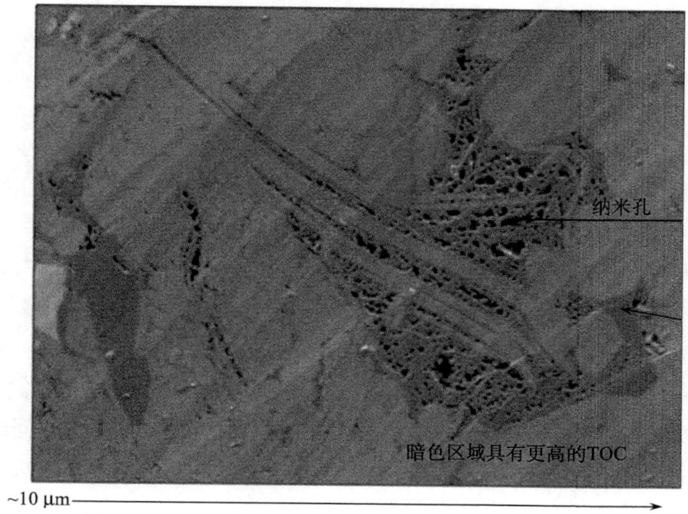

图 5-10　高热成熟度导致纳米级孔隙对气体储集能力的影响(Reed and Loucks，2007)

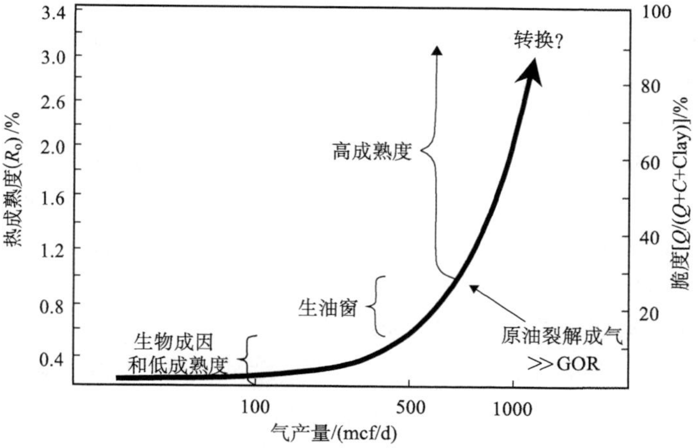

图 5-11　页岩气源岩热成熟度与产气量和脆性矿物比例的关系(据 Jravie et al.，2007 修改)

图中问号表示不确定再向上是否存在转换；mcf 表示千立方英尺，1mcf=28.317m^3

比如煤对甲烷的吸附能力，先随着 R_o 的增大而增大，在 R_o >4.0%后，吸附能力开始下降，呈现倒 U 形曲线，这是热作用改变了煤体结构，内部孔隙结构发生变化所致。对于泥页岩中不同演化程度的有机质，高成熟度对页岩气的吸附赋存能力的影响如何，值得进行深入的研究。

综合上述，源岩-储层特征通过页岩气的生成能力和数量、吸附等赋存形式和空间、储集能力及富集区域等方面而对页岩气的成藏起着复杂的影响作用。

第四节　纳米级孔隙结构对页岩气赋存的控制

页岩气主要以吸附和游离状态赋存于泥页岩中，吸附态页岩气存在于有机质和黏土矿物表面，游离态页岩气存在于孔隙和裂隙中，还有少量为溶解于液态烃和水中的溶解态页岩气。和常规天然气相比，页岩气评价和生产潜力受到更多因素制约，影响了气体含量和运移量。原位天然气评估是储层研究中首要关注的问题(Ross and Bustin，2007a)，储集层岩石的孔隙结构是影响气藏储集能力和页岩气开采的主要因素(Ambrose et al.，2010)，Schettler 等对大量测井曲线分析后认为岩石孔隙是美国泥盆系页岩主要的存储场所，约一半的页岩气存储在孔隙中(马明福等，2005)，精确评估页岩气储层的气体孔隙体积是最为基础的问题。现在页岩气储层评估中，将无机质中的孔隙和有机质中的孔隙独立估算，且据此认为吸附气仅与有机质有关，所有的游离态气体与无机质大孔隙(>100nm)、裂缝和裂隙有关；对不同尺度的微观、超微观孔隙和裂隙结构特征及内因研究，有助于页岩气资源和储层开发评价。页岩由黏土矿物和有机质等成分组成，具多微孔性、低渗透率特点(Schettler and Parmely，1991)；页岩气储层孔径较小，Barnett 页岩的孔喉小于100nm(Javadpour et al.，2007)，10nm 左右的纳米孔隙含量丰富(Bowker，2003)，而纳米孔中存储的气体可能具有复杂的热力学状态，因而研究页岩气储层纳米孔隙结构对页岩气资源评价和成藏机理研究，乃至页岩气勘探开发均具有重要意义。

源-储孔裂隙结构对页岩气的赋存具有至关重要的作用，不仅关系到游离态的赋存，也关系到吸附态的赋存。龙马溪组下段由浅至深，随着 TOC 增大，孔隙变小(即平均孔径变小)后，孔隙体积和孔比表面积增大，为甲烷的吸附增加了吸附位置和空间，从而影响了页岩气的吸附赋存特征。不同的测试手段均表明，龙马溪组下段，特别是底部，源-储开放性孔多，连通性好，且在垂向上，由浅到深，孔隙开放程度增大，连通性增强。这些孔隙结构特征有利于页岩气的解吸、扩散和渗透，对页岩气的赋存乃至开发均具有重要作用。

一、控制纳米级孔隙体积及其比表面积的主要内因

第四章第二节中已经确定，四川盆地南部龙马溪组纳米孔的主孔位于 2～40nm，分别占孔隙总体积和总比表面积的 88.39%和 98.85%；微孔(2～50nm)提供了主要的孔隙体积，小于 50nm 的微孔与超微孔提供了主要的孔比表面积。那么，控制纳米孔隙的主要内因是什么呢？

黏土矿物具有较高的微孔隙体积和较大的比表面积，因而吸附性能较强(Ross and Bustin，2008)；分散、细粒的多孔性有机质常嵌入无机基质中；有机质中微孔隙及其特征长度小于 100nm 的毛细管组成了主要孔隙体积，页岩气原位天然气

总量的重要部分与有机质中相互联系的大纳米孔隙有关(Ambrose et al.，2010)。

分析龙马溪组页岩中黏土矿物和脆性矿物(石英和方解石，此处未包含长石和白云石)与孔隙体积和孔隙比表面积的关系[图 5-12(a)和(b)]，表明黏土矿物和脆性矿物与孔隙体积和孔隙比表面积之间不存在显著相关关系。总有机碳(TOC)含量与孔隙体积和孔隙比表面积关系分析[图 5-12(c)和(d)]，表明 TOC 与孔隙体积及孔隙比表面积有较显著的正线性关系(R^2 分别为 0.719 和 0.762)。富有机质页岩中有机质的平均孔径远小于无机质的平均孔径(Kang et al.，2011)，5～50nm 的孔隙尺寸取决于干酪根类型(Behar and Vandenbroucke，1987)，而龙马溪组页岩微孔中的主孔位于 2～40nm，由此推断，在该范围之内，龙马溪组页岩中干酪根控制了微孔隙，即 TOC 是控制龙马溪组页岩气储层中纳米级孔隙体积及比表面积的主要内在因素。黏土矿物与脆性矿物提供了其他尺度的孔隙，尤其是脆性矿物对尺度较大的微裂隙有更大贡献。

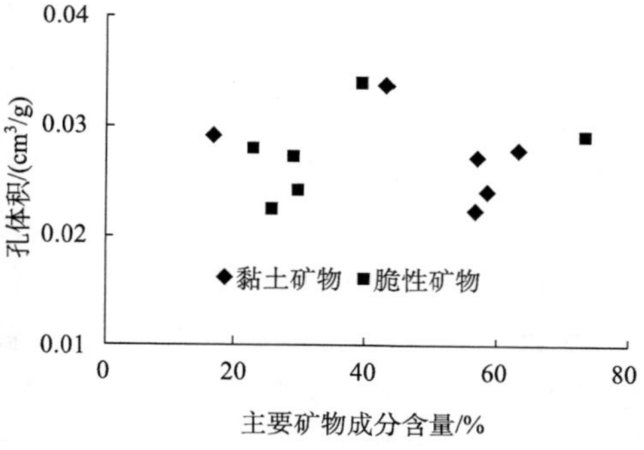

(a) 主要矿物成分与孔体积的关系

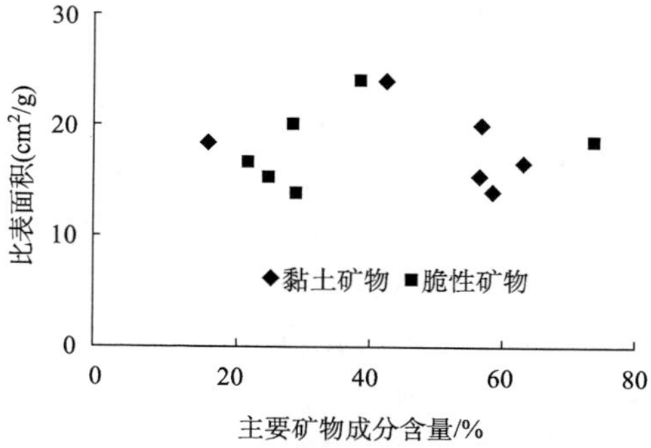

(b) 主要矿物成分与孔比表面积的关系

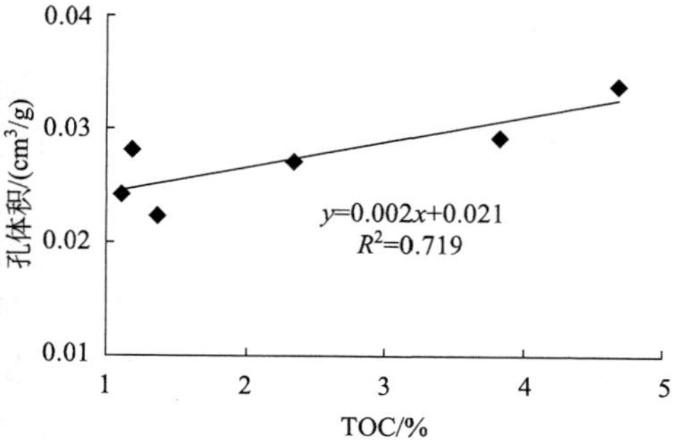

(c) TOC含量与孔体积的关系

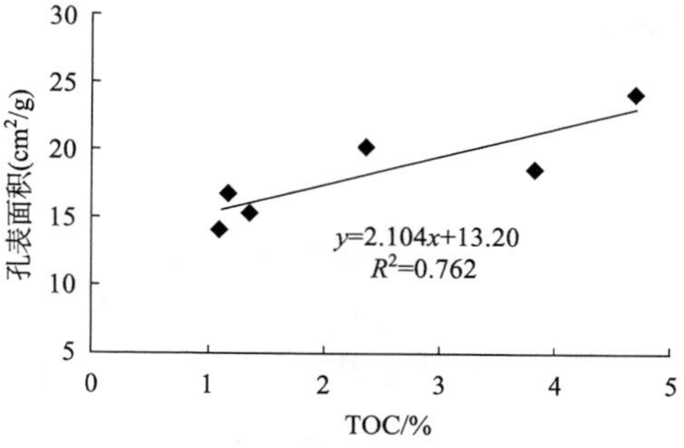

(d) TOC含量与孔比表面积的关系

图 5-12　主要矿物成分和 TOC 含量与孔体积及其比表面积的关系

二、纳米级孔隙对页岩气赋存的控制

吸附气与页岩中发育的纳米级孔隙有关(Javadpour et al.，2007；Ambrose et

al.，2010；Kang et al.，2011），而影响纳米级孔隙的因素很多，包括有机质含量、有机质类型、矿物类型、含水性、地层温度与成熟度等（Ross and Bustin，2009a）。页岩中纳米级孔隙占主导地位以及纳米级孔隙结构赋气的复杂性，成为建立页岩气赋存机理的一个瓶颈；而赋存机理恰是储层研究、原位天然气评估的基础（马明福等，2005；Ambrose et al.，2010）。

有机质具有高微孔率和较大的比表面积，因而有机质含量和页岩气的吸附能力呈正相关关系（Chalmers and Bustin，2007a），而 TOC 是控制龙马溪组页岩气储层中纳米孔隙体积及比表面积的主要内在因素，高 TOC 因提供了充足的比表面积和孔隙空间，提供了存储气体的潜在吸附位置，为页岩气吸附存储提供了基础。龙马溪组页岩气储层具有一定的无规则（无定形）孔结构特征，而烃类气体在无定形和无结构基质沥青体中的溶解作用也能增加气体的吸附能力（Jarvie et al.，2005），因而龙马溪组页岩气储层中大量的纳米孔隙增强了页岩气的吸附及溶解性能。

页岩气储层具有低孔隙度和低渗透率特征，其孔径较小，10nm 左右的纳米级孔隙含量丰富（Bowker，2003）。由于微孔孔道的孔壁间距非常小，吸附能比更宽的孔高，所以表面与吸附质分子间的相互作用更加强烈，对气体分子的吸附能力更强（张雪芬等，2010）；因此孔隙大小对于页岩气成藏的影响，本质上是对其储存性能的影响。有研究（Ross and Bustin，2007b；Krishna，2009）也表明，气体（流体）活动的体积大小依赖于孔隙的大小，且存在于孔隙的中心部位，这个部位是分子间及分子与孔隙壁间相互作用力影响最弱或者可以忽略不计的区域；孔径小于 2nm 的孔隙内，没有足够的运动空间，CH_4 分子通常在孔隙壁作用力场影响下处于吸附状态，其本质是由于孔隙壁效应和分子穿过孔隙时等密度的显示层效应使得在有机质小孔隙中超临界 CH_4 是以结构化方式存在的；直到孔径达到 50nm，分子与分子间及分子与孔隙壁间的相互作用使得气体的热力学状态发生改变，分子在孔隙中发生运动。龙马溪组页岩气储层纳米孔隙主孔为 2～40nm，对页岩气的吸附能力极强；且有大量的页岩气以结构化方式存在，增加了页岩气的存储量。

扫描电镜下观察到龙马溪组泥页岩内发育有大量的纳米级孔隙。有机质颗粒内的纳米级孔隙发育［图 5-13（a）和（b）］，一个有机碎屑颗粒含有数十至数百个微孔，孔径在数十至数百纳米之间，平均值约为 100nm。另有研究认为，对于有机碎屑内的孔隙，在更富含镜质组、惰质组Ⅱ型和Ⅲ型干酪根中最为富集，微孔体积最大，并随成熟度增高而增加（Chalmers and Bustin，2007a，2008a）。平行纹层的富有机质层内有机碎屑颗粒或成岩矿物微粒间会局部发育纳米级孔隙，龙马溪组中莓状黄铁矿内黄铁矿微晶颗粒间发育有大量的纳米级孔隙［图 5-13（c）和（d）］。黏土矿物颗粒内部也发育有一定数量的纳米级孔隙［图 5-13（e）］，胶结不显著的矿物颗粒间也发育有大量的纳米级孔隙［图 5-13（f）］。

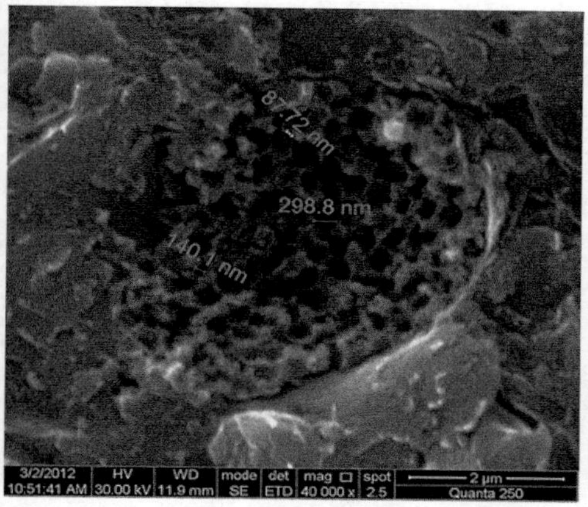

(a) SX98，有机质颗粒内部的纳米级孔隙

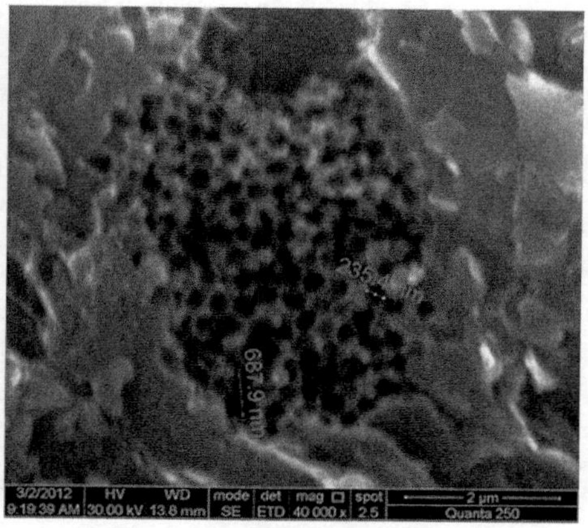

(b) SX29，有机质颗粒内部的纳米级孔隙

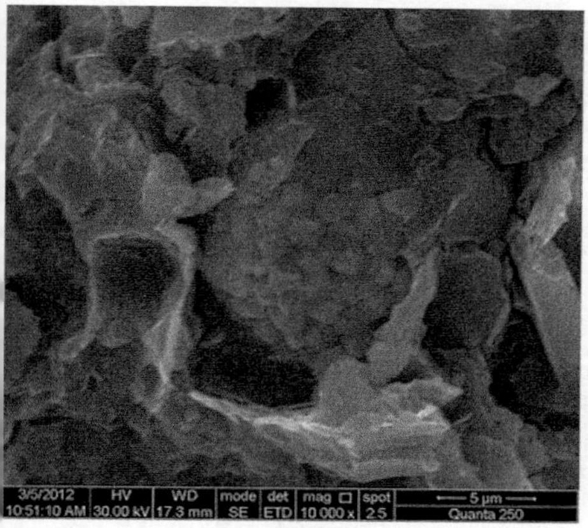

(c) SH03，莓状黄铁矿颗粒

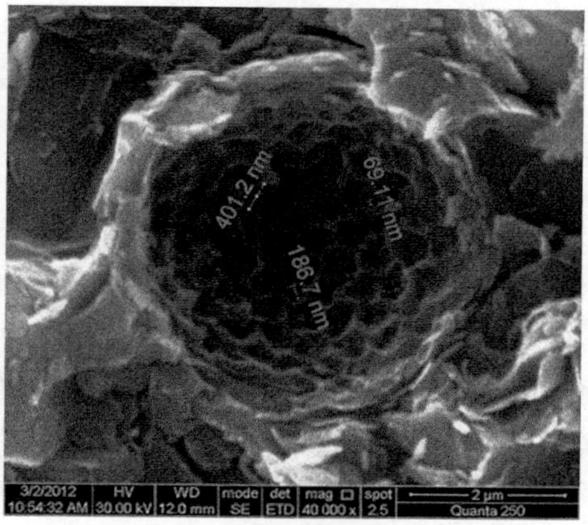

(d) SX98，莓状黄铁矿颗粒脱落后显示的微孔隙

(e) SH08，黏土矿物颗粒内部的纳米级孔隙

(f) SH13，胶结不显著的矿物颗粒间纳米级孔隙

图 5-13　扫描电镜下观察的纳米级孔隙

由于液氮吸附获取的主要是纳米级孔隙，因此，再通过液氮吸附结果与等温吸附结果综合分析纳米孔隙与最大吸附量的关系，以揭示纳米孔隙结构对页岩气赋存的影响机理。

表 5-1 是从研究区龙马溪组下段由浅至深依次选取的五个样品——SH08、SH05、SX56、SX47、SX36。对其进行的低温液氮吸附实验和甲烷等温吸附实验结果进行综合分析。

表 5-1 液氮吸附与等温吸附结果表

样品编号（由浅至深）	TOC/%	孔体积 /(cm^3/g)	比表面积 /(m^2/g)	平均孔径 /nm	最大吸附量 /(cm^3/g)	平衡水含水率/%	温度/℃
SH08	1.18	0.027 9	16.81	6.64	0.5068	1.96	30
SH05	1.11	0.024 04	14.16	6.79	0.8373	1.75	30
SX56	1.37	0.022 19	15.56	5.704	0.5221	1.93	30
SX47	2.35	0.027 01	20.24	5.336	0.5206	2.08	30
SX36	4.67	0.033 78	24.24	5.575	1.1335	3.87	30

由浅至深，龙马溪组有机质含量显著线性增大(R^2=749)[图 5-14(a)]，对甲烷的最大吸附量也具有增大的趋势[图 5-14(b)]，孔隙体积和孔比表面积在增大[图 5-14(c)和(d)]，平均孔径却在减小[图 5-14(e)]。由浅至深，随着 TOC 增大，孔隙体积和孔比表面积显著线性增大(R^2=0.748 和 R^2=0.908)[图 5-14(f)和(g)]；随着孔隙体积和孔比表面积增大，甲烷最大吸附量也具有增大的趋势[图 5-14(h)和(i)]。

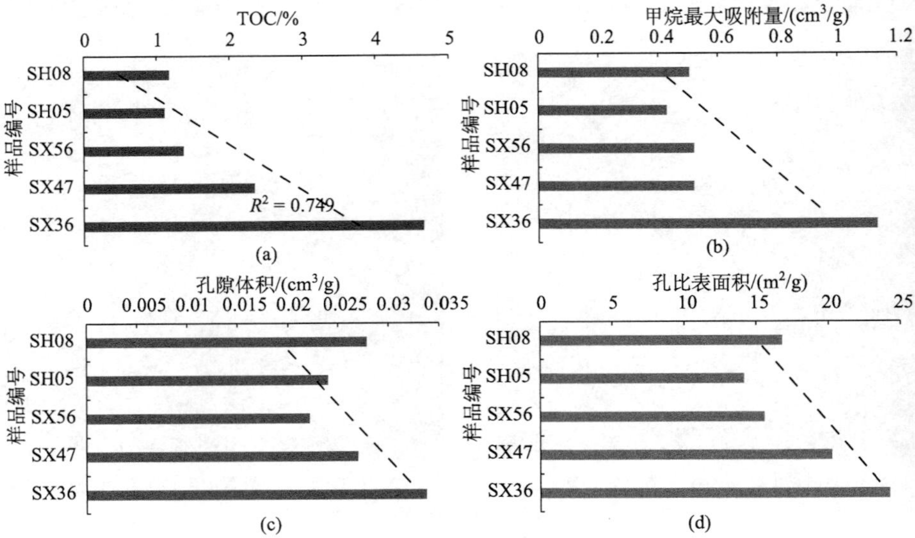

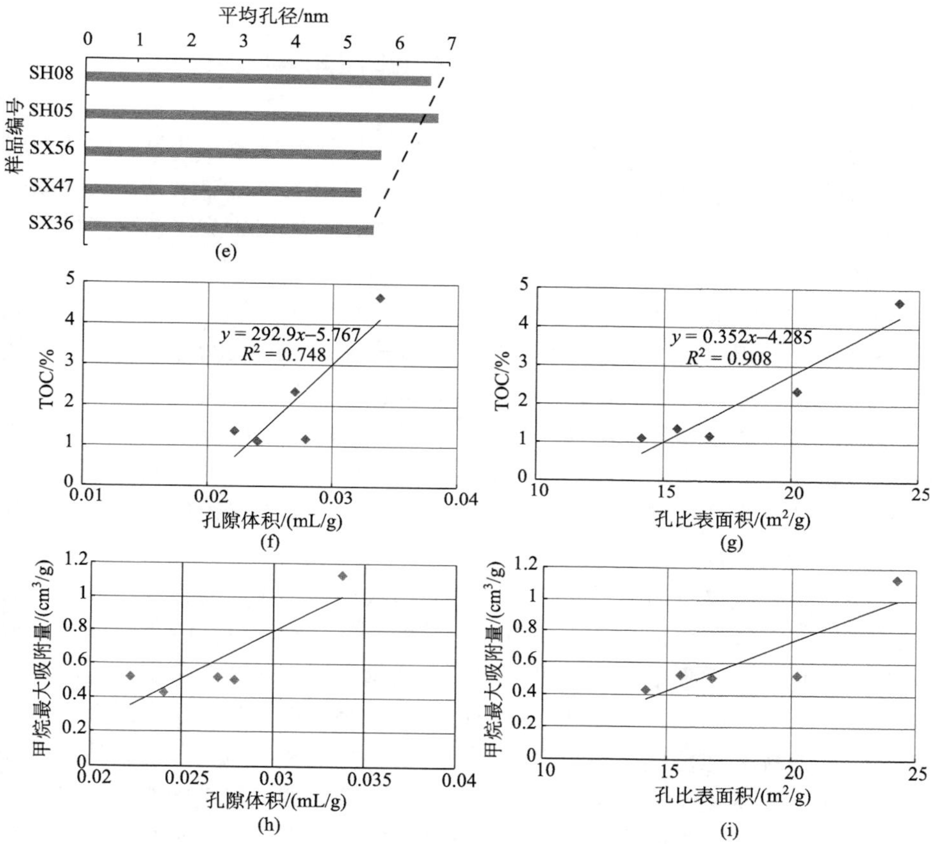

图 5-14　纳米孔裂隙对最大吸附量影响分析

可见，龙马溪组下段由浅至深，随 TOC 增大，孔隙变小，即平均孔径变小后，孔隙体积和孔比表面积增大，为甲烷的吸附增加了吸附位置和空间，影响了页岩气的吸附赋存特征。

纳米孔隙大量存在，特别是与微米级孔隙连接的纳米孔隙网络共同控制了页岩气的赋存和运移机理，由此导致气体热力学状态复杂，使页岩气成藏特征难以用传统达西流模型很好地表达。要精确评估页岩气的资源量，需要准确评估储层的气体孔隙体积，同样应该考虑气体的不同热力学状态；美国页岩气开发实践表明前期的资源评估往往小于实际页岩气产量也是储层纳米级孔隙复杂化的结果。另就开发而言，孔隙形态呈开放状态，有利于压差传递，可提高页岩气的解吸效率和储层渗透率。开发中经压裂后，页岩气易从大量纳米微孔中解吸，提高产量。

第五节　页岩气赋存机理

页岩气赋存受控于生烃物质及其赋存介质等物质的成分、孔隙结构及地层温压条件等因素。上述物质、结构及温压条件本身复杂多变，导致页岩气的赋存形态极为复杂。已有研究表明，页岩气存在吸附态、游离态和溶解态等多种相态；各相态随着源-储地层温压条件的变化，发生相态的动态变化。

图 5-15(a)和(b)表明随着压力的增大，吸附气含量降低，游离气含量增大，溶解态气体含量相对稳定；图 5-15(c)(Hildenbrand et al.，2006)表明不同成熟度类型的有机质在埋深改变的过程中，吸附容量也发生变化。由于龙马溪组在平面上存在构造保存条件差异，不同的构造保存条件(埋深不同、压力不同)下存在不同的含气特征，并形成不同的页岩气聚集特征。可见，页岩气各相态赋存复杂，一定成藏条件下，各种赋存形态的页岩气处于一定的动态平衡体系之中，且各相态之间具有一定的耦合作用。

吸附态页岩气以物理吸附和化学吸附的形式存在。相对而言，物理吸附需要较低的吸附能量，由范德瓦耳斯力引起，过程是可逆的，具有吸附时间短、普遍无选择性特点；化学吸附则需要更高的吸附能量，通常限定在单层，过程是不可逆的，具有吸附时间长、不连续有选择性特点。物理吸附和化学吸附在页岩气吸附态中所处的优势地位随成藏条件、泥页岩本身特征及气体分子等条件的改变而变化。吸附作用从烃类气体生成之时便发生，并且随着生气量的增大，吸附量逐渐增大，直至饱和。吸附作用开始快，逐渐变慢，且吸附在有机质和矿物颗粒表面的分子容易发生解吸作用，转换为游离态和溶解态页岩气；当吸附和解吸速度相当时，吸附态达到动态平衡。吸附态页岩气是页岩气的重要组成部分，泥页岩的吸附能力很大程度上决定了泥页岩中页岩气的富集程度。吸附量是表征泥页岩吸附能力和吸附态页岩气含量的一个参数，其与泥页岩中的有机质、矿物成分、孔裂隙结构、温度和压力等诸多因素有关；由 Langmuir 方程推得吸附态含量可以表示为

$$V_{吸} = V_{\mathrm{m}} bP / (1 + bP)$$

式中，V_{m} 为单分子层体积，与比表面积有关；b 为与温度和吸附热有关的常数；P 为压力。

游离态页岩气则以较为稳定的热力学状态，动态平衡地存在于基质孔隙及裂隙中，受到泥页岩内自由空间及空间围压和温度的显著控制。游离气体从烃类满足自身物质的吸附后发生，并随生烃量的增加逐渐增加，即生烃量大于岩石及有机质对烃类的吸附量，并且克服了泥页岩微孔隙强大的毛细管吸附等因素后，吸

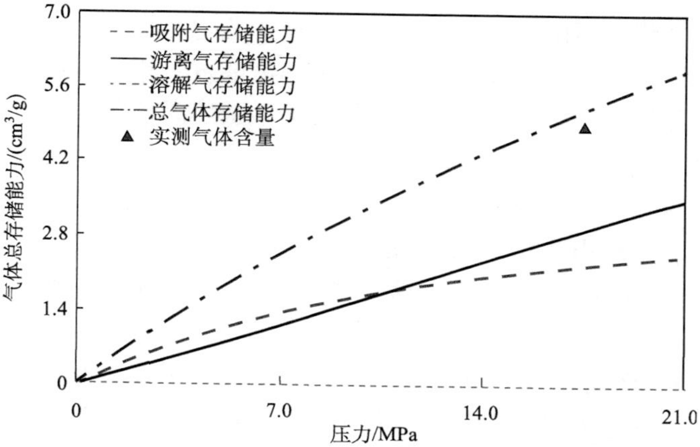

(a) 据Jarive等(2004)修改

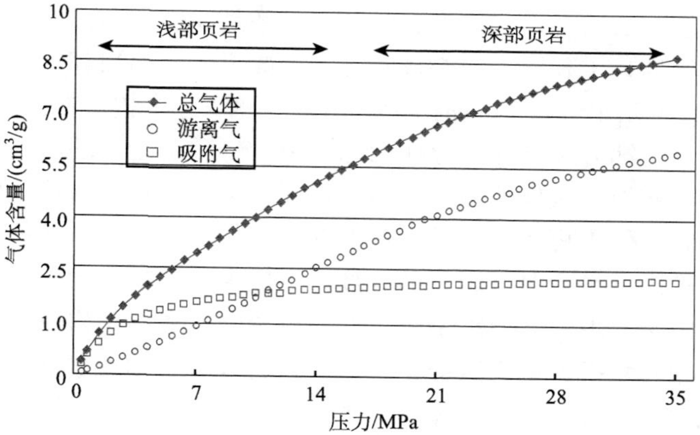

(b) 据EIA(2011)修改

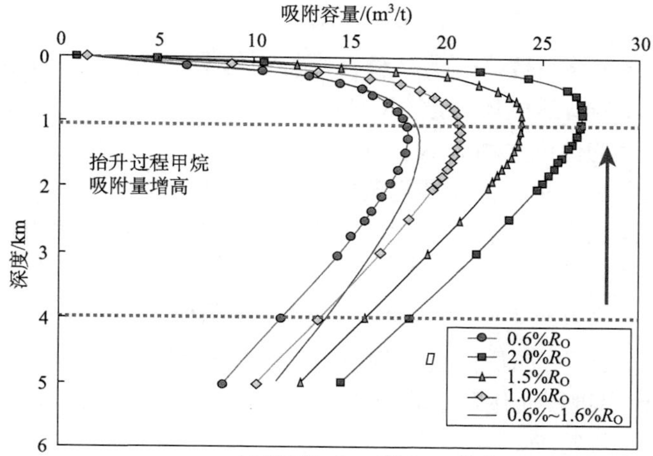

(c) 据Hildenbrand等(2006)修改

图 5-15　页岩气相态转化实例子

附态向游离态转化。但由于吸附态中存在可逆的范德瓦耳斯力引起的吸附，因此当其中的条件发生改变，吸附态与游离态之间就能发生相互转化。游离态页岩气的含量受到孔隙体积、温度、压力和气体压缩系数等因素的影响，由理想气体方程推得游离态含量可以表示为

$$V_{游} = nRTZ / P = MRTZ / \mu P$$

式中，$n = M / \mu$，mol；M 为气体质量，kg；μ 为气体摩尔质量，kg/mol；R 为普适气体常数，8.31J/(mol • K)；T 为热力学温度，K；Z 为气体压缩系数；P 为气体压力，MPa。

随着生烃的发生，吸附的饱和，吸附态和游离态页岩气便存在于页岩气系统之中。但是，溶解态页岩气相对前两者而言，其存在需要具备第三种介质，即液态烃类(沥青等)或残留水。当页岩气满足吸附后，一部分则能溶解于干酪根、沥青和水中。溶解态页岩气以三种方式赋存：一种是间隙充填，即由于分子的扩散作用，页岩气气体分子和液态烃类接触时，扩散进入干酪根和沥青等烃类分子间的空隙之中；一种是水合作用，即由于气体分子和水分子相互作用而形成水-气结合物，且这种结合和分解可逆，存在动态平衡；一种是普通的溶解作用，即由于液态烃和残留水对甲烷气体的溶解作用而赋存。上述三种赋存形式较吸附态和游离态相比均有限，但不可忽略的是，在不同的演化历史阶段，溶解态页岩气的赋存量有显著的不同，也会对页岩气的成藏产生较大的影响。由于溶解度受到温压条件的影响，溶解态页岩气会因温压条件的改变向游离态页岩气转换，并进入游离态和吸附态相互转换的动态过程中。溶解态的含量受到液态烃和水等液态溶剂的温度、矿化度、环境压力及气体等溶质的成分等因素的影响，由亨利定律推得溶解态含量可以表示为

$$V_{溶} = f(Z, C_b, V_b, R, p_b) = ZC_bV_bp_b / P$$

式中，Z 为气体压缩系数；C_b 为气体在液态物质中的溶解度，mol/m^3；V_b 为溶液的体积，m^3；R 为普适气体常数，8.31J/(mol • K)；P 为气体压力，MPa；p_b 为溶质在液态物质上的蒸汽平衡分压，MPa。

因此，当泥页岩生烃量及环境条件发生改变时，吸附态、游离态和溶解态三种赋存机理之间发生相互转化，形成动态平衡系统。根据三者的表示形式，对三者分别赋予相应的赋存系数 α、β 和 γ，则可以将页岩气含量表示为

$$V = \alpha V_{吸} + \beta V_{游} + \gamma V_{溶} = \alpha[V_m bP / (1 + bP)] + \beta(nRTZ / P) + \gamma(ZC_bV_bp_b / P)$$

由于页岩气源岩-储层同层、物质组成差异及其孔裂隙结构的多变，加之沉积环境-成岩作用过程演化及由此形成的孔隙结构的不断演化，致使页岩气赋存具有多相性和复杂性特征。

综上所述，页岩气赋存机理的多相性和复杂性是由页岩气系统自身的性质决

定的。龙马溪组页岩气源-储同层、物质组成差异、沉积环境-成岩作用及孔隙结构演化导致页岩气赋存机理具有多相性和复杂性特点。沉积环境通过控制富有机质页岩的厚度，特别是其中的有机质含量，以及有机质自身具有的微孔结构，提供大量的吸附位，增加吸附量，对页岩气的赋存起到基础性控制作用。在成岩作用中，伊利石含量增大，能增强甲烷的吸附能力。脆性矿物是形成泥页岩孔隙度的主要因素，有机质含量的贡献则位居其次。泥页岩中有机质演化生烃过程中，有机质逐渐消耗，孔隙逐渐增多，使储层的孔隙体积增加；且脆性矿物有很好的造缝和保护孔隙的能力，与有机质演化过程中形成的孔隙体积一起，对底部高孔隙度和孔隙体积的形成具有重要作用。少量残留液态烃类物质和水通过自身对甲烷的溶解作用对页岩气赋存产生影响。

源-储孔裂隙结构对页岩气的赋存具有至关重要的作用。龙马溪组下段由浅至深，随 TOC 增大，孔隙体积和孔比表面积增大，为甲烷的吸附增加了吸附位置和空间，从而影响了页岩气的吸附赋存特征。不同的测试手段均表明，龙马溪组下段，特别是底部，源-储开放性孔多，连通性好；由浅到深，孔隙开放程度增大，连通性增强。这些孔隙结构特征有利于页岩气的解吸、扩散和渗透，对页岩气的赋存，乃至开发均具有重要作用。TOC 是控制龙马溪组页岩气储层中纳米孔隙体积及比表面积的主要内因，也是提供页岩气主要储存空间的重要物质。龙马溪组页岩气储层纳米孔隙主孔位于 2～40nm，对页岩气的吸附能力极强；且有大量的页岩气以结构化方式存在，增加了页岩气的存储量。开放状态的纳米孔可以提高页岩气的解吸效率和储层的渗透率而提高页岩气产量。

扫描电镜下观察到龙马溪组泥页岩内发育有大量的纳米级孔隙。有机质颗粒内的纳米级孔隙发育；平行纹层的富有机质层内有机碎屑颗粒或成岩矿物微粒间局部发育纳米级孔隙，莓状黄铁矿内黄铁矿微晶颗粒间发育有大量的纳米级孔隙；黏土矿物颗粒内部发育有一定数量的纳米级孔隙；胶结不显著的矿物颗粒间也发育有大量的纳米级孔隙。纳米孔隙的大量存在，特别是与微米级孔隙相连接的纳米孔隙网络共同控制了页岩气的赋存和运移机理。

龙马溪组页岩气赋存存在吸附态、游离态和溶解态等多种相态。多种相态随着源-储地层温压条件的变化发生相态的动态变化，且具有一定耦合作用；当泥页岩生烃量及环境条件发生改变时，吸附态、游离态和溶解态三种赋存形态之间发生相互转化，各种赋存形态的页岩气处于一定的动态平衡体系之中。页岩气赋存与成藏过程密切相关，以吸附态和游离态为主要赋存方式，根据与物质成分、源-储地层环境条件、成岩演化等关系分析，页岩气吸附于有机质和黏土矿物颗粒表面游离于基质孔隙和天然微裂隙中，并受到多因素的共同制约和影响，其中吸附态页岩气的赋存因影响因素复杂而更为复杂。

第六章　页岩气成藏机理

页岩气成藏机理是一系列复杂地质过程的耦合，涉及页岩气气源的来源(形成与演化)、赋存的相态、富集的模式三个核心问题。反映成藏机理的要素很多，其中页岩有效厚度、有机质丰度、岩石脆度、成熟度、含气性、孔隙度、深度和构造改造强度等关键要素能从源岩-储层的不同方面体现上述三个核心问题，应作为成藏机理的关键要素予以讨论。地质历史中，页岩气源岩-储层的沉积埋藏史-烃源岩熟化史-构造演化史等演化的有效配置，控制页岩气的成藏历程。本章即从沉积-成岩-构造对页岩气成藏要素的控制入手，以构造演化为主线，研究龙马溪组页岩气的沉积埋藏史-烃源岩熟化史-构造演化史特征和有效配置关系及其对页岩气成藏演化的控制作用，揭示页岩气的成藏机理。

第一节　页岩气系统及其“源岩-储层-盖层”组合

龙马溪组页岩气系统属于典型的自生自储系统，集“源岩-储层-盖层”于一体，“生烃、排烃、运移、聚集和保存”全部发生在此综合系统内部。

(一) 源岩-储层发育厚度大，区域分布稳定

第三章第二节中已经详细分析了龙马溪组及其下段黑色富有机质页岩的发育和展布情况，研究区除南部盆地边缘剥蚀区和靠近乐山—龙女寺古隆起区域外，其余地区厚度较大，分布稳定；特别是下段富有机质页岩段大部分地区均超过80m，是源岩-储层的主体，也是龙马溪组页岩气系统的基础。

(二) 盖层稳定，封闭性能好

页岩通常致密，具有极低的孔隙度和渗透率，页岩本身或者页岩上覆的致密岩石均可以作为页岩气的盖层，比如美国阿巴拉契亚盆地和沃思堡盆地是以页岩本身作为盖层的，圣胡安盆地以斑脱岩作为盖层，密歇根盆地则以冰碛物作为盖层，伊利诺伊盆地以页岩和碳酸盐岩作为盖层(Curtis，2002)。

从盖层宏观封闭性看，龙马溪组上段为灰、灰绿、黄绿色泥岩夹薄-中厚粉砂岩或薄层泥灰岩，夹黄灰色泥灰岩透镜体或薄层，以泥岩为主体；其上覆石牛栏组主要为泥灰岩及生物灰岩夹钙质页岩，韩家店组主要为页岩、粉砂质页岩夹粉砂岩。作为盖层，泥页岩封闭性能仅次于膏盐岩，孔隙度、渗透率低，扩散系

数小，封盖能力强。龙马溪组本身由于热演化程度高，黏土矿物组成中以非膨胀性成分伊利石为主，在构造改造强度相对弱的稳定区域，裂隙较不发育，可以作为较好的盖层。龙马溪组上覆石牛栏组和韩家店组在研究区横向上分布稳定，厚度大于 250m，垂向上均质性强；加之研究区后期构造运动对志留系盖层影响波及的范围小，大部分志留系盖层埋藏深度超过 2000m，下伏源岩生成的页岩气能有效地被封闭。本区志留系地层以巨厚的泥、页岩为主，塑性大，各构造地震剖面图显示，除深大断裂穿志留系地层外，志留系上下地层中的断层一般均尖灭于志留系地层，在历次构造活动中都起着缓冲作用，断裂破碎不是很强烈，以塑性变形为主，有利于龙马溪组页岩气的保存。

从浓度封闭条件看，龙马溪组黑色页岩上部为一套厚度较大的低有机碳页岩与粉砂岩组成的地层，既是盖层又是烃源岩。进入生烃门限后，上部烃源岩处于生气阶段时，产生一定浓度的气态烃(页岩气)。此部分页岩气在达到岩石自身吸附饱和后，游离于孔裂隙之中，浓度达到一定程度，有向上或向下迁移的可能性，不仅减小了与龙马溪组下部黑色页岩生烃浓度的差异，同时阻止了下伏富有机质页岩段生成的页岩气向上散失。盖层对龙马溪组页岩气的扩散起了一定的封闭作用，使龙马溪组下段页岩气通过上段盖层的扩散相对变弱。威远气田、资阳及利 1 井下古生界油气勘探研究成果表明志留系泥质岩不存在超压作用。因此，盖层烃浓度封闭模式(即气藏盖层也为烃源岩)对下伏龙马溪组页岩气的扩散起到了一定的封闭作用，具有较好的封盖和保存条件。

因此，龙马溪组存在区域岩性封闭和浓度封闭等类型的封盖保存条件，对页岩气藏的封闭和保存具有重要贡献。综上所述，四川盆地南部地区龙马溪组(下段富有机质页岩段)具有良好的“源岩-储层-盖层”三位一体组合，具备页岩气系统的基础成藏条件。

第二节　沉积-成岩-构造控制下的关键成藏要素及其配置

表征页岩气系统的成藏的要素很多，其中页岩有效厚度、有机质丰度、岩石脆度、成熟度、含气性、孔隙度、深度和构造改造强度等是龙马溪组页岩气成藏的关键要素，也直接受控于沉积环境-成岩演化-构造演化历程(图 6-1)。因此，分析基于沉积-成岩-构造控制下的页岩气成藏关键要素及其配置关系，对页岩气成藏具有基础作用。

(1) 沉积环境控制了页岩气生-储-盖体系沉积的物质基础，决定了源-储页岩有效厚度、有机质丰度及岩石脆度。

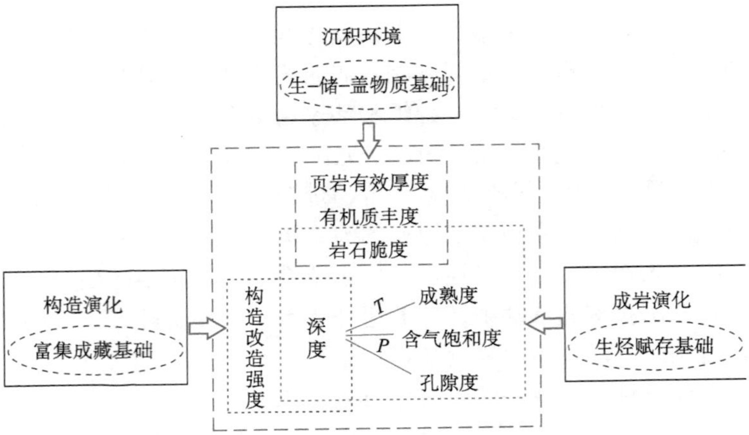

图 6-1　基于沉积–成岩–构造控制下的关键成藏要素及其配置关系示意图

龙马溪早期继承五峰期沉积特点，主体为局限的泥质深水陆棚沉积，发育黑色碳质页岩、硅质页岩和黑色、灰黑色页岩。泸州—永川为龙马溪早期的一个沉积中心，形成了泸州—南川—黔江的陆棚边缘滞水盆地沉积特征，此间形成的页岩厚度大、TOC 高、有机质类型好。龙马溪晚期，沉积格局发生大的变化，浅水陆棚成为主体沉积环境；泥质深水陆棚范围则大幅收缩，仅在泸州—綦江一线发育，泸州—永川等地区依旧为一个沉积中心。泥质深水陆棚分布于泸州—綦江一线，岩性以灰黑色泥岩为主；泥质浅水陆棚主要岩性则为灰绿色、黄绿色泥岩；主要为分布于长宁—古蔺—綦江一带的灰泥质浅水陆棚，岩性则以灰黑色钙质页岩夹薄层泥灰岩或透镜体的沉积组合为主。正是这种沉积环境特征，形成了以沿 NE 向展布的龙马溪组黑色页岩分布特征，并决定了有机质特征和矿物成分特征，为页岩气的形成奠定了物质基础。

(2) 成岩演化是源岩生烃和页岩气赋存的基础，决定了成熟度、孔隙度、含气饱和度、岩石脆度和埋藏深度。

龙马溪组的形成经历了 5 个沉积演化阶段，伴随着这 5 个沉积演化阶段的发生，成岩作用相应发生。泥质岩成岩作用过程中伴随着岩石压实、黏土矿物转化、烃类生成、孔隙结构演化等过程，随着埋深的增加，伊/蒙混层或蒙/混层逐渐转化为伊利石或绿泥石，有机质生成油气，孔隙结构、矿物成分发生变化。早期成岩阶段，埋深相对较小，地温较低，有机质演化程度低，未进入“生油窗”，R_o 小于 0.5%，部分地区可发育生物化学成因气藏；中期成岩阶段，埋藏深度较大，地温增加较快，有机质演化程度较高，最终 R_o 超过 2.0%，进入高–过成熟阶段；晚期成岩阶段，埋深很大，地温较高，有机质演化程度高，R_o 大于 2.0%，进入过成熟阶段；随埋深加大，有机质达到高成熟阶段且裂解生成干气。这种成岩演化，埋藏深度变化，成熟度增大，岩石成分不断转化使孔隙结构和岩石脆度变化，烃类物质生成使含气饱和度变化，从而奠定了页岩气生烃和赋存的基础。

(3)构造演化是页岩气富集成藏的基础，决定了埋藏深度和构造改造强度。

构造发育演化上，四川盆地南部经历了伸展—收缩—转化的早古生代原特提斯扩张-消亡旋回(加里东旋回)、晚古生代—三叠纪古特提斯扩张-消亡旋回(海西—印支旋回)和中、新生代新特提斯扩张-消亡旋回(燕山—喜马拉雅旋回)3个巨型旋回，经历了震旦纪—早奥陶世加里东早期伸展阶段、中奥陶世—志留纪加里东晚期收缩阶段、晚古生代—三叠纪海西—印支期伸展阶段、侏罗纪—早白垩世燕山早—中期的总体挤压背景下的伸展裂陷阶段和晚白垩世—古近纪—新近纪喜马拉雅期挤压变形阶段 5 个沉积演化阶段，控制了龙马溪组页岩气从源岩的沉积到气体的生成赋存、构造的改造调整直至富集成藏的整个过程。

第三节　基于源岩-储层综合评价的有利区优选

在页岩气系统和“源岩-储层-盖层”系统分析基础上，认为四川盆地南部下志留统龙马溪组具备页岩气系统的基础条件。龙马溪组底部黑色泥页岩段是优质的源岩层，也是良好的储层，是龙马溪组页岩气生成、聚集成藏的有利场所。这是基于源岩-储层综合评价基础上获得的复合信息。

因此，结合龙马溪组下段黑色泥页岩段厚度、空间展布特征、有机碳含量分布特征及与区域沉积环境的关系，泥页岩含气性与 TOC 含量的关系，沉积埋藏与构造演化的关系，以黑色泥页岩的厚度作为有利区优选考虑的首要基础关键因素(厚度的确定综合考虑 TOC 含量大于 2.0%、孔隙度大于 4.0%和脆性矿物含量大于 50%的厚度)，并结合构造稳定性和经济技术可采深度(小于 4000m)，对研究区龙马溪组页岩气有利区进行预测(图 6-2)。

研究区除宜宾东北部、纳溪南部及靠近乐山—龙女寺古隆起和研究区南缘，或因剥蚀，或因埋深过大，或因页岩厚度较小，较不利页岩气成藏外，其余地区均具有页岩气成藏的有利基础条件。以黑色页岩厚度大于 100m 且埋深小于 3000m 为有利区(图中黑色圈闭区域)，有利区面积约 5100km^2；以黑色页岩介于 50～100m 且埋深介于 3000～4000m 为较有利区(图中灰色圈闭区域)，较有利区面积约 12600km^2。研究区总面积约为 35400km^2(包括古隆起 530km^2 和剥蚀区 540km^2)，有利区和较有利区分别约占含页岩气区域面积(34330km^2)的 14.9%和 36.7%。优选的两个有利区位于泸州东北及其以北地区，大致沿 NE 向展布。

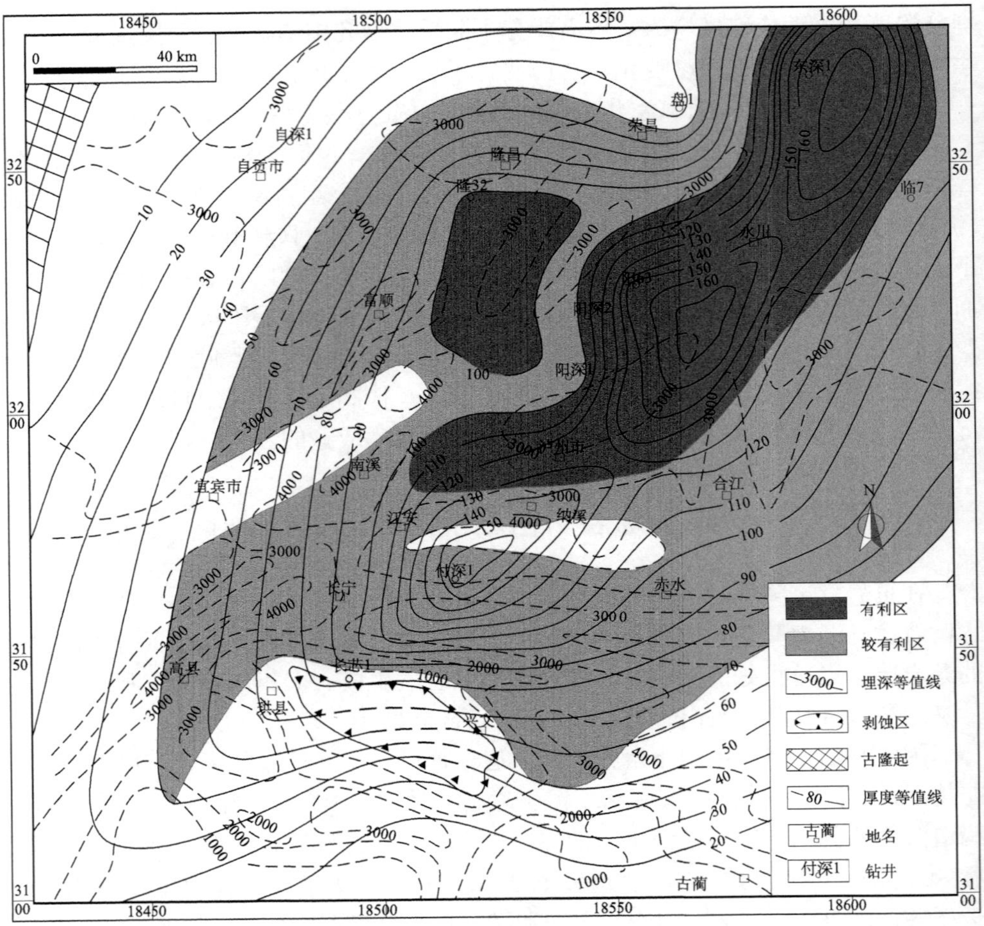

图 6-2　龙马溪组页岩气有利区预测图

第四节　沉积埋藏史-成熟演化史-生烃作用史有效配置

一、四川盆地志留系成熟-生烃演化

由于中、上扬子地域辽阔，构造区块众多，构造演化复杂，导致区域构造演化存在一定的差异性，也导致区域上志留系烃源岩在不同地域经历了各自不同的构造-埋藏史、成熟-生烃史。龙马溪组页岩作为储层，其页岩气的成藏与龙马溪组烃源岩自身的成熟-生烃演化有着密切的关系。因此，研究龙马溪组黑色页岩烃源岩（页岩储层）的成烃演化，对龙马溪组页岩成藏史研究有很好的指导作用。

区域研究表明，志留系龙马溪组黑色页岩成熟-生烃大致经历了 5 个阶段。

(一)加里东期

晚奥陶世，中国南方扬子板块受宜昌运动的影响，盆地开始收缩，沉积水体逐渐变浅，到早志留世，海水开始后退。中、晚志留世时，受加里东运动影响，华南和扬子区基本上整体隆升成陆，并遭受一定量的剥蚀，在扬子区形成了“大隆大拗”的构造格局。当时，志留系的残存区主要分布在川、渝、湘、鄂四省，少量存在于陕西南部和贵州北部地区。

加里东期形成的古隆起主要有江南古隆起、黔中古隆起、乐山—龙女寺古隆起、汉中—大巴山古隆起。四川盆地乐山—龙女寺古隆起在其核部志留系大面积缺失，同时在其南东侧形成了拗陷区，两者相对隆升幅度超过1200m。在扬子板块与华南板块的碰撞作用下，在川东—湘鄂西地区形成了巨厚的前陆拗陷沉积，湘鄂西地区志留系厚度最大达到1800m左右，也就是说志留系龙马溪组底部的埋深最大在1800m。该期烃源岩的埋深主要取决于志留系的厚度，总体来说南方地区残余志留系沿乐山—龙女寺古隆起、汉中—大巴山古隆起、黔中古隆起边缘由西向东方向逐渐变厚。

根据烃源岩演化规律，依据实测烃源岩样的等效镜质组反射率，结合古地温场分析，利用Easy%R_o数值模拟技术，反演得到各个构造期次的烃源岩成熟度值。研究表明，志留纪时古地温场正常，古地温梯度约30℃/km，由于当时烃源岩的埋藏并不深，有机质的受热温度相对较低，大约在50～60℃，烃源岩的成熟度较低，均处于未熟阶段，还未进入生烃门限(R_o=0.5%)。其成熟程度与志留系的埋深紧密相连，即受志留系厚度控制，由各个古隆起区向外逐渐加大，故在川东南拗陷区反射率值达到0.3%左右[图6-3(a)]。

(二)海西期

受加里东运动和柳江运动影响，扬子主体持续整体抬升，志留系长期接受风化剥蚀，同时扬子区东部地貌逐渐被夷平，受全球海平面上升和早泥盆世后期构造伸展引起盆地基底沉降的影响，NE及NW向深大断裂开始出现拉张，海水入侵。该阶段盆地演化基本受控于基底构造。

到晚泥盆世早期，海水扩张范围加大，大致覆盖了扬子南部、中部地区，上扬子中北部仍为隆起状态。晚石炭世，海侵加剧，淹没江南隆起带和中扬子中部地区。

晚石炭世的云南运动后，本区域构造发生了较大的变化，除扬子板块北缘仍继承了大陆边缘环境外，扬子区基本隆升成陆，沉积间断，遭受风化剥蚀，大致演化成北高南低、西高东低的构造格局。川东中部开江—梁平一带隆起带沿NE向延伸发育，石炭系剥蚀殆尽。但是总的来说，加里东运动后，中上扬子区的大

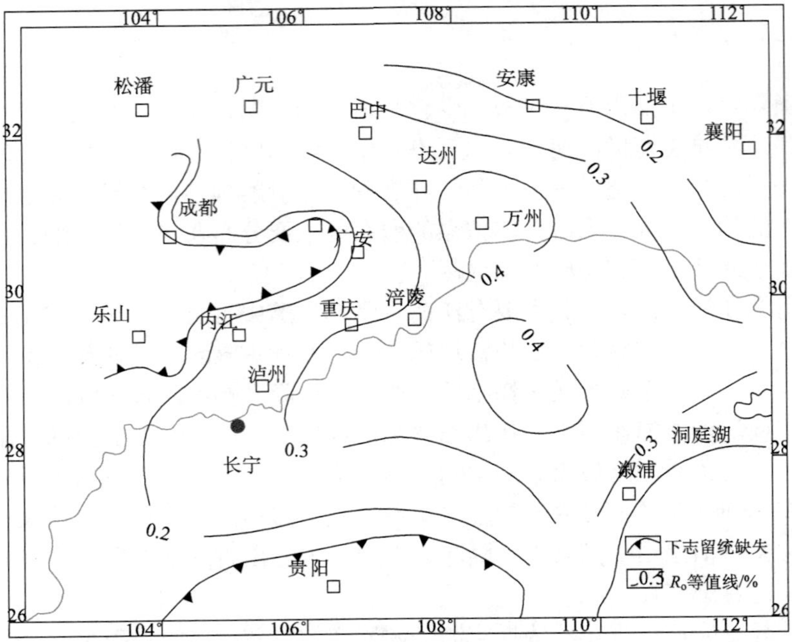

(a) 加里东末

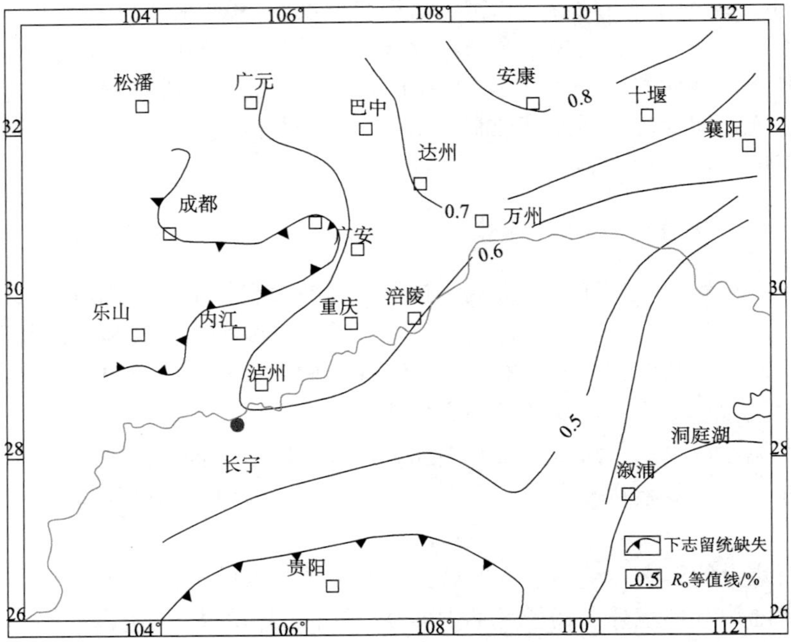

(b) 海西期末

图 6-3　四川地区龙马溪组底烃源岩成熟度展布(一)

部分地区长期以抬升剥蚀为主，全区内的泥盆-石炭沉积均不多，所以对志留系烃源岩的埋深影响不是很大。

二叠纪，南方大部分地区出现沉降，接受沉积。早二叠世末的东吴运动使钦防海槽开始关闭，区内由扬子东南部开始出现隆升局面。除了华夏古陆外，云开古陆、川滇古陆相继隆起。同时，川滇中西部发育二叠系峨眉山大陆玄武岩喷发裂陷运动(峨眉山地裂运动)，此次运动的前期发展阶段始于泥盆纪，但是到中二叠世晚期-晚二叠世早期才达到玄武岩喷发高潮，包括四川盆地在内的上扬子地台西南缘发育陆内裂谷并伴有大面积玄武岩喷发，峨眉山玄武岩广泛分布于川、滇、黔、桂诸省区，覆盖面积约 300 000km^2，此次运动主要受断裂控制。本区玄武岩主要发育在川西南地区，位于大部分志留系烃源岩沉积分布区之外，且以披盖式分布为主。由于岩浆热向下的热传导作用比往上的影响要小得多，而且在岩浆分布区有 1000m 以上的志留系-二叠系沉积，故只有在主喷发区周围烃源岩的演化受到影响，总体区域上影响不是太大。到二叠纪末，在川东南地区，除泸州一带相对于两侧为古隆起，其他地区仍为拗陷区，志留系底部烃源岩埋深约在 2300m，到达开江—梁平隆起带，因与之前的川东—湘鄂西拗陷沉积相互抵消，故该区域志留系底部烃源岩埋深与周边区域并无太大差异，也在 2100～2300m。

由于泥盆纪-石炭纪沉积厚度在区域向北侧呈逐渐增厚的趋势，故志留系烃源岩埋深往北也有加大的趋势，深度应在 2500m 以上。

受川滇中西部峨眉山地裂运动影响，玄武岩大量喷发，本区的西南部分地区在二叠纪时地温梯度达到 3.5℃/100m 以上，龙马溪组受热温度约 100℃，热演化程度普遍大于 0.5%，进入生烃门限。区域东端和北端烃源岩演化还是主要受埋深影响，各自都有增大趋势，重庆一带 R_o 值达到了 0.6%，往 NE 方向还有增大的趋势，到四川以北的安康一带，其成熟度可能达到 0.8%以上[图 6-3(b)]。

(三)印支期

东吴运动后，随着早三叠世强烈的陆内裂陷活动，该时期本区以差异隆升为主，隆起区演化成碳酸盐岩台地，拗陷区发展为台盆，靠近华夏古陆侧发育浅水三角洲。

受中三叠世末的印支运动影响，扬子地区全面隆升，本区海相地层发育基本结束。此外扬子与华北陆块完全拼合在一起，而且使印支地块和三江地区分别与华南和扬子陆块相拼合。

在东吴运动后形成的开江—梁平古隆起在印支期为继承性发育，此时在附近形成的还有石柱古隆起。在中三叠世末的印支运动早幕，开江—梁平古隆起转为NNE 向发育，它与石柱古隆起一起在西南与泸州古隆起，在北与大巴山古隆起以鞍部相接。古隆起核部地区志留系烃源岩的埋藏深度为 3400m 左右，烃源岩的受热温度可达 120℃左右，由开江、石柱古隆起往东至湖南地区，其埋深逐渐增大到 4600m 左右，受热温度可高达 150℃。

在埋深及地温梯度的控制下，三叠纪末，泸州、开江、石柱三大古隆起核部的志留系烃源岩成熟度基本上都达到了 0.8%，以其为中心，外围地区则达到了 0.9%。随着埋深的加大，往东到湘鄂一带成熟度最高已经达到 1.1%[图 6-4(a)]。

（四）燕山期

燕山期内可分为燕山早期和燕山晚期两个阶段。晚三叠世末，龙门山、大巴山进一步冲断、褶皱成山，在拗陷区则侏罗纪-白垩纪开始接受沉积。

早侏罗世，龙门山与大巴山开始强烈的抬升，沉积中心在广元—巴中—万县一带，呈近 EW 向展布。到中侏罗世早期，南方的沉积格局基本不变，到中期受燕山早幕的影响，沉积格局发生一定的变化，沉积厚度呈东厚西薄的特点，沉积中心主要位于大巴山前缘的万源—达县—万县一带。晚期四川盆地东侧全面抬升，成为物源供应区，开县、忠县地区成为沉积中心，万源地区可达 2000m 以上，开县一带为 1500m 左右。

晚侏罗世早期，四川盆地以湖泊沉积为主，沉积厚度稳定在 300～500m。到晚侏罗世末，沉降中心往西方向迁移。总的来说，南方地区侏罗系沉积厚度有由西南方向向北东方向递增的趋势。

三叠纪和侏罗纪期间南方地区以沉降为主，接受了巨厚沉积，志留系烃源岩也以较快的速度深埋，热演化程度急剧升高，根据 Easy%R_o法模拟结果表明在早中侏罗世烃源岩反射率就达到了 1.3%，已过了生油高峰，生气量显著增加。

晚侏罗世末，南方地区志留系烃源岩成熟度普遍达 2.0%以上，古隆起及其余边缘地区由于埋深较小，演化程度不高，在万县 NE 方向侏罗系沉积中心及各个古隆起之间的相对拗陷区域，成熟度最大达到了 2.5%左右[图 6-4(b)]。

到燕山晚期，白垩系底与下伏侏罗系为假整合接触，与上覆古近系和新近系为连续沉积整合接触。白垩系是在已经缩小了的湖盆基础上沉积的。早白垩世时南方四川盆地的大部分地区可能仍处于隆起状态，没有接受沉积，只是在川西、川西北沉积有天马山组。晚白垩世(夹关期和灌口期)湖盆范围扩大，有较广泛的沉积，物源区主要是龙门山古陆，其次为康滇古陆，沉降中心都在古陆前缘，分别形成川西、川北、川南及西昌等凹陷。燕山运动晚幕的影响使晚白垩世沉积中心转移至四川盆地西南。

研究区内下白垩统沉积并不广泛，现今大部分地区都没有发现残余的下白垩统，仅在四川盆地北部和重庆南部、贵州北部及宜昌东南部存在下白垩统残余沉积。由于南方各大古隆起均具有继承性发展的特点，结合白垩系厚度分布与白垩纪前志留系烃源岩埋深，绘出白垩纪末志留系烃源岩埋深等值线图。泸州、万县

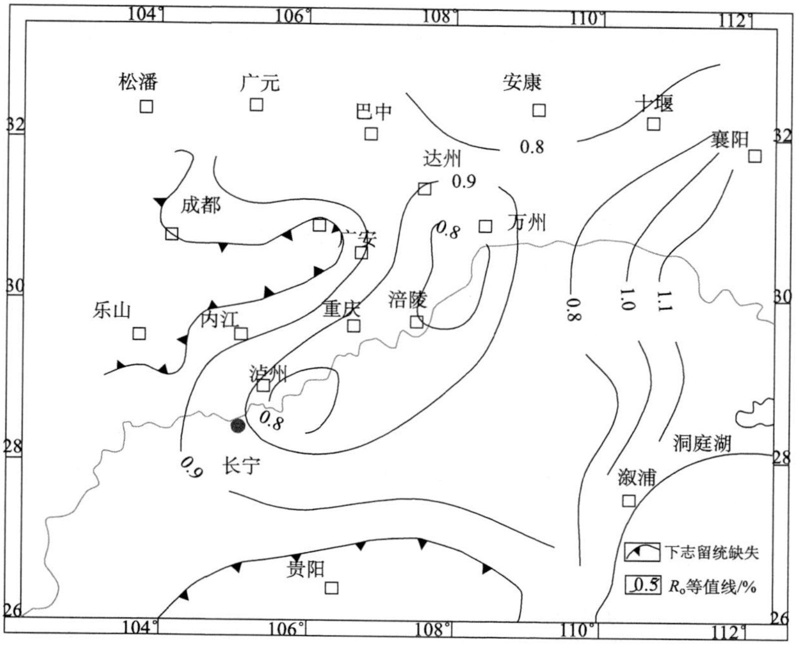

(a) 印支期末

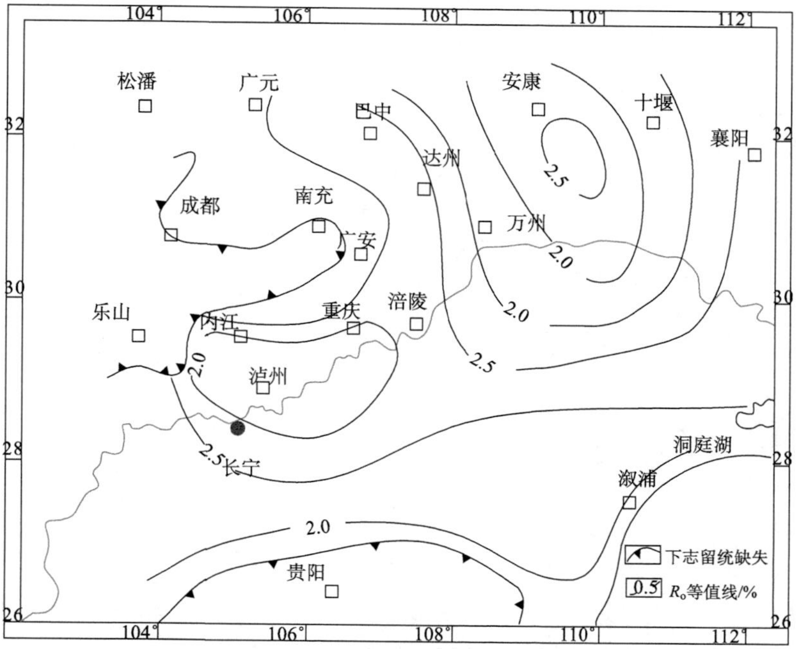

(b) 燕山早期末

图 6-4 四川地区龙马溪组底烃源岩成熟度展布(二)

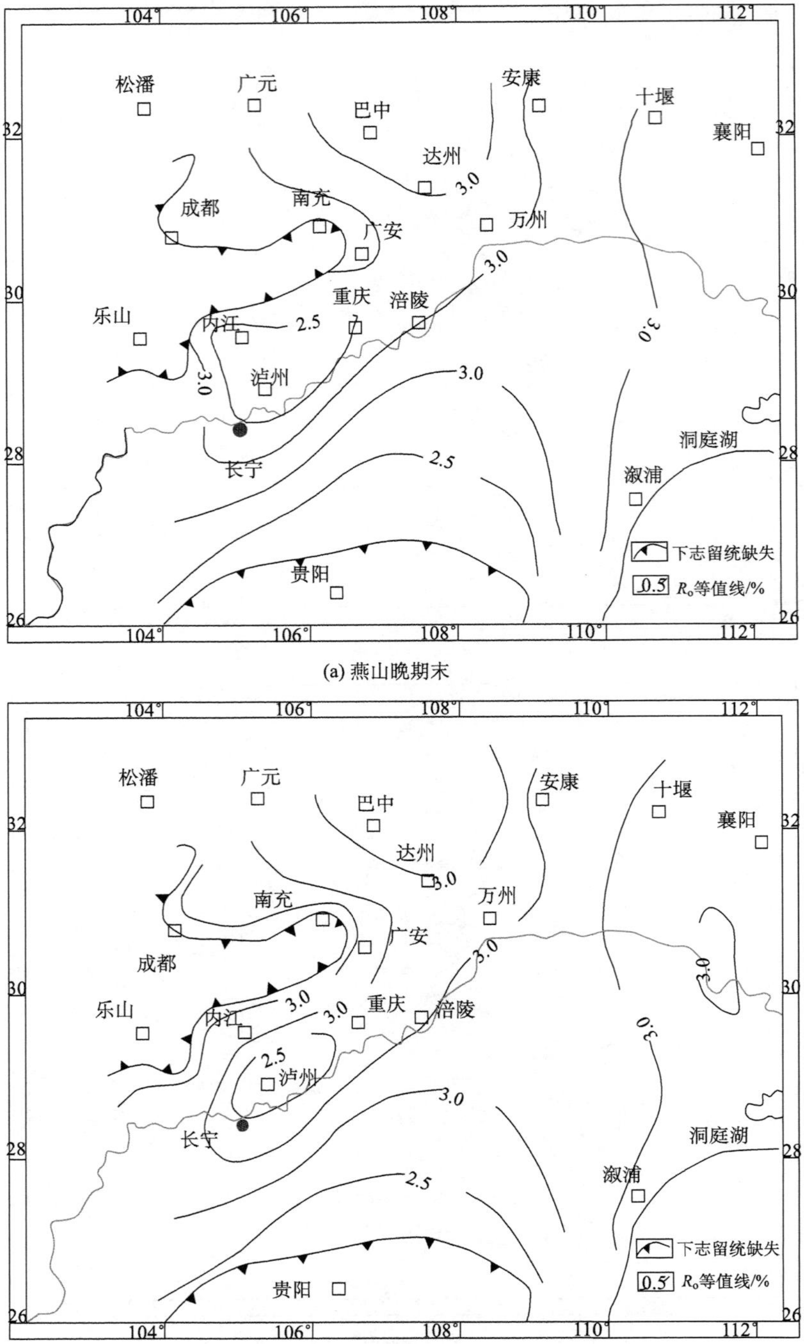

(a) 燕山晚期末

(b) 现今

图 6-5　四川地区龙马溪组底烃源岩成熟度展布(三)

地区仍然埋深较浅，在 6600m 左右，总体的埋深值趋势是东深西浅，在湘鄂地区甚至达到了近万米。研究区志留系烃源岩基本上在晚白垩世达到最大埋深，到白垩纪末，有机质的热演化程度也基本定型。

南方各区经历的构造演化阶段不一，但龙马溪组在燕山期末普遍达到最大埋深，其受热温度普遍超过 200℃，烃源岩成熟度、生烃演化基本定型，泸州与万州地区由于受古隆起继承性发展的影响，继续作为相对低演化区，热演化程度在 2.5%左右，其余地区高者达到了 3.0%以上，进入了热演化的过成熟阶段(图 6-5)。

(五)喜马拉雅期

喜马拉雅期南方较大规模隆升剥蚀，使新近系与下伏地层角度不整合。新近纪开始，受青藏高原隆起影响，本区受 EW 向应力挤压，使三江和上扬子地区整体隆升，中下扬子地区普遍抬升，仅在相对低洼处沉积了拗陷型披盖性沉积(以河流相为主)。

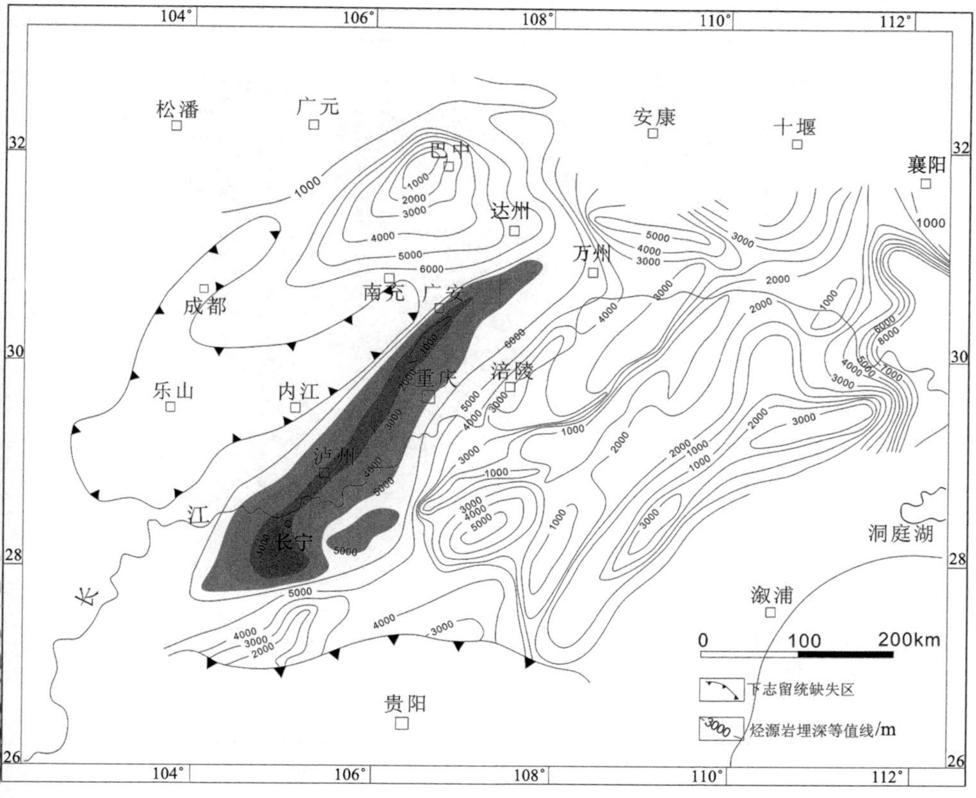

图 6-6　四川盆地志留系龙马溪组底现今埋深展布图

在整个南方地区，喜马拉雅期的整体隆升幅度巨大，平均剥蚀了 2000～4000m 的地层，部分区域志留系甚至出露地表，特别是后期构造活动剧烈的地方，而大部分地区则直接出露了侏罗系地层，白垩系地层也大面积被剥蚀，导致志留系烃源岩的埋藏深度在区域上发生较大的分异(图 6-6)，但志留系龙马溪组的成熟度与生烃演化基本为停滞状态。

二、龙马溪组“三史”特征

在上述整体研究基础上，沿南北方向选择长宁双河地区、泸州古隆起区和自贡自深 1 井三个地区，对龙马溪组页岩成熟-生烃演化进行深入的剖析。

(一) 双河地区

双河地区位于长宁县境内，研究表明，双河地区的龙马溪组自沉积以来总体的构造演化均属长期振荡沉降、短期抬升型，长期深埋和期间的岩浆活动等热事件导致了有机质成熟度的不断增高(图 6-7)。

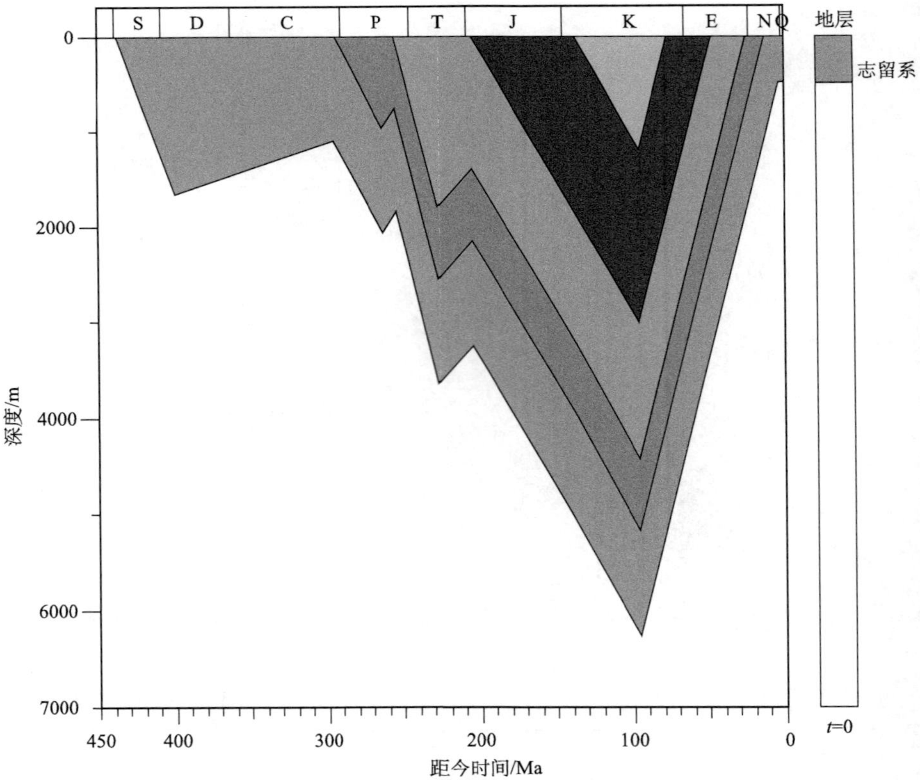

图 6-7　长宁双河地区志留系龙马溪组埋藏史

结合 Easy%R_o 数值模拟技术与四川盆地古地温梯度相关资料，对双河地区志留系龙马溪组有机质的成熟度演化进行模拟，揭示志留系烃源岩在地质历史中的成熟演化历程(表 6-1，图 6-8)。

表 6-1　双河地区龙马溪组底部页岩成熟度演化模拟(龙马溪组底 R_o=2.68%)

构造演化阶段	埋深/m	受热时间/Ma	受热温度/℃	热力学温度/K	R_o/%	log(R_o)
加里东期	0	0	15	288.00	0.22	–0.665
	1660	28	64.8	337.80	0.40	–0.399
海西期	1100	143	48	321.00	0.47	–0.331
	1800	161	69	342.00	0.47	–0.325
	2056	175	87	360.00	0.54	–0.266
	1850	183	70.5	343.50	0.56	–0.255
	2150	188	79.5	352.50	0.56	–0.253
印支期	3650	211	124.5	397.50	0.80	–0.098
	3260	220	112.8	384.28	0.83	–0.079
	3560	233	121.8	394.80	0.86	–0.064
燕山期	5067	301	167	440.00	1.63	0.212
	6267	373	203	476.00	2.59	0.413
喜马拉雅期	500	438	30	303.00	2.68	0.429

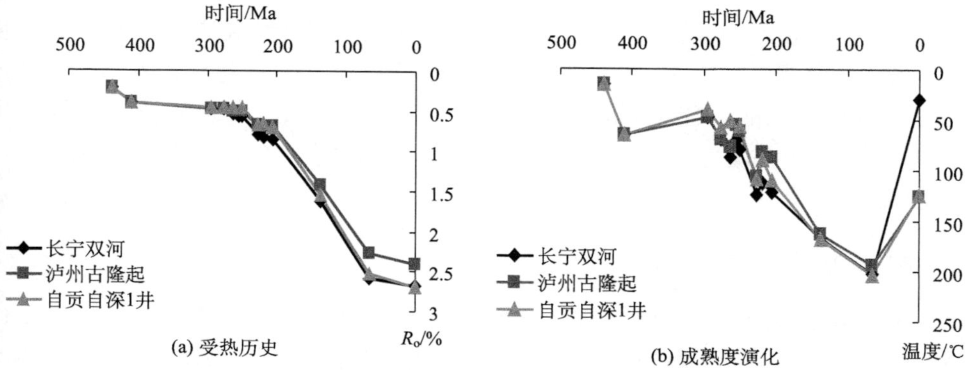

图 6-8　龙马溪组底部页岩受热-成熟演化

模拟结果表明，受构造控制，本地区烃源岩经历了长期的持续深埋，受热温度呈阶段性变化，龙马溪组页岩成熟度呈阶段性升高，主要分为以下五个阶段。

1. 加里东期

自志留系沉积以来，一直延续到志留纪末，其沉积厚度可达1660m，当时地壳相对稳定，属正常地温场，约 3℃/100m，龙马溪组底部有机质受热温度约在65℃，烃源岩尚未进入成熟阶段(R_o约为0.4%)；晚期，受加里东运动的影响，研究区整体地壳上升，志留系受到不同程度的剥蚀作用，龙马溪组页岩埋藏变浅。

2. 海西期

进入海西期，研究区仍持续地以抬升作用为主，缺少了泥盆纪-石炭纪沉积记录，直到早二叠世，地壳再次下降而接受沉积，龙马溪组又一次被深埋。西南地区在中二叠世末—晚二叠世早期发生广泛的玄武岩喷溢，在川西南攀枝花裂谷处玄武岩沉积厚度最大可超过2000m，向东逐渐减薄，到研究区变化在1～200m，玄武岩喷溢后，发生短暂的剥蚀，导致研究区玄武岩残留厚度约50m，随后又沉积了包括龙潭组煤系在内的上二叠统地层，龙马溪组被又一次深埋，研究区超过2100m，因受玄武岩喷发而引起区域地温场升高，二叠纪晚期的古地温梯度可大于3.5℃/100m，龙马溪组有机质受热温度达80℃左右，发生初次成熟生烃作用(R_o达0.56%)，生烃门限深度约在2000m，但生烃量极为有限。

3. 印支期

到印支期，本区地温又趋于正常，地温梯度约3℃/100m，随着上覆地层的不断沉积，龙马溪组不断被深埋，有机质受热温度不断提高，有机质不断熟化，长宁地区龙马溪组烃源岩在中二叠世末有机质成熟。到中三叠世末，龙马溪组埋藏深度已超过3600m，期间有机质发生大幅度变化，成熟度R_o达0.8%，开始大量生油，受印支运动影响，地壳发生短暂抬升，剥蚀了约400m地层，有机质生烃作用停滞。

4. 燕山期

进入燕山旋回，研究区总体处于挤压的构造环境，具前陆盆地性质，沉积作用广泛发生，沉积了巨厚的侏罗系-白垩系，龙马溪组被继续深埋，有机质成熟度进一步升高，末期长宁地区龙马溪组R_o值达到2.59%，生气量不断增大。

长宁地区志留系烃源岩在燕山晚期最大埋深超过6000m，有机质最高受热温度超过200℃，产生大量的天然气，是龙马溪组页岩气的主要成藏期。

5. 喜马拉雅期

这一时期主要以抬升、剥蚀为主，志留系龙马溪组在喜马拉雅早期，成熟演化很微弱，基本停止，储层成熟度与有机质熟化基本定形于燕山期，喜马拉雅期主要的储层改造和已经成藏的页岩气进入再调整、重新分配阶段，由于抬升幅度较大，局部地区不仅志留系被剥蚀，甚至已经剥蚀出露了寒武系，如珙长背斜核部。

(二)泸州古隆起区

泸州古隆起属印支期古隆起，其雏形受中二叠世东吴运动的影响，伴随华蓥山断裂的张裂运动而形成，并导致下二叠统地层遭受不同程度的剥蚀；在晚二叠世—中三叠世，泸州古隆起以水下隆起形式存在，受印支运动影响，泸州古隆起定型；燕山早—中期，泸州古隆起转化为负向构造接受了较大的侏罗系-白垩系沉积；燕山晚期—喜马拉雅期，泸州地区地壳不断抬升，龙马溪组页岩埋藏逐渐变浅(图 6-9)。

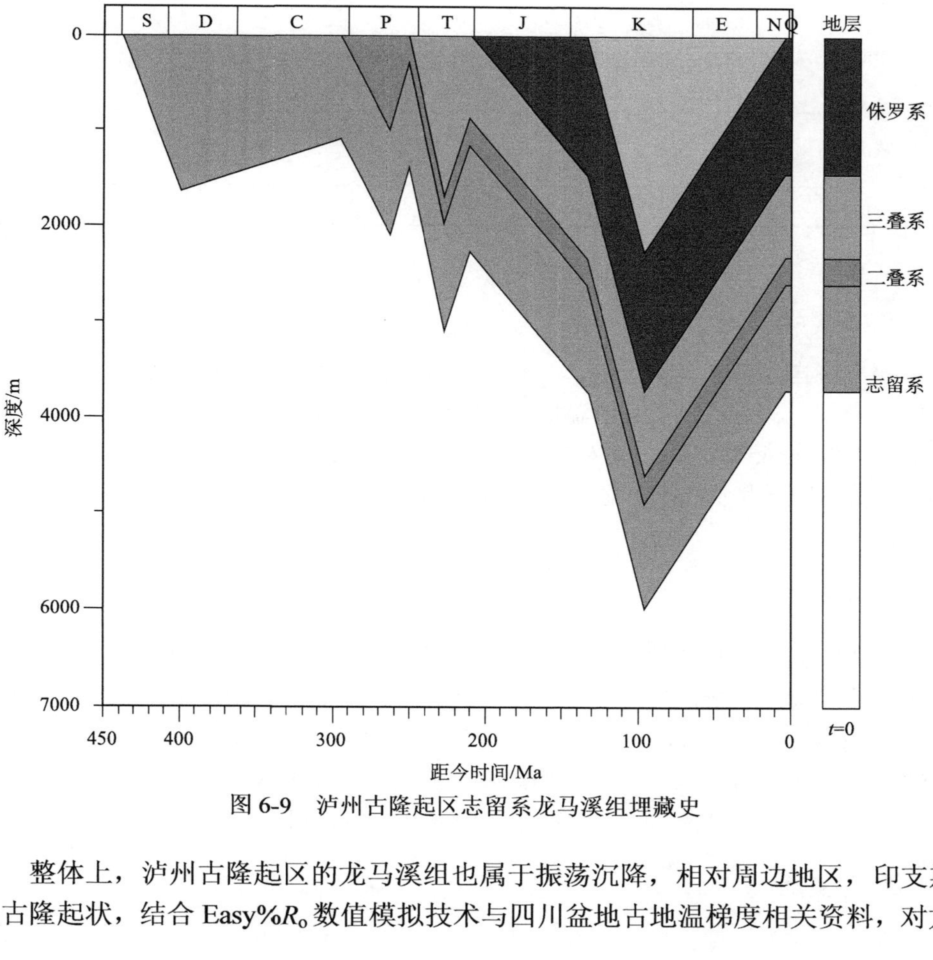

图 6-9　泸州古隆起区志留系龙马溪组埋藏史

整体上，泸州古隆起区的龙马溪组也属于振荡沉降，相对周边地区，印支期呈古隆起状，结合 Easy%R_o 数值模拟技术与四川盆地古地温梯度相关资料，对龙马溪组页岩有机质的成熟度演化进行模拟，揭示烃源岩在地质历史中的成熟演化历程(表 6-2，图 6-8)，主要分为以下五个阶段。

表 6-2 泸州古隆起区龙马溪组底部页岩成熟度演化模拟(龙马溪组底 R_o=2.41%)

构造演化阶段	埋深/m	受热时间/Ma	受热温度/℃	热力学温度/K	R_o/%	log(R_o)
加里东期	0	0	15	288.00	0.22	–0.665
	1600	28	64.8	337.80	0.40	–0.399
海西期	1060	143	46.8	319.8	0.47	–0.332
	1800	161	69	342.00	0.47	–0.326
	2056	175	76.7	349.70	0.51	–0.295
	1346	183	55.4	328.40	0.51	–0.290
	1540	188	61.4	334.40	0.51	–0.290
印支期	3046	211	106.4	379.40	0.67	–0.173
	2220	220	81.6	354.60	0.69	–0.162
	2420	233	87.6	360.60	0.69	–0.160
燕山期	4946	301	163	436.40	1.43	0.154
	5946	373	193	466.40	2.26	0.353
喜马拉雅期	3670	438	125	398.00	2.41	0.380

1. 加里东期

研究区自志留系沉积以来，一直延续到志留纪末，其沉积厚度可达 1600m，当时地壳相对稳定，属正常地温场，温度梯度约 3℃/100m，龙马溪组底部有机质受热温度约在 65℃，尚未进入成熟阶段(R_o 约为 0.4%)，晚期受加里东运动的影响，研究区整体地壳上升，志留系受到不同程度的剥蚀作用，龙马溪组页岩埋藏变浅。

2. 海西期

进入海西期，研究区仍持续地以抬升作用为主，缺少了泥盆纪-石炭纪沉积记录，直到早二叠世，地壳再次下降并接受沉积，龙马溪组又一次被深埋，龙马溪组底埋深已超过 2000m，受热温度达 76.7℃，有机质进入生烃门限(R_o 达 0.51%)。受中二叠世末东吴运动的影响，泸州古隆起形成雏形，经历短暂抬升剥蚀，剥蚀厚度达 610m，而后又接受近 200m 的煤系沉积。

3. 印支期

印支期随着上覆地层的不断沉积，龙马溪组不断被深埋，有机质受热温度逐渐升高，有机质不断熟化，到中三叠世末，泸州地区龙马溪组埋深超过了 3000m，有机质成熟度 R_o 达 0.69%，受印支运动影响，地壳抬升，泸州古隆起成形，剥蚀了 800m 左右的地层，有机质生烃作用停滞。

4. 燕山期

进入燕山旋回，研究区总体处于挤压的构造环境，但沉积作用广泛发生，泸州地区沉积了较厚的侏罗系-白垩系，龙马溪组被继续深埋，有机质成熟度进一步升高，末期泸州古隆起的龙马溪组成熟度 R_o 超过了 2.26%，产生大量天然气。

泸州古隆起志留系底最大埋深接近 6000m，有机质最高受热温度接近 200℃，大量天然气的形成为龙马溪组页岩气的成藏提供了物质基础。

5. 喜马拉雅期

这一时期主要以抬升、剥蚀为主，志留系龙马溪组在喜马拉雅早期，成熟演化很微弱，基本停止，储层成熟度与有机质熟化基本定形于燕山期，喜马拉雅期主要的储层改造和已经成藏的页岩气进入再调整、重新分配阶段。

（三）自贡自深 1 井

自深 1 井位于自贡市境内，处于自流井背斜构造上。自流井背斜北西翼较缓，南东翼较陡。黄桷坡压扭性断裂从背斜两端通过。在构造区核部，除在局部地段因断裂影响而出露上三叠统须家河组外，主要为中下侏罗统珍珠冲组-新田沟组紫红色泥岩与砂岩，两翼为中侏罗统沙溪庙组砂岩、页岩夹泥岩。研究表明，自深 1 井的龙马溪组自沉积以来总体的构造演化均属长期振荡沉降、短期抬升型，长期的深埋导致了有机质成熟度的不断增高(图 6-10)。

结合 Easy%R_o 数值模拟技术与四川盆地古地温梯度相关资料，对自深 1 井的志留系龙马溪组有机质的成熟度演化进行了模拟，揭示了志留系烃源岩成熟-生烃演化历程(表 6-3，图 6-8)，大致也可划分为五个阶段。

1. 加里东期

研究区自志留系沉积以来，一直延续到志留纪末，其沉积厚度可达 1600m，当时地壳相对稳定，属正常地温场，温度梯度约 3℃/100m，龙马溪组底部有机质受热温度约在 65℃，烃源岩尚未进入成熟阶段(R_o 约为 0.4%)；晚期，受加里东运动的影响，研究区整体地壳上升，志留系受到不同程度的剥蚀作用，龙马溪组页岩埋藏变浅，自深 1 井处残留志留系约 820m。

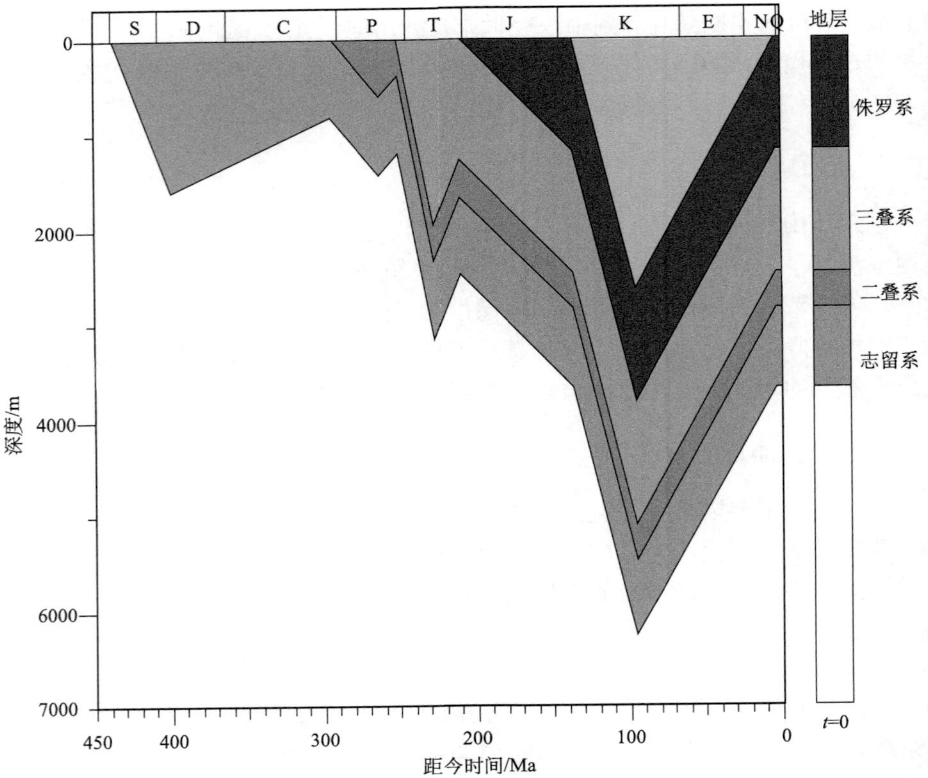

图 6-10　自贡自深 1 井志留系龙马溪组埋藏史

表 6-3　自贡自深 1 井龙马溪组底部页岩成熟度演化模拟(龙马溪组底 R_o=2.7%)

构造演化阶段	埋深/m	受热时间/Ma	受热温度/℃	热力学温度/K	R_o/%	log(R_o)
加里东期	0	0	15	288.00	0.22	–0.665
	1600	28	64.8	337.80	0.40	–0.399
海西期	820	143	39.6	312.60	0.46	–0.339
	1420	161	57.6	330.60	0.46	–0.338
	1200	175	51.6	324.60	0.46	–0.336
	1380	188	56.4	329.40	0.46	–0.335
印支期	3150	211	109.5	382.05	0.68	–0.165
	2480	220	89.4	362.40	0.66	–0.150
	3180	233	110.4	383.40	0.71	–0.134
燕山期	5083	301	167.5	440.50	1.55	0.192
	6283	373	203.5	476.50	2.52	0.401
喜马拉雅期	3660	438	124.8	397.80	2.69	0.430

2. 海西期

进入海西期，研究区仍持续地以抬升作用为主，缺少了泥盆纪-石炭纪沉积记录，直到早二叠世，地壳再次下降并接受沉积，龙马溪组又一次被深埋，到中二叠世末，自深1井龙马溪组底埋深达1420m，但有机质尚未进入生烃门限。受中二叠世末东吴运动的影响，地壳短暂抬升剥蚀，剥蚀厚度约200m，而后又接受近180m的煤系沉积。

3. 印支期

印支期随上覆地层的不断沉积，龙马溪组不断被深埋，有机质受热温度逐渐升高，有机质不断熟化，到中三叠世末，自深1井龙马溪组底埋深达3150m，有机质成熟度 R_o 达0.68%，受印支运动影响，地壳抬升，剥蚀了670m左右的地层，有机质生烃作用停滞。

4. 燕山期

进入燕山旋回，研究区总体处于挤压的构造环境，但沉积作用广泛发生，泸州地区沉积了较厚的侏罗系-白垩系，龙马溪组被继续深埋，有机质成熟度进一步升高，末期自深1井的龙马溪组底埋深接近6300m，成熟度 R_o 已达2.52%，产生大量天然气。

5. 喜马拉雅期

这一时期主要以抬升剥蚀为主，志留系龙马溪组在喜马拉雅早期，成熟演化很微弱，基本停止，储层成熟度与有机质熟化基本定形于燕山期，喜马拉雅期主要的储层改造和已经成藏的页岩气进入再调整、重新分配阶段。

第五节　成藏机理与成藏模式

通过对四川盆地志留系沉积-成岩与孔隙度演化、沉积埋藏与构造演化、受热-成熟-生烃演化等方面的综合研究，认为研究区龙马溪组页岩成藏经历沉积源-储-盖沉积期、初始成藏期、主力成藏期和调整成藏期四个过程(图6-11)。

(一)源-储-盖沉积期

志留系沉积延续到志留纪末期，地层沉积厚度超1600m。龙马溪组沉积于加里东期较为稳定的浅海陆棚沉积环境，有机质原始母质以藻类、浮游动物和细菌等为主，属Ⅰ型干酪根。龙马溪组分上下两段，下段黑色富有机质笔石页岩是在

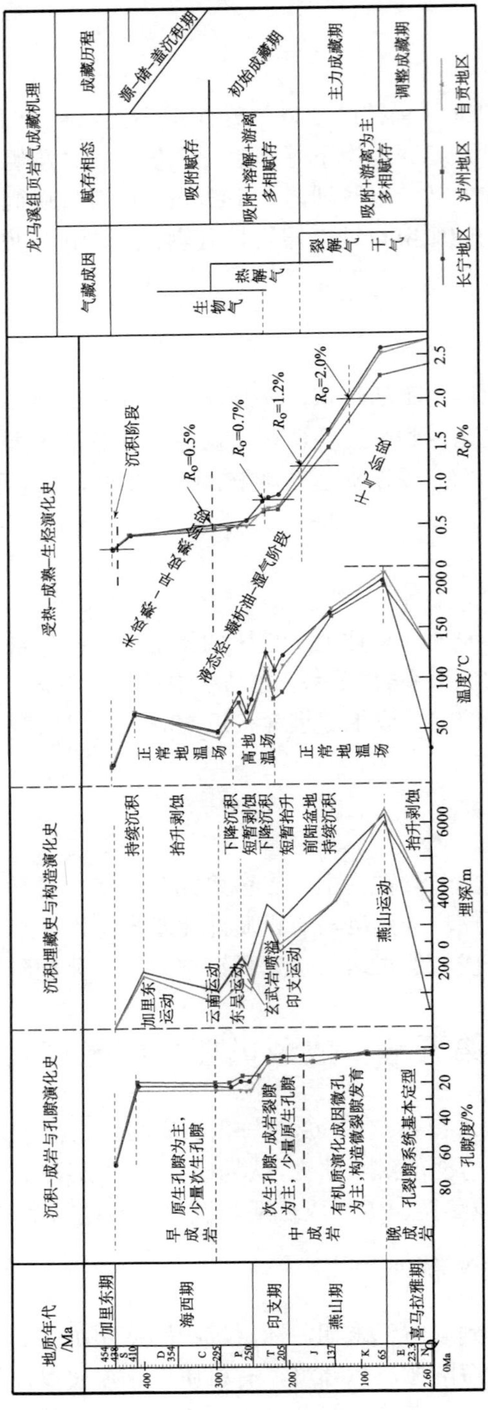

图 6-11　四川盆地南部下志留统龙马溪组页岩气成藏历程与机理

较快速的沉积条件和封闭性较好的还原环境中沉积发育的，TOC 含量高，富有机质黑色页岩厚度一般超过 80m，沿珙县—纳溪—江安—泸州—永川沉积中心一线多大于 100m，是龙马溪组页岩气源岩-储层的主体，巨厚的原始富有机质黑色页岩沉积奠定了龙马溪组页岩气成藏的物质基础。龙马溪组上段及其上覆石牛栏组发育及分布稳定，封闭性好，是龙马溪组页岩气的有效盖层，共同组成了龙马溪组页岩气的源岩-储层-盖层基础系统。

龙马溪组上覆岩层稳定持续沉积至志留纪末期，后受加里东运动的影响，志留系抬升剥蚀；进入海西期，持续抬升，至早二叠世，受云南运动影响，地壳下降，接受沉积，龙马溪组又一次被深埋，但龙马溪组下段有机质受热温度约为 65℃，成熟度 R_o<0.5%，尚未进入成熟阶段。

龙马溪组从沉积期进入早成岩演化阶段，源岩-储层孔隙结构以原生孔隙为主，形成少量次生孔隙；孔隙度由 70%降至 20%左右。尽管龙马溪组有机质未进入成熟阶段，但存在生物化学成因页岩气生成的可能，由于数量有限，有机质丰富，生成的页岩气以吸附态赋存于有机质颗粒表面。将这一阶段定义为龙马溪组页岩气成藏源-储-盖沉积期。

(二)初始成藏期

中二叠世末-晚二叠世早期，受东吴运动影响，研究区西南地区发生广泛的玄武岩喷溢，玄武岩沉积 1～200m，玄武岩喷溢后，发生短暂剥蚀，玄武岩残留厚度约 50m，之后下降沉积了包括龙潭组煤系在内的上二叠统地层，龙马溪组再一次被深埋。

因受玄武岩喷发而引起区域地温场升高，二叠纪晚期古地温梯度大于 3.5℃/100m，受此影响，西南区的长宁地区龙马溪组有机质受热温度达到 80℃，成熟度 R_o 达 0.56%，泸州地区有机质受热温度达到 77℃，成熟度 R_o 达 0.51%，均进入成熟生烃阶段，但靠北部的自贡地区，尚未进入生烃门限。之后受印支运动的影响，地壳发生短暂抬升剥蚀；本阶段末期，晚三叠世-早侏罗世，进入燕山旋回，具有前陆盆地性质，沉积作用广泛发生，龙马溪组继续被深埋，有机质受热温度达 140℃，成熟度 R_o 演化至 1.2%，此阶段龙马溪组有机质生烃演化主要生成液态烃-凝析油和湿气。

龙马溪组从早成岩期演化进入中成岩演化阶段，源岩-储层孔隙结构一部分继承原始的原生孔隙，次生孔隙大量形成，并有成岩裂缝产生；孔隙度由 20%降至 8%左右。这一阶段以热解气为主，并有大量液态烃存在，成岩裂缝也有形成，页岩气生成多，赋存空间多样，因此赋存上存在吸附-溶解-游离等多相态赋存的特征。这一阶段定义为页岩气初始成藏期。

（三）主力成藏期

继初始成藏期，盆地依旧为前陆盆地性质，中晚侏罗世至白垩纪，沉积作用广泛发生，侏罗系-白垩系较厚的沉积，导致龙马溪组继续深埋，龙马溪组底界埋深超过 6000m；尽管处于正常古地温梯度，但龙马溪组埋深大，有机质受热温度达到 200℃，成熟度 R_o 进一步升高，基本超过 2.5%，处于干气生成阶段，裂解作用广泛发生，页岩气大量生成。

龙马溪组从中成岩早期演化至中成岩晚期，黏土矿物中蒙脱石、伊/蒙混层向伊利石转化。源岩-储层以次生孔隙为主，孔隙度由 8%左右降至 5%左右。有机质的大量生烃，由有机质演化而来的微孔大量形成；且由于此阶段(燕山旋回)总体处于挤压构造环境，产生构造成因裂缝。这一阶段以裂解气为主，页岩气大量生成，赋存空间包括成岩演化形成的孔隙、有机质演化而来的微孔隙(特别是纳米级孔隙)、成岩裂缝和构造裂缝等多种类型。页岩气赋存上以吸附和游离态为主，兼有其他赋存相态；主要吸附在有机质颗粒表面和伊利石等黏土矿物颗粒表面，存储于纳米级孔隙内，以及游离于大孔隙、成岩裂缝和构造裂缝之中；并形成了龙马溪组页岩气现今气藏的基本格局。这一阶段定义为龙马溪组页岩气主力成藏期。

（四）调整成藏期

受燕山运动的影响，持续沉积在白垩纪末结束，喜马拉雅期则以抬升和剥蚀为主；龙马溪组在喜马拉雅早期，成熟演化很微弱，基本停滞，有机质成熟度和熟化基本定形于主力成藏期(燕山期)；储层物质成分、孔裂隙系统结构基本定型。这一阶段是对已经形成的气藏基本格局和已基本定型的储层进行改造、调整和重新分配。一方面是构造活动的影响，由于喜马拉雅期的新构造活动对龙马溪组的影响较小，所以调整范围小；另一方面是地壳抬升后，孔隙结构因压力变小而发生弹性变化，压力-孔隙结构的变化直接关系到页岩气赋存的变化。若改造调整没有破坏盖层的封盖性能，则这种调整主要体现在吸附态和游离态赋存相态的转换上；对页岩气含气量，特别是游离态和吸附态含量的确定影响较大，但对页岩气藏整体影响较小。因此，龙马溪组页岩气最终在抬升剥蚀背景下调整成藏。

可见，龙马溪组有机质演化伴随三个成岩作用阶段。第一阶段，早成岩期，发生生物降解作用，产生甲烷气；第二阶段，中成岩早期，有机质发生热解，降解产生液态烃和气态烃类；第三阶段，中成岩晚期及晚成岩期，液态烃类及部分残余有机质进一步发生热裂解作用，产生甲烷气。研究区龙马溪组换算后的等效海相镜质组反射率 R_o 介于 1.845%～3.3%，平均值为 2.69%，处于高-过成熟阶段，以过成熟阶段为主，即龙马溪组演化经历了上述三个阶段，最终进入了晚成岩期。龙马溪组页岩气大量生成于有机质的热解及其裂解(主要是裂解)而来的甲烷为主的干气，但是，形成页岩气藏的气体依然不排除在生物作用阶段形成的生物成因气，因此，认为龙马溪组页岩气属于多期混合成因，以热解-裂解生气期和热成因为主的气藏成因类型。

赋存方面，甲烷在页岩的超微孔（ϕ<2nm）中顺序填充，在微孔（2nm<ϕ<50nm）中多层吸附至毛细管凝聚，在小孔-中孔-大孔（50nm<ϕ<100nm、100nm<ϕ<1000nm、1000nm <ϕ<10000nm）中压缩游离或溶解态赋存，在超大孔-裂隙（ϕ>10000nm）中游离赋存，经过了吸附、解吸和扩散等作用，动态连续分布。换句话说，当页岩气生成后，首先吸附在有机质孔内表面，达到饱和吸附后发生扩散，在基质孔隙中以吸附态、游离态和溶解态等多种相态原位饱和聚集；聚集过饱和后，发生气初次运移，至上覆岩石孔隙再一次聚集饱和，发生二次运移；生成气体经历“吸附饱和—多相聚集—饱和—初次运移—多相饱和（二次运移）”过程，但运移本质上应该属于泥页岩内部的运移，即页岩气系统内的运移（图6-12），若运移范围扩大到上覆其他岩层，则属于气藏系统间运移，超出页岩气系统。

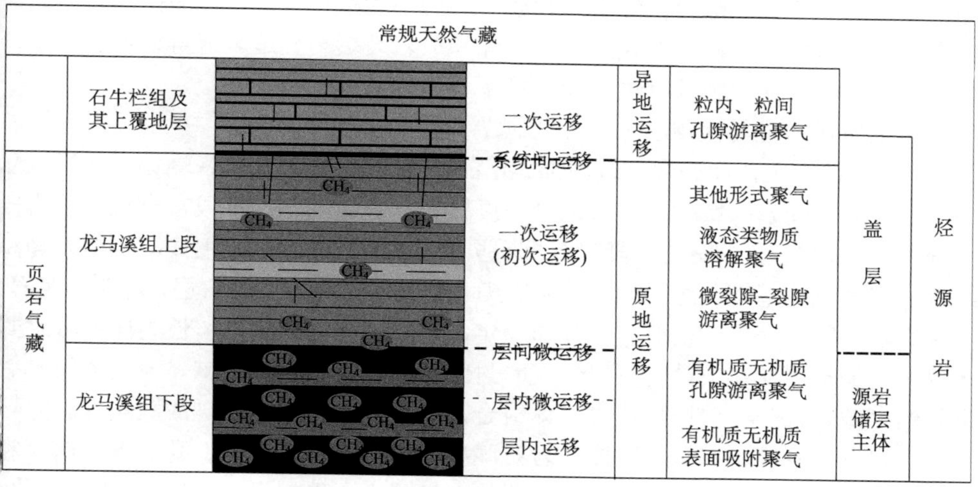

图6-12　四川盆地南部下志留统龙马溪组页岩气成藏模式图

从压力控制角度来说，在成岩作用早期阶段，页岩气成藏也处于早期阶段，生成的主要是生物气，数量相对较少，储集空间较大，压力较小，因此受到压力的控制作用较弱。该成藏阶段主要受到黑色页岩（生烃）厚度及微生物环境（区域性高盐度水体）的控制。生成的气体主体会吸附在页岩基质表面，即有机质（干酪根）颗粒和无机质（黏土矿物）颗粒表面，基本不做运移或者仅做短距离运移。这一阶段的页岩气以吸附态赋存为主要方式。到中成岩作用阶段，热解作用发生，有机质大量热解、降解、裂解，大量热解气和裂解气生成，同时孔隙度进一步减小，异常压力成为控制这一阶段成藏的主要因素。在满足了自身的吸附，即饱和吸附作用发生后，会有大量的页岩气离开基质，运移至裂隙，在压力达到一定的极限后会更进一步地运移。因而地层中的已有天然裂缝、断层和地层水动力条件等会影响此阶段页岩气的运移，但其运移距离短，范围有限，总体控制在压力异常的范围内。在晚成岩作用阶段，由于受到构造作用的破坏或者调整，原有的页岩气和新生成的部分会进行重新调整分配，主要受构造活动的控制，在调整后最终成藏。因此，四川盆地南部下志留统龙马溪组页岩气成藏属于典型的多相赋存、吸附态和游离态为主的原地成藏模式。

综上所述，四川盆地南部下志留统龙马溪组页岩气的成藏经历了源-储-盖沉积期、初始成藏期、主力成藏期和调整成藏期等多个阶段，表现出典型的多期成藏特点；初始成藏发生于早侏罗纪及以前的有机质成熟生烃和排烃过程，主力成藏期发生于侏罗纪与白垩纪深埋高温下的原油裂解。龙马溪组页岩气属于生物-热混合成因，以热成因为主，主要形成于燕山期的热成因气(尤其是裂解气)。龙马溪组页岩气为多相赋存、吸附态和游离态为主的赋存方式，以吸附态和游离态赋存于储层有机质、矿物颗粒纳米级孔隙和成岩裂缝与构造裂缝等自然裂缝中；最终在喜马拉雅期的隆升剥蚀构造背景下调整成藏。

综上所述，龙马溪组页岩气集“源岩-储层-盖层”于一体，“生、排、运、聚和保”全部发生在此综合系统内部。源岩-储层除南部盆地边缘剥蚀区和靠近乐山—龙女寺古隆起区域外，其余地区厚度较大，分布稳定；下段富有机质页岩段大部分地区均超过 80m；下段富有机质页岩段是源岩-储层的主体，也是龙马溪组页岩气系统的基础。龙马溪组上段及其上覆石牛栏组为主要盖层，岩性为泥岩、泥灰岩及生物灰岩夹钙质页岩，分布稳定，封闭性能好；区域岩性封闭和浓度封闭等类型的封盖保存条件对页岩气藏的封闭和保存具有重要贡献。龙马溪组具有良好的“源岩-储层-盖层”三位一体组合，具备页岩气系统基础成藏条件。

页岩有效厚度、有机质丰度、岩石脆度、成熟度、含气性、孔隙度、深度和构造改造强度等是龙马溪组页岩气成藏的关键要素，受控于沉积环境-成岩演化-构造演化历程。沉积环境控制了页岩气生-储-盖体系沉积的物质基础，决定了源-储页岩有效厚度、有机质丰度及岩石脆度。成岩演化是源岩生烃和页岩气赋存的基础，决定了成熟度、孔隙度、含气饱和度、岩石脆度和埋藏深度。构造演化是页岩气富集成藏的基础，决定了埋藏深度和构造改造强度。页岩气关键成藏要素的有效配置，使页岩气富集成藏。基于沉积-成岩-构造控制的源岩-储层综合评价，结合构造稳定性和经济技术可采深度(小于 4000m)，对研究区龙马溪组页岩气有利区进行了预测。除珙长背斜剥蚀区外，均具有页岩气成藏基础条件；除宜宾东北部、纳溪南部及靠近乐山—龙女寺古隆起和研究区南缘，或因剥蚀，或因埋深过大，或因页岩厚度较小，较不利于页岩气成藏外，其余地区均为较有利区；其中可以划分出两个有利区，位于泸州东北及其以北地区，大致沿 NE 向展布。有利区和较有利区分别约占含页岩气区域面积的 14.9%和 36.7%。

对沿南北方向分布的长宁双河地区、泸州古隆起区和位于自贡市境内的自深 1 井三个地区的龙马溪组页岩成熟-生烃演化的深入剖析表明，龙马溪组自沉积以来总体的构造演化均属长期振荡沉降、短期抬升型，长期深埋和期间的岩浆活动等热事件导致了有机质成熟度的不断升高；受构造控制，烃源岩经历了长期的持续深埋，受热温度呈阶段性变化，龙马溪组页岩成熟度呈阶段性升高。三个地区烃源岩成熟-生烃演化历程均可划分为五个阶段：加里东期、海西期、印支期、燕山期和喜马拉雅期。龙马溪组页岩气系统的成藏经历了源-储-盖沉积期、初始成藏期、主力成藏期和调整成藏期四个阶段，属典型的多期成藏，初始成藏发生于早侏罗纪及以前的有机质成熟生烃和排烃过程，主力成藏期发生于侏罗纪与白垩纪深埋高温下的原油裂解。龙马溪组页岩气属于生物-热混合成因，以热成因为主，主要形成于燕山期的热成因气(尤其是裂解气)；以多相赋存、吸附态和游离态为主的赋存方式为主要特点；最终在喜马拉雅期的隆升剥蚀构造背景下调整成藏。在此基础上构建了基于“源-储一体”“沉积成岩-构造演化-成熟生烃-赋存转换”综合控制的龙马溪组下段页岩气成藏模式。

第七章 总 结

本书以四川盆地南部下志留统龙马溪组(下段黑色泥页岩)为研究对象，以页岩气成藏机理为核心科学问题，采用野外调查-实验测试-模拟-理论研究方法，取得了如下方面的主要认识：

(1)基于详细的野外调查和资料调研，开展龙马溪组沉积环境分析，得到了龙马溪组页岩气露头区基本地质特征、研究区沉积环境、源岩-储层空间发育特征及有效页岩厚度和埋藏深度等成藏要素。

四川盆地下志留统龙马溪组海相页岩广泛分布，南部露头区龙马溪组厚度约为270m，岩性以灰-黑色泥页岩为主，页理较发育，富含笔石；细水平纹层发育，普遍见有黄铁矿，见菱铁矿薄层、条带或透镜体，部分成层展布。可以分上、下两段，下段为黑色碳质泥页岩、钙质泥页岩及硅质泥页岩；上段为灰、灰绿、黄绿色泥岩夹薄-中厚粉砂岩或薄层泥灰岩，夹黄灰色泥灰岩透镜体或薄层。下段黑色泥页岩厚度超过 90m，是龙马溪组页岩气源岩-储层的主体。龙马溪组属于浅海陆棚沉积环境，分为深水陆棚与浅水陆棚沉积；由下而上，深水陆棚向浅水陆棚过渡;下段黑色富有机质页岩形成于较快速沉积条件和封闭性较好的还原环境。

龙马溪组页岩气源岩-储层发育受多因素优化控制而发育较好，厚度介于100～700m，南部盆地边缘剥蚀区和靠近乐山—龙女寺古隆起区厚度较小，其余地区厚度较大，东北部大部分地区厚度大于 400m，自贡—宜宾—珙县—赤水—永川围限沉积范围沿 NE 向展布，厚度多大于 500m，富顺—南溪—纳溪—泸州，厚度超过 600m。龙马溪组下段黑色页岩厚度变化形态和龙马溪组大致相同，沿 NE 向展布特征更明显，沿珙县—纳溪—江安—泸州—永川沉积中心一线，厚度多大于 100m，高值达 170m；北部区较南部更大；乐山—龙女寺古隆起区及盆地南缘厚度相对较薄，其余地区厚度较大，大部分地区超过 80m。龙马溪组底界埋深多介于 2000～4500m，珙长背斜周缘及盆地南缘埋深小于 2000m，长宁、南溪和宜宾三地所夹区域、赤水—古蔺之间等小范围底界埋深大于 4000m，其余地区埋深多在 3000m 左右。

(2)通过有机地化实验和 X 射线衍射测试等方法，获得了龙马溪组页岩气源岩-储层的有机地化特征和矿物学特征，获取了有机质含量、成熟度和岩石脆度等成藏要素。

龙马溪组有机质原始母质为藻类、浮游动物和细菌等，属 I 型(腐泥型)干酪根；龙马溪组下段 TOC 含量高，至少存在 TOC 含量大于 2%的富有机质黑色页岩 50m；有机质成熟度平均为 2.69%，处于高–过成熟阶段。龙马溪组矿物组成种类较多，黏土矿物、石英、方解石和长石等矿物平均含量分别为 53.39%、29.15%、5.46%和 4.93%，另有白云石、黄铁矿、磷铁矿和石膏等矿物，脆性矿物(石英、方解石、长石和白云石等)含量较高。龙马溪组下段底部至少有厚约 30m 的泥页岩是理想的页岩气勘探开发层位(石英含量>50%)。下段黑色页岩弹性模量平均 2.22MPa、泊松比平均 0.18，与美国主要产气盆地页岩岩石力学性能主要参数相当，具有较高弹性模量和较低泊松比，岩石硬度大，脆度好。

(3)采用多种方法，从宏观裂隙、显微裂隙、微观与超微观孔隙三种尺度和定性–半定量–定量三种层次研究了龙马溪组页岩气源–储孔裂隙系统综合特征，获取了孔隙度成藏要素，得到以纳米级孔隙为源–储孔隙的主体及其对页岩气赋存具有控制作用的新认识。

龙马溪组节理和裂缝较发育，形成了较复杂的裂缝网络系统，多发育于构造部位；天然裂缝形态多样，高角度微裂缝、直立缝、斜交缝、网状缝隙、水平层间缝等构造成因的构造缝(张性缝和剪性缝)和非构造成因的沉积缝与成岩缝均有发育，尺寸大小不一，从毫米级到厘米级的裂缝均有分布；且部分裂缝被方解石填充。显微镜下显示龙马溪组总体较为致密，裂隙较发育，长宽比值较大，张开程度较小；简单独立裂隙、分叉裂隙、复杂连通裂隙和微裂隙等类型均有反映；显微剪裂隙较平直、紧密，充填物较少；显微张裂隙多呈锯齿状，较开放，常具充填物。扫描电镜与能谱分析表明龙马溪组微米级和纳米级孔隙极为发育，连通性较好；微裂隙也较为发育；普遍见有机质内微孔、片状黏土矿物内孔隙、脆性矿物颗粒间孔隙和微裂隙、莓状黄铁矿晶间孔隙等多种孔隙类型。有机质颗粒、黏土矿物、矿物胶结及黄铁矿颗粒等均对微米级与纳米级孔隙的形成有直接作用；脆性矿物是形成较大孔隙和微裂隙(以独立裂隙为主)的主要物质原因。

进汞–退汞曲线孔隙滞后环宽度及进汞–退汞体积差特征反映孔隙可分为四种类型，其中位于龙马溪组下段黑色页岩底部的为第一种类型，压汞曲线孔隙滞后环宽大，退汞曲线上凸，进汞和退汞体积差极大，在压汞所测试的孔径范围内开放孔极多，孔隙连通性很好，该孔径结构非常有利于页岩气的解吸、扩散和渗透，所代表的储层是页岩气勘探开发的有利储层。液氮吸附–脱附曲线特征反映龙马溪组页岩气储层孔隙具有一定的无定形结构，颗粒内部具有平行壁的狭缝状孔结构及其他多形态孔；以两端开口的圆筒形孔及四边开放的平行板孔(圆锥、圆柱、平板和墨水瓶状)等开放性孔为主。

储层储集空间主要由超大孔–裂隙、大孔、中孔、小孔、微孔和超微孔 6 种类型组成。小于 100nm 的小孔和微孔孔体积和孔比表面积是总孔隙孔体积和孔比表面积的主体。纳米孔主孔在 2～40nm，分别占孔隙总体积和总比表面积的 88.39%和 98.85%；小于 50nm 的微孔和超微孔提供了主要的孔隙体积和孔比表面积。液氮测试龙马溪组页岩气储层平均孔体积约 0.0273cm^3/g；平均比表面积约 18.29m^2/g。压汞测试总孔体积平均为 0.02cm^3/g，总孔比表面积平均为 4.18m^2/g。对比结果反映龙马溪组具有以微孔为主体的孔隙结构特征。孔隙度介于 1.71%～12.75%，平均为 4.71%，中等偏高，其频度多分布在孔隙度>4.0%的范围；垂向上由浅至深，孔隙度具有增大趋势。下段底部有厚约 30m 的黑色页岩孔隙度均大于 4%，有利于页岩气储存富集。

(4) 综合等温吸附实验结果，得到龙马溪组页岩气源岩-储层吸附含气性特征，揭示了影响源-储甲烷最大吸附量的影响因素。

30℃平衡水条件下，等温吸附测试的吸附气含量较小，吸附甲烷的能力从贫有机质岩样的 0.42cm^3/g 到较富有机质岩样的 1.13cm^3/g，平均为 0.637cm^3/g。与北美商业开发的页岩气含气量 1.1～9.91m^3/t 下限较为接近，基本达到商业性页岩气开发下限。甲烷最大吸附量从顶部至底部总体上呈现逐渐增大的趋势。

龙马溪组泥页岩对甲烷的最大吸附量受到内部物质条件、外部地层环境条件及成岩作用演化等因素的影响。TOC 自身提供吸附作用，与甲烷最大吸附量有较显著的正线性关系。伊利石与平衡水几乎无显著关系，具有吸附甲烷的能力；绿泥石与平衡水含量有显著的线性负相关关系，绿泥石减小对水的吸附位，间接促进泥页岩对甲烷的吸附；伊/蒙混层与平衡水含量具有显著的正相关关系，增大对水的吸附位，间接抑制泥页岩对甲烷的吸附。温度对甲烷最大吸附量影响很小，但随 TOC 增大，影响程度增强；随温度升高，最大吸附量减小。随孔隙度增大，甲烷最大吸附量增大。

(5) 研究认为页岩气赋存机理具有多相性和复杂性，首次从“沉积环境-成岩演化-孔裂隙系统-纳米孔隙结构”等多角度研究对赋存机理的影响，并揭示了龙马溪组页岩气吸附态、游离态和溶解态等“三态”赋存机理。

龙马溪组页岩气源-储同层、物质组成差异、沉积环境-成岩作用及孔隙结构演化导致页岩气赋存机理具有多相性和复杂性特点。

龙马溪组下段属浅海陆棚沉积环境，控制黑色页岩厚度，在研究区广泛发育，大部分地区沉积厚度超过 80m，奠定了页岩气生成和赋存的基础；同时控制有机质的类型和丰度，Ⅰ型干酪根，以生油为主，后经热演化，裂解生气，保障了生成充足的烃类气体，为页岩气藏的形成提供了良好的沉积条件，并通过有机质自身所具有的微孔结构，提供了大量的吸附位置和微孔隙空间，增加吸附量，影响页岩气的赋存。成岩作用黏土矿物转化，伊利石含量增大，能增强甲烷吸附能力，为页岩气的吸附赋存提供了较好的黏土矿物条件。脆性矿物是形成泥页岩孔隙度的主要因素，有机质含量的贡献位居其次。泥页岩中有机质演化生烃，有机质逐渐消耗，孔隙逐渐增多，使储层孔隙体积增加；且脆性矿物有很好的造缝和保护孔隙的能力，与有机质演化过程中形成的孔隙体积一起，对底部高孔隙度和孔隙体积的形成具有重要作用。残留液态烃(少量沥青)和水通过自身对甲烷的溶解作用对页岩气的赋存产生影响。龙马溪组下段源岩-储层物质组成和孔裂隙系统有规律变化，由浅至深，随 TOC 增大，孔隙变小，孔隙体积和孔比表面积增大，为甲烷的吸附增加了吸附位置和空间。不同测试均表明，龙马溪组下段，特别是底部，源-储开放性孔多，连通性好，由浅到深，孔隙开放程度增大，连通性增强。其孔隙结构特征有利于页岩气的解吸、扩散和渗透，对页岩气的赋存具有重要作用。TOC 既是控制纳米孔隙(体积与比表面积)的主要内因，也是提供主要储存空间的重要物质。发育有大量主孔位于 2～40nm 的纳米级孔隙，对页岩气的吸附能力极强，增加了页岩气存储量。开放状态纳米孔可通过提高页岩气解吸效率和储层渗透率而提高页岩气的产量。纳米孔隙，特别是与其微米级孔隙相连接的孔隙网络控制页岩气的赋存和运移。

页岩气赋存受控于生烃物质及其赋存介质等物质的成分、孔隙结构及地层温压条件等因素。龙马溪组页岩气以吸附和游离态为主要赋存方式，兼有溶解态等其他相态；一定成藏条件下，各种赋存形态的页岩气处于动态平衡体系中，各相态之间具有一定的耦合作用。根据与物质成分、源-储地层条件、成岩演化等关系分析，页岩气吸附于有机质和黏土矿物颗粒中微孔和超微孔孔隙表面，游离于基质超大孔和大孔孔隙及天然微裂隙中。

(6) 从页岩气系统角度研究龙马溪组页岩气“源岩-储层-盖层”组合特征，构建基于沉积-成岩-构造演化控制下的成藏关键要素配置关系，并优选有利区。

龙马溪组页岩气属“自生-自储-自保”系统，集“生、排、运、聚、保”于一体，受“沉积-成岩-构造”控制。下段是主要生烃源岩和高效储层，上段及其上覆石牛栏组为有效盖层，具有“源岩-储层-盖层”三位一体组合，具备页岩气系统的基础条件。下段黑色页岩有效厚度、有机碳含量、岩石脆度、成熟度、吸附含气性、孔隙度、埋藏深度和构造改造强度等要素是页岩气成藏的基本要素，直接受控于“沉积环境-成岩演化-构造演化”历程。沉积环境奠定了页岩气“生-储-盖”体系的物质基础，决定了源-储页岩有效厚度、有机质丰度和岩石脆度。成岩演化是源岩生烃和页岩气赋存的基础，决定了成熟度、孔隙度、含气性、岩石脆度和埋藏深度。构造演化是页岩气成藏保存的基础，决定了埋藏深度和构造改造强度。页岩气关键成藏要素的有效配置，使龙马溪组页岩气赋存富集而成藏。

以源岩-储层综合评价为基础，基于沉积-成岩-构造控制背景，结合构造稳定性和经济技术可采深度(小于 4000m)，对研究区龙马溪组页岩气有利区进行预测，优选结果表明，除珙长背斜剥蚀区外，均具有页岩气成藏基础条件；除宜宾东北部、纳溪南部及靠近乐山—龙女寺古隆起和研究区南缘，或因剥蚀，或因埋深过大，或因页岩厚度较小，较不利于页岩气成藏外，其余地区均为较有利区域；优选出两个有利区，位于泸州东北及其以北地区，大致沿 NE 向展布。有利区和较有利区分别约占含页岩气区域面积的 14.9% 和 36.7%。

(7) 研究了龙马溪组“沉积埋藏史-构造演化史-烃源岩熟化史”等有效配置关系，揭示了龙马溪组页岩气成藏机理，构建了基于“源-储一体”“沉积成岩-构造演化-成熟生烃-赋存转换”综合控制的龙马溪组下段页岩气成藏模式。

沿南北方向分布的长宁双河地区、泸州古隆起区和位于自贡市境内的自深 1 井等三个地区龙马溪组页岩成熟-生烃演化的剖析表明，双河地区龙马溪组自沉积以来总体的构造演化属长期振荡沉降、短期抬升型，长期深埋和期间的岩浆活动等热事件导致了有机质成熟度的不断升高；受构造控制，烃源岩经历了长期的持续深埋，受热温度呈阶段性变化，成熟度呈阶段性升高。泸州古隆起区龙马溪组也属于振荡沉降，相对周边地区，印支期呈古隆起状；自深 1 井龙马溪组自沉积以来总体构造演化属长期振荡沉降、短期抬升型，长期的深埋导致了有机质成熟度的不断升高。三个地区烃源岩成熟-生烃演化历程均可划分为五个阶段：加里东期、海西期、印支期、燕山期和喜马拉雅期。

龙马溪组页岩气系统的成藏经历了源-储-盖沉积期、初始成藏期、主力成藏期和调整成藏期四个阶段，属典型的多期成藏。初始成藏发生于早侏罗纪及以前的有机质成熟生烃和排烃过程，主力成藏期发生于侏罗纪与白垩纪深埋高温下的原油裂解；龙马溪组页岩气属于生物-热混合成因，以热成因为主，主要形成于燕山期的热成因气(尤其是裂解气)；以多相赋存，吸附态和游离态为主的赋存方式为主要特点；最终在喜马拉雅期的隆升剥蚀构造背景下调整成藏。在此基础上构建了基于“源-储一体”“沉积成岩-构造演化-成熟生烃-赋存转换”综合控制的龙马溪组下段页岩气成藏模式。

主要参考文献

蔡进功, 徐金鲤, 杨守业, 等. 2006. 泥质沉积物颗粒分级及其有机质富集的差异性[J]. 高校地质学报, 12(2): 234-241.

蔡勋育, 韦宝东, 赵培荣. 2005. 南方海相烃源岩特征分析[J]. 天然气工业, 25(3): 20-22.

崔举庆, 侯庆锋, 陆现彩, 等. 2004. 吸附聚丙烯酸对纳米碳管表面特征影响的研究[J]. 化学学报, 62(15): 1447-1450.

陈波, 兰正凯. 2009. 上扬子地区下寒武统页岩气资源潜力[J]. 中国石油勘探, 14(3): 10-14.

陈波, 皮定成. 2009. 中上扬子地区志留系龙马溪组页岩气资源潜力评价[J]. 中国石油勘探, 14(3): 15-19.

陈昌国, 魏锡文, 鲜学福. 2000. 用从头计算研究煤表面与甲烷分子相互作用[J]. 重庆大学学报(自然科学版), 23(3): 77-79+83.

陈发景, 汪新文. 1996. 含油气盆地地球动力学模式[J]. 地质论评, 42(4): 304-310.

陈更生, 董大忠, 王世谦, 等. 2009. 页岩气藏形成机理与富集规律初探[J]. 天然气工业, 29(5): 17-21.

陈宏德, 庞琳, 倪新峰, 等. 2007. 中上扬子地区海相油气勘探前景[J]. 石油实验地质, 29(1): 13-18.

陈建强, 李志明, 龚淑云, 等. 1998. 上扬子区志留纪层序地层特征[J]. 沉积学报, 16(2): 58-65.

陈践发, 张水昌, 鲍志东, 等. 2006. 海相优质烃源岩发育的主要影响因素及沉积环境[J]. 海相油气地质, 11(3): 49-55.

陈杰. 2009. 中上扬子地区构造演化与志留系烃源岩生烃演化特征[D]. 徐州: 中国矿业大学.

陈尚斌, 朱炎铭, 李伍, 等. 2011b. 扬子区页岩气和煤层气联合研究开发的地质分析及优选[J]. 辽宁工程技术大学学报(自然科学版), 30(5): 658-663.

陈尚斌, 朱炎铭, 刘通义, 等. 2009. 清洁压裂液对煤层气吸附性能的影响[J]. 煤炭学报, 34(1): 89-94.

陈尚斌, 朱炎铭, 王红岩, 等. 2010. 中国页岩气研究现状与发展趋势[J]. 石油学报, 31(4): 689-694.

陈尚斌, 朱炎铭, 王红岩, 等. 2011a. 四川盆地南缘下志留统龙马溪组页岩气储层矿物成分特征及意义[J]. 石油学报, 32(5): 775-782.

陈尚斌, 朱炎铭, 王红岩, 等. 2012. 川南龙马溪组页岩气储层纳米孔隙结构特征及其成藏意义[J]. 煤炭学报, 37(3): 438-444.

程克明, 王世谦, 董大忠, 等. 2009. 上扬子区下寒武统筇竹寺组页岩气成藏条件[J]. 天然气工业, 29(5): 40-44.

程克明, 王兆云. 1996. 高成熟和过成熟海相碳酸盐岩生烃条件评价方法研究[J]. 中国科学: D辑, 26(6): 537-543.

程晓玲. 2006. 黏土矿物转化与储层孔隙演化的规律性研究——以苏北盆地台兴油田阜三段储层为例[J]. 大庆石油地质与开发, 25(1): 43-45.

褚会丽，檀朝东，宋健. 2010. 天然气、煤层气、页岩气成藏特征及成藏机理对比[J]. 中国石油化工, 9: 44-45.
戴鸿鸣，黄东，刘旭宁，等. 2008. 蜀南西南地区海相烃源岩特征与评价[J]. 天然气地球科学, 19(4): 503-508.
戴弹申，王兰生. 2000. 四川盆地碳酸盐岩缝洞系统形成条件[J]. 海相油气地质, 2(1-2): 89-97.
戴勇. 2007. 致密碎屑预案储层裂缝地震预测与评价方法研究[D]. 成都：成都理工大学.
邓虎. 2004. 裂缝性泥页岩的水化稳定性研究及其应用[D]. 成都：西南石油大学.
丁道桂，郭彤楼，翟常博，等. 2005. 鄂西-渝东区膝折构造[J]. 石油实验地质, 27(3): 205-210.
丁文龙，许长春，久凯，等. 2011. 泥页岩裂缝研究进展[J]. 地球科学进展, 26(2): 135-144.
董大忠，程克明，王世谦，等. 2009. 页岩气资源评价方法及其在四川盆地的应用[J]. 天然气工业, 29(5): 33-39.
董大忠，高世葵，黄金亮，等. 2014. 论四川盆地页岩气资源勘探开发前景[J]. 天然气工业, 34(12): 1-15.
董大忠，王玉满，黄金亮，等. 2013. 中国页岩气发展机遇与挑战[C]//中国地质学会. 中国地质学会 2013 年学术年会论文摘要汇编, 2.
董大忠，王玉满，李新景，等. 2016. 中国页岩气勘探开发新突破及发展前景思考[J]. 天然气工业, 36(1): 19-32.
董大忠，邹才能，李建忠，等. 2011. 页岩气资源潜力与勘探开发前景[J]. 地质通报, 30(2-3): 324-336.
方俊华. 2010. 蜀南地区龙马溪组页岩气储层研究[D]. 徐州：中国矿业大学.
方俊华，朱炎铭，魏伟，等. 2010a. 蜀南地区龙马溪组页岩气成藏基础分析[J]. 特种油气藏, 17(6): 46-49.
方俊华，朱炎铭，魏伟，等. 2010b. 页岩等温吸附异常初探[J]. 吐哈油气, 15(4): 317-320.
冯涛，谢学斌，王文星，等. 2000. 岩石脆性及描述岩爆倾向的脆性系数[J]. 矿冶工程, 20(4): 18-19.
付小东，秦建中，腾格尔. 2008. 四川盆地东南部海相层系优质烃源层评价——以丁山 1 井为例[J]. 石油实验地质, 30(6): 621-628+642.
高祺瑞，赵政璋. 2001. 中国油气新区勘探(第五卷)[M]. 北京：石油工业出版社: 12-71.
郭彤楼，张汉荣. 2014. 四川盆地焦石坝页岩气田形成与富集高产模式[J]. 石油勘探与开发, 41(1): 28-36.
郭旭升. 2014. 南方海相页岩气“二元富集”规律——四川盆地及周缘龙马溪组页岩气勘探实践认识[J]. 地质学报, 88(7): 1209-1218.
郭英海，李壮福，李大华，等. 2004. 四川地区早志留世岩相古地理[J]. 古地理学报, 6(1) 20-29.
韩向新，姜秀民，王德忠，等. 2007. 燃烧过程对页岩灰孔隙结构的影响[J]. 化工学报, 58(5) 1296-1300.
郝石生，高岗，王飞宇. 1996. 高过成熟海相烃源岩[M]. 北京：石油工业出版社: 1-14.
洪庆玉，黄瑞瑶. 1997. 四川盆地加里东古隆起成藏规律研究[J]. 石油学院学报, 19(4): 1-8.
胡光灿. 1997. 四川盆地油气勘探突破实例分析[J]. 海相油气地质, 2(3): 52-53+5.
胡文瑞. 2008. 中国石油非常规油气业务发展与展望[J]. 天然气工业, 28(7): 5-7.

黄第藩, 秦匡宗, 王铁冠, 等. 1992. 煤成油地球化学新进展[M]. 北京: 石油工业出版社: 1-25.
黄籍中. 2009. 四川盆地页岩气与煤层气勘探前景分析[J]. 岩性油气藏, 21(2): 116-120.
黄籍中, 陈盛吉, 宋家荣, 等. 1996. 四川盆地烃源体系于大中型气田形成[J]. 中国科学, 26(6): 504-510.
黄玉珍, 黄金亮, 葛春梅, 等. 2009. 技术进步是推动美国页岩气快速发展的关键[J]. 天然气工业, 29(5): 7-10, 44.
霍世诚, 王新录, 霍伯牛, 等. 1990. 我国下志留统龙马溪阶七个笔石带的数学研究[J]. 中国科学: B 辑, 2: 188-194.
江怀友, 宋新民, 安晓璇, 等. 2008a. 世界页岩气资源勘探开发现状与展望[J]. 大庆石油地质与开发, 27(6): 10-14.
江怀友, 宋新民, 安晓璇, 等. 2008b. 世界页岩气资源与勘探开发技术综述[J]. 天然气技术, 2(6): 26-30.
姜文利, 赵素平, 张金川, 等. 2010. 煤层气与页岩气聚集主控因素对比[J]. 天然气地球科学, 21(6): 1057-1060.
姜秀民, 刘德昌, 郑楚光. 2001. 油页岩燃烧性能的热分析研究[J]. 中国电机工程学报, 21(8): 56-59.
金奎励, 刘大锰, 姚素平, 等. 1997. 中国油、气源岩有机成分成因划分及地化特征[J]. 沉积学报, 6: 160-164.
琚宜文, 姜波, 侯泉林, 等. 2005. 煤岩结构纳米级变形与变质变形环境的关系[J]. 科学通报, 50(17): 1884-1892.
李登华, 李建忠, 王社教, 等. 2009. 页岩气藏形成条件分析[J]. 天然气工业, 29(5): 22-26.
李建忠, 董大忠, 陈更生, 等. 2009. 中国页岩气资源前景与战略地位[J]. 天然气工业, 29(5): 11-16.
李剑. 2001. 中国大中型气田天然气成藏物理化学模拟研究[M]. 北京: 石油工业出版社.
李鹭光. 2011. 四川盆地天然气勘探开发技术进展与发展方向[J]. 天然气工业, 31(1): 1-6+107.
李朋武, 高锐, 管烨, 等. 2007. 华北与西伯利亚地块碰撞时代的古地磁分析——兼论苏鲁—大别超高压变质作用的构造起因[J]. 地球学报, 28(3): 234-252.
李世臻, 乔德武, 冯志刚, 等. 2010. 世界页岩气勘探开发现状及对中国的启示[J]. 地质通报, 29(6): 918-924.
李双建, 肖开华, 沃玉进, 等. 2008a. 南方海相上奥陶统—下志留统优质烃源岩发育的控制因素[J]. 沉积学报, 26(5): 872-880.
李双建, 肖开华, 沃玉进, 等. 2008b. 湘西、黔北地区志留系稀土元素地球化学特征及其地质意义[J]. 现代地质, 22(2): 273-282.
李文峰. 1990. 四川南部志留系干酪根样品中生物化石研究初探[J]. 石油实验地质, 12(3): 333-337.
李新景, 胡素云, 程克明. 2007. 北美裂缝性页岩气勘探开发的启示[J]. 石油勘探与开发, 34(4): 392-400.
李新景, 吕宗刚, 董大忠, 等. 2009. 北美页岩气资源形成的地质条件[J]. 天然气工业, 29(5): 27-30.
李艳丽. 2009. 页岩气储量计算方法探讨[J]. 天然气地球科学, 20(3): 466-470.

李一平. 1996. 四川盆地已知大中型气田成藏条件研究[J]. 天然气工业, 16(S1): 1-12.
李玉喜, 聂海宽, 龙鹏宇. 2009. 我国富含有机质泥页岩发育特点与页岩气战略选区[J]. 天然气工业, 29(12): 115-118.
李玉喜, 乔德武, 姜文利, 等. 2011. 页岩气含气量和页岩气地质评价综述[J]. 地质通报, 30(2-3): 308-317.
李志明. 1992. 中国南部奥陶-志留纪笔石页岩相类型及其构造古地理[J]. 地球科学, 17(3): 261-269.
李志明, 龚淑云, 陈建强, 等. 1997. 中国南方奥陶-志留纪沉积层序与构造运动的关系[J]. 地球科学, 22(5): 526-530.
梁狄刚, 郭彤楼, 边立曾, 等. 2008. 中国南方海相生烃成藏研究的若干新进展(一)——南方四套区域性海相烃源岩的分布[J]. 海相油气地质, 13(2): 1-16.
梁狄刚, 郭彤楼, 边立曾, 等. 2009. 中国南方海相生烃成藏研究的若干新进展(三)——南方四套区域性海相烃源岩的沉积相及发育的控制因素[J]. 海相油气地质, 14(2): 1-19.
林宝玉, 苏养正, 朱秀芳, 等. 1998. 中国地层典 • 志留系[M]. 北京: 地质出版社: 1-104.
刘宝珺, 许效松, 潘杏南, 等. 1993. 中国南方古大陆沉积地壳演化与成矿[M]. 北京: 科学出版社: 129.
刘成林, 范柏江, 葛岩, 等. 2009. 中国非常规天然气资源前景[J]. 油气地质与采收率, 16(5): 26-29.
刘成林, 葛岩, 范柏江, 等. 2010. 页岩气成藏模式研究[J]. 油气地质与采收率, 17(5): 1-5.
刘光洋. 2005. 中上扬子北缘中古生界海相烃源岩特征[J]. 石油实验地质, 27(5): 490-495.
刘和甫. 1995. 前陆盆地类型及褶皱－冲断层样式[J]. 地学前缘, 2(3-4): 59-63+65-68.
刘和甫, 梁慧社, 蔡立国, 等. 1994. 川西龙门山冲断系构造样式与前陆盆地演化[J]. 地质学报, 68(2): 101-118.
刘和甫, 汪泽成, 熊保贤, 等. 2000. 中国中西部中、新生代前陆盆地与挤压造山带耦合分析[J]. 地学前缘, 7(3): 55-72.
刘洪林, 王红岩, 刘人和, 等. 2010. 中国页岩气资源及其勘探潜力分析[J]. 地质学报, 84(9): 1374-1378.
刘洪林, 王莉, 王红岩, 等. 2009. 中国页岩气勘探开发适用技术探讨[J]. 油气井测试, 18(4): 68-71.
刘建华, 朱西养, 王四利, 等. 2005. 四川盆地地质构造演化特征与可地浸砂岩型铀矿找矿前景[J]. 铀矿地质, 21(6): 321-330.
刘若冰, 田景春, 魏志宏, 等. 2006. 川东南地区震旦系—志留系下组合有效烃源岩综合研究[J]. 天然气地球科学, 17(6): 824-828.
刘树根, 徐国盛, 徐国强, 等. 2004. 四川盆地天然气成藏动力学初探[J]. 天然气地球科学, 15(4): 323-330.
刘树根, 曾祥亮, 黄文明, 等. 2009. 四川盆地页岩气藏和连续型-非连续型气藏基本特征[J]. 成都理工大学学报(自然科学版), 36(6): 578-592.
刘伟新, 王延斌, 秦建中. 2007. 川北阿坝地区三叠系黏土矿物特征及地质意义[J]. 地质科学, 42(3): 469-482.
刘英俊. 1984. 元素地球化学[M]. 北京: 科学出版社.

龙鹏宇, 张金川, 李玉喜, 等. 2009. 重庆及其周缘地区下古生界页岩气资源勘探潜力[J]. 天然气工业, 29(12): 125-129.

陆克政, 朱筱敏, 漆家福, 等. 2001. 含油气盆地分析[M]. 东营: 石油大学出版社: 285-342.

路中侃, 刘划一, 魏小薇, 等. 1993. 川东石炭系的勘探新领域[J]. 天然气工业, 13(4): 7-11+6.

罗跃, 朱炎铭, 陈尚斌. 2010. 四川省兴文县志留系龙马溪组页岩有机质特征[J]. 黑龙江科技学院学报, 20(1): 32-39.

吕宝凤. 2005. 川东南地区构造变形与下古生界油气成藏研究[D]. 广州: 中国科学院研究生院(广州地球化学研究所).

吕炳全, 王红罡, 胡望水, 等. 2004. 扬子地块东南古生代上升流沉积相及其与烃源岩的关系[J]. 海洋地质与第四纪地质, 24(4): 29-35.

马力, 陈焕疆, 甘克文, 等. 2004. 中国南方大地构造和海相油气地质(上册)[M]. 北京: 地质出版社: 259-364.

马立桥, 董庸, 屠小龙, 等. 2007. 中国南方海相油气勘探前景[J]. 石油学报, 28(3): 1-7.

马明福, 李薇, 刘亚存. 2005. 苏丹 Melut 盆地北部油田储集层孔隙结构特征分析[J]. 石油勘探与开发, 32(6): 121-124.

马永生等. 2006. 中国南方典型油气藏解剖研究[R]. 中石化南方勘探开发分公司: 22-39.

聂海宽, 唐玄, 边瑞康. 2009. 页岩气成藏控制因素及中国南方页岩气发育有利区预测[J]. 石油学报, 30(4): 484-491.

聂海宽, 张金川. 2010. 页岩气藏分布地质规律与特征[J]. 中南大学学报(自然科学版), 41(2): 700-708.

宁宁, 王红岩, 雍洪, 等. 2009. 中国非常规天然气资源基础与开发技术[J]. 天然气工业, 29(9): 9-12.

潘继平. 2009. 页岩气开发现状及发展前景——关于促进我国页岩气资源开发的思考[J]. 国际石油经济, 17(11): 12-15.

潘仁芳, 黄晓松. 2009. 页岩气及国内勘探前景展望[J]. 中国石油勘探, 14(3): 1-5.

潘仁芳, 伍媛, 宋争. 2009. 页岩气勘探的地球化学指标及测井分析方法初探[J]. 中国石油勘探, 14(3): 6-9+28.

蒲泊伶. 2008. 四川盆地页岩气成藏条件分析[D]. 青岛: 中国石油大学.

蒲泊伶, 包书景, 王毅, 等. 2008. 页岩气成藏条件分析——以美国页岩气盆地为例[J]. 石油地质与工程, 22(3): 33-36+39.

蒲泊伶, 蒋有录, 王毅, 等. 2010. 四川盆地下志留统龙马溪组页岩气成藏条件及有利地区分析[J]. 石油学报, 31(2): 225-230.

钱凯, 李本亮, 许惠中. 2002. 中国古生界海相地层油气勘探[J]. 海相油气地质, 7(3): 1-8.

秦建中, 付小东, 腾格尔. 2008. 川东北宣汉—达县地区三叠—志留系海相优质烃源层评价[J]. 石油实验地质, 30(4): 367-381.

秦勇, 宋全友, 傅雪海. 2005. 煤层气与常规油气共采可行性探讨——深部煤储层平衡水条件下的吸附效应[J]. 天然气地球科学, 16(4): 492-498.

四川省地矿局. 1992. 四川省区域地质志[M]. 北京: 地质出版社.

四川油气区石油地质志编写组. 1989. 中国石油地质志(卷十): 四川油气区[M]. 北京: 石油工业出版社: 28-109+224-480.

宋党育, 秦勇. 1998. 镜质组反射率反演的 EASY%R_o 数值模拟新方法[J]. 煤田地质与勘探, 26(3): 15-17.
宋岩, 赵孟军, 柳少波, 等. 2005. 构造演化对煤层气富集程度的影响[J]. 科学通报, 50(S1): 1-5.
苏文博, 李志明, 王巍, 等. 2007. 华南五峰组—龙马溪组黑色岩系时空展布的主控因素及其启示[J]. 地球科学-中国地质大学学报, 32(6): 819-825.
孙佰仲, 王擎, 李少华, 等. 2008. 桦甸油页岩及半焦孔结构的特性分析[J]. 动力工程, 28(1): 163-167.
孙超, 朱筱敏, 陈菁, 等. 2007. 页岩气与深盆气成藏的相似与相关性[J]. 油气地质与采收率, 14(1): 26-31.
谭茂金, 张松扬. 2010. 页岩气储层地球物理测井研究进展[J]. 地球物理学进展, 25(6): 2024-2030.
唐嘉贵, 吴月先, 赵金洲, 等. 2008. 四川盆地页岩气藏勘探开发与技术探讨[J]. 钻采工艺, 31(3): 38-42.
唐颖, 张金川, 刘珠江, 等. 2011. 解析法测量页岩气含气量及其方法的改进[J]. 天然气工业, 31(10): 108-112.
唐颖, 张金川, 张琴, 等. 2010. 页岩气井水力压裂技术及其应用分析[J]. 天然气工业, 30(1): 33-38.
陶树. 2008. 南方重点片区下组合海相烃源岩演化特征及排烃模拟[D]. 北京: 中国地质大学(北京).
腾格尔, 高长林, 胡凯, 等. 2006. 上扬子东南缘下组合优质烃源岩发育及生烃潜力[J]. 石油实验地质, 28(4): 359-364.
童崇光. 1992. 四川盆地构造演化与油气聚集[M]. 北京: 地质出版社: 1-128.
万方, 许效松. 2003. 川滇黔桂地区志留纪构造-岩相古地理[J]. 古地理学报, 5(2): 180-186.
万方, 尹福光, 许效松, 等. 2003. 华南加里东运动演化过程中烃源岩的成生[J]. 矿物岩石, 23(2): 82-86.
汪泽成, 刘和甫, 熊宝贤, 等. 2001. 从前陆盆地充填地层分析盆山耦合关系[J]. 地球科学, 26(1): 33-39.
汪泽成, 赵文智, 张林, 等. 2002. 四川盆地构造层序与天然气勘探[M]. 北京: 地质出版社 18-32+135.
王飞宇, 何萍, 高岗, 等. 1995. 下古生界高过成熟烃源岩中的镜状体[J]. 石油大学学报, 19(S1) 25-30.
王广源, 张金川, 李晓光, 等. 2010. 辽河东部凹陷古近系页岩气聚集条件分析[J]. 西安石油大学学报(自然科学版), 25(2): 1-5.
王桂梁, 邵震杰, 彭向峰, 等. 1997. 中国东部中新生代含煤盆地的构造反转[J]. 煤炭学报 22(6): 3-7.
王红岩, 李景明, 赵群, 等. 2009. 中国新能源资源基础及发展前景展望[J]. 石油学报, 30(3) 469-474.
王红岩, 张建博, 李景明, 等. 2004. 中国煤层气富集成藏规律[J]. 天然气工业, 24(5): 11-13.
王鸿祯. 1986. 华南地区古大陆边缘构造史[M]. 武汉: 武汉地质学院出版社.

王兰生, 邹春艳, 郑平, 等. 2009. 四川盆地下古生界存在页岩气的地球化学依据[J]. 天然气工业, 29(5): 56-62.
王清晨, 严德天, 李双建. 2008. 中国南方志留系底部优质烃源岩发育的构造-环境模式[J]. 地质学报, 82(3): 289-297.
王社教, 王兰生, 黄金亮, 等. 2009. 上扬子地区志留系页岩气成藏条件[J]. 天然气工业, 29(5): 45-50.
王世谦, 陈更生, 董大忠, 等. 2009. 四川盆地下古生界页岩气藏形成条件与勘探前景[J]. 天然气工业, 29(5): 51-58.
王淑玲, 张炜, 吕鹏, 等. 2012. 国外页岩气资源及勘查开发现状[R]. 北京: 中国地质图书馆.
王湘玉. 2009. 煤层气藏与页岩气藏[J]. 试采技术, 30(3): 26-32.
王正瑛, 张锦泉, 王文才, 等. 1988. 沉积岩结构构造图册[M]. 北京: 地质出版社: 55.
王志刚. 2015. 涪陵页岩气勘探开发重大突破与启示[J]. 石油与天然气地质, 36(1): 1-6.
魏国齐, 刘德来, 张林, 等. 2005. 四川盆地天然气分布规律与有利勘探领域[J]. 天然气地球科学, 16(4): 437-442.
文玲, 胡书毅, 田海芹. 2002. 扬子地区志留纪岩相古地理与石油地质条件研究[J]. 石油勘探与开发, 29(6): 11-14.
沃玉进, 汪新伟. 2009. 中、上扬子地区地质结构类型与海相层系油气保存意义[J]. 石油与天然气地质, 30(2): 177-187.
沃玉进, 肖开华, 周雁, 等. 2006. 中国南方海相层系油气成藏组合类型与勘探前景[J]. 石油与天然气地质, 27(1): 11-16.
沃玉进, 周雁, 肖开华. 2007. 中国南方海相层系埋藏史类型与生烃演化模式[J]. 沉积与特提斯地质, 27(3): 94-100.
吴汉宁, 朱日祥, 白立新, 等. 1999. 扬子地块湖北兴山秭归剖面古生界至中生界构造古地磁研究[J]. 中国科学: 地球科学, 29(2): 144-154.
吴月先, 钟水清. 2008. 川渝地区页岩气藏勘探新选向研讨[J]. 青海石油, 26(3): 7-12.
谢晓永, 唐洪明, 王春华, 等. 2006. 氮气吸附法和压汞法在测试泥页岩孔径分布中的对比[J]. 天然气工业, 26(12): 100-102.
熊伟, 郭为, 刘洪林, 等. 2012. 页岩的储层特征及等温吸附特征[J]. 天然气工业, 32(1): 113-116.
徐波, 郑兆慧, 唐玄, 等. 2009. 页岩气和根缘气成藏特征及成藏机理对比研究[J]. 石油天然气学报(江汉石油学院学报), 31(1): 26-30.
徐士林, 包书景. 2009. 鄂尔多斯盆地三叠系延长组页岩气形成条件及有利发育区预测[J]. 天然气地球科学, 20(3): 460-465.
许效松. 1996. 层序地层学在沉积学和油储勘查中研究的关键点[J]. 岩相古地理, 16(6): 55-62.
薛会, 张金川, 刘丽芳, 等. 2006. 天然气机理类型及其分布[J]. 地球科学与环境学报, 28(2): 53-57.
闫存章, 黄玉珍, 葛春梅, 等. 2009. 页岩气是潜力巨大的非常规天然气资源[J]. 天然气工业, 29(5): 1-6.
杨家静. 2002. 四川盆地乐山—龙女寺古隆起震旦系油气藏形成演化研究[D]. 成都: 西南石油学院.

杨侃, 陆现彩, 刘显东, 等. 2006. 基于探针气体吸附等温线的矿物材料表征技术: Ⅱ. 多孔材料的孔隙结构[J]. 矿物岩石地球化学通报, 25(4): 362-368.
杨勤生. 2010. 滇东下古生界页岩气成藏层位及远景[J]. 云南地质, 29(1): 1-6.
杨镱婷, 唐玄, 王成玉, 等. 2010. 重庆地区页岩分布特点及页岩气前景[J]. 重庆科技学院学报(自然科学版), 12(1): 4-6.
杨振恒, 李志明, 沈宝剑, 等. 2009. 页岩气成藏条件及我国黔南坳陷页岩气勘探前景浅析[J]. 中国石油勘探, 14(3): 24-28.
叶军, 曾华盛. 2008. 川西须家河组泥页岩气成藏条件与勘探潜力[J]. 天然气工业, 28(12): 18-25.
《页岩气地质与勘探开发实践丛书》编委会. 2011. 中国页岩气地质研究进展[M]. 北京: 石油工业出版社: 33-36.
尹福光, 许效松, 万方, 等. 2001. 华南地区加里东期前陆盆地演化过程中的沉积响应[J]. 地球学报, 22(5): 425-428.
尹福光, 许效松, 万方, 等. 2002. 加里东期上扬子区前陆盆地演化过程中的层序特征与地层划分[J]. 地层学杂志, 26(4): 315-319.
尹宏. 2007. 乐山—龙女寺古隆起区寒武系沉积相及储层特征研究[D]. 成都: 西南石油大学.
袁建新. 1996. 川南构造力学分区及其在油气勘探中的意义[J]. 重庆科技学院学报(自然科学版), (1): 1-4.
曾萍. 2005. 古温标在下扬子区构造热演化中的应用[D]. 北京: 中国地质大学(北京).
翟光明. 2008. 关于非常规油气资源勘探开发的几点思考[J]. 天然气工业, 28(12): 1-3.
张大伟. 2011. 加快中国页岩气勘探开发和利用的主要途径[J]. 天然气工业, 31(1): 1-5.
张焕芝, 何艳青. 2010. 全球页岩气资源潜力及开发现状[J]. 石油科技论坛, 29(6): 53-57.
张金川, 姜生玲, 唐玄, 等. 2009. 我国页岩气富集类型及资源特点[J]. 天然气工业, 29(12): 109-114.
张金川, 金之钧, 袁明生. 2004. 页岩气成藏机理和分布[J]. 天然气工业, 24(7): 15-18.
张金川, 李玉喜, 聂海宽, 等. 2010. 渝页 1 井地质背景及钻探效果[J]. 天然气工业, 30(12): 114-118.
张金川, 聂海宽, 徐波, 等. 2008c. 四川盆地页岩气成藏地质条件[J]. 天然气工业, 28(2): 151-156.
张金川, 汪宗余, 聂海宽, 等. 2008b. 页岩气及其勘探研究意义[J]. 现代地质, 22(4): 640-646.
张金川, 徐波, 聂海宽, 等. 2008a. 中国页岩气资源勘探潜力[J]. 天然气工业, 28(6): 136-140.
张金川, 薛会, 张德明, 等. 2003. 页岩气及其成藏机理[J]. 现代地质, 24(7): 466.
张利萍, 潘仁芳. 2009. 页岩气的主要成藏要素与气储改造[J]. 中国石油勘探, 14(3): 20-23.
张林, 魏国齐, 李熙吉, 等. 2007. 四川盆地震旦系—下古生界高过成熟烃源岩演化史分析[J] 天然气地球科学, 18(5): 726-731.
张林晔, 李政, 朱日房, 等. 2008. 济阳坳陷古近系存在页岩气资源的可能性[J]. 天然气工业 28(12): 26-29.
张林晔, 李政, 朱日房. 2009. 页岩气的形成与开发[J]. 天然气工业, 29(1): 124-128.
张群, 杨锡禄. 1999. 煤中残余气含量及其影响因素[J]. 煤田地质与勘探, 27(5): 26-28.
张水昌, 梁狄刚, 张大江. 2002. 关于古生界烃源岩有机质丰度的评价标准[J]. 石油勘探与开发

29(2): 8-12.
张水昌, 张宝民, 边立曾, 等. 2005. 中国海相烃源岩发育控制因素[J]. 地学前缘, 12(3): 39-48.
张水昌, 朱光有. 2006. 四川盆地海相天然气富集成藏特征与勘探潜力[J]. 石油学报, 27(5): 1-8.
张廷山, 陈晓慧, 兰光志, 等. 1998. 川东南地区志留纪稀土元素分布及其地质意义[J]. 西南石油学院学报, 20(3): 25-30.
张维生. 2009. 川东南—黔北地区龙马溪组沉积环境及烃源岩发育控制因素[D]. 徐州: 中国矿业大学.
张卫东, 郭敏, 杨延辉. 2010. 页岩气钻采技术综述[J]. 中外能源, 15(6): 35-40.
张雪芬, 陆现彩, 张林晔, 等. 2010. 页岩气的赋存形式研究及其石油地质意义述[J]. 地球科学进展, 25(6): 597-604.
张长江, 潘文蕾, 刘光祥, 等. 2008. 中国南方志留系泥质岩盖层动态评价研究[J]. 天然气地球科学, 19(3): 301-310.
赵群, 王红岩, 刘人和, 等. 2008. 世界页岩气发展现状及我国勘探前景[J]. 天然气技术, 2(3): 11-14+57.
赵文智, 董大忠, 李建忠, 等. 2012. 中国页岩气资源潜力及其在天然气未来发展中的地位[J]. 中国工程科学, 14(7): 46-52.
赵杏媛, 张有瑜, 宋健. 1994. 中国含油气盆地黏土矿物的某些矿物学特征[J]. 现代地质, 8(3): 264-272.
赵忠英, 王宇林, 孙祥. 2007. 辽河盆地东部凹陷深部煤层气成藏条件评价[J]. 天然气地球科学, 18(4): 572-575.
赵宗举, 朱琰, 邓红婴, 等. 2003. 中国南方古隆起对中、古生界原生油气藏的控制作用[J]. 石油实验地质, 25(1): 10-17+27.
钟玲文, 张慧, 员争荣, 等. 2002. 煤的比表面积、孔体积及其对煤吸附能力的影响[J]. 煤田地质与勘探, 30(3): 26-29.
钟宁宁, 秦勇. 1995. 碳酸盐岩有机岩石学[M]. 北京: 科学出版社: 159.
周传祎. 2008. 川东南—黔中及其周边地区烃源岩品质与环境控制因素研究[D]. 北京: 中国地质大学(北京).
朱光有, 张水昌, 梁英波, 等. 2006. 四川盆地天然气特征及气源[J]. 地学前缘, 13(2): 234-248.
朱华, 姜文利, 边瑞康, 等. 2009. 页岩气资源评价方法体系及其应用——以川西坳陷为例[J]. 天然气工业, 29(12): 130-134.
朱平, 黄思静, 李德敏, 等. 2004. 黏土矿物绿泥石对碎屑储集岩孔隙的保护[J]. 成都理工大学学报(自然科学版), 31(2): 153-156.
朱炎铭, 陈尚斌, 方俊华, 等. 2010. 四川地区志留系页岩气成藏的地质背景[J]. 煤炭学报, 35(7): 1160-1164.
邹才能, 董大忠, 王社教, 等. 2010b. 中国页岩气形成机理、地质特征及资源潜力[J]. 石油勘探与开发, 37(6): 641-653.
邹才能, 张光亚, 陶士振, 等. 2010a. 全球油气勘探领域地质特征、重大发现及非常规石油地质[J]. 石油勘探与开发, 37(2): 129-145.
King G R, 华桦, 张伦友. 1994. 关于有限水侵的煤层和泥盆系也按期藏的物质平衡方法[J]. 天然气勘探与开发, 16(3): 62-70.

Ambrose R J, Hartman R C, Diaz C M, et al. 2010. New pore-scale considerations for shale gas in place calculations [C]. SPE Unconventional Gas Conference, Pittsburgh, Pennsylvania, USA(131772-MS).

Aplin A C, Coleman M L. 1995. Sour gas and water chemistry of the Bridport sands reservoir, Wytch Farm, UK [J]. Geological Society, London, Special Publications, 86(1): 303-314.

Aringhieri R. 2004. Nanoporosity characteristics of some natural clay minerals and soils[J]. Clays Clay Miner, 52(6): 700-704.

Ayers W B. 2002. Coalbed gas systems, resources, and production and a review of contrasting cases from the San Juan and Powder River basins [J]. AAPG Bulletin, 86(11): 1853-1890.

Azmi A S, Yusup S, Muhamad S. 2006. The influence of temperature on adsorption capacity of Malaysian coal [J]. Chemical Engineering and Processing: Process Intensification, 45(5): 392-396.

Behar F, Vandenbroucke M. 1987. Chemical modelling of kerogens[J]. Organic Geochemistry, 11(1): 15-24.

Bond D, Wignall P B, Racki G. 2004. Extent and duration of marine anoxia during the Frasnian–Famennian (Late Devonian) mass extinction in Poland, Germany, Austria and France [J]. Geological Magazine, 141(2): 173-193.

Bowker K A. 2003. Recent development of the Barnett shale play, Fort Worth Basin[J]. West Texas Geological Society Bulletin, 42(6): 1-11.

Bowker K A. 2007. Barnett shale gas production, Fort Worth Basin: Issues and discussion [J]. AAPG Bulletin, 91(4): 523-533.

Boyer C, Kieschnick J, Suarez-Rivera R, et al. 2006. Producing gas from its source [C]. New Technique of Oil Field, 18(3): 36-49.

Browning D W. 1982. Geology of North Caddo Area Stephens County, Texas [J]. Petroleum Geology of the Fort Worth Basin and Bend Arch Area: Dallas Geological Society, 315-330.

Brunauer S, Deming L S, Deming W E, et al. 1940. On a theory of van der Waals adsorption of gases [J]. Journal of the American Chemical Society, 62(7): 1723-1732.

Burggraaf A J. 1999. Single gas permeation of thin zeolite (MFI) membranes: Theory and analysis of experimental observations[J]. Journal of Membrane Science, 155(1): 45-65.

Burruss R C, Laughrey C D. 2010. Carbon and hydrogen isotopic reversals in deep basin gas: Evidence for limits to the stability of hydrocarbons[J]. Organic Geochemistry, 41(12): 1285-1296.

Bustin R M. 2005a. Gas shale tapped for big play[J]. AAPG Explorer, 26: 5-7.

Bustin R M. 2005b. Factors influencing the reservoir capacity of gas shales and coals (abs.): Key note address[C]. Gussow Conference Canadian Society of Petroleum Geologists, 10: 5.

Bustin R M, Clarkson C R. 1998. Geological controls on coalbed methane reservoir capacity and gas content[J]. International Journal of Coal Geology, 38(1-2): 3-26.

Chalmers G R L, Bustin R M. 2007a. The organic matter distribution and methane capacity of the Lower Cretaceous strata of Northeastern British Columbia, Canada[J]. International of Journal of Coal Geology, 70(1-3): 223-239.

Chalmers G R L, Bustin R M. 2007b. On the effects of petrographic composition on coalbed methane sorption[J]. International Journal of Coal Geology, 69(4): 288-304.

Chalmers G R L, Bustin R M. 2008a. Lower Cretaceous gas shales in northeastern British Columbia, part I: Geological controls on methane sorption capacity[J]. Bulletin of Canadian Petroleum Geology, 56(1): 1-21.

Chalmers G R L, Bustin R M. 2008b. Lower Cretaceous gas shales in northeastern British Columbia, Part Ⅱ: Evaluation of regional potential gas resource[J]. Bulletin of Canadian Petroleum Geology, 56(1): 22-61.

Chelini V, Muttoni A, Mele M, et al. 2010. Gas-shale reservoir characterization: A North Africa case [C]//SPE Annual Technical Conference and Exhibition, Society of Petroleum Engineers.

Chen S B, Zhu Y M, Wang H Y, et al. 2011a. Shale gas reservoir characterisation: A typical case in the southern Sichuan Basin of China [J]. Energy, 36(11): 6609-6616.

Chen S B, Zhu Y M, Wang M, et al. 2011b. Prospect conceiving of joint research and development of shale gas and coalbed methane in China [J]. Energy and Power Engineering, 3(3): 348-354.

Cheng A L, Huang W L. 2004. Selective adsorption of hydrocarbon gases on clays and organic matter[J]. Organic Geochemistry, 35(4): 413-423.

Clarkson C R, Bustin R M. 1999. The effect of pore structure and gas pressure upon the transport properties of coal: A laboratory and modeling study 1. Isotherms and pore volume distributions[J]. Fuel, 78(11): 1333-1344.

Claypool G E. 1998. Kerogen conversion in fractured shale petroleum systems[J]. AAPG Bulletin, 82(13): 5.

Crosdale P J, Beamish B B, Valix M. 1998. Coalbed methane sorption related to coal composition[J]. International Journal of Coal Geology, 35(1-4): 147-158.

Curtis J B. 2002. Fractured shale-gas systems[J]. AAPG Bulletin, 86(11): 1921-1938.

Curtis J B, Jarvie D M, Ferworn K A. 2009. Applied geology and geochemistry of gas shales[J]. AAPG Conference, Denver Colorado.

Daniel M J, Ronald J H, Tim E R. et al. 2007. Unconventional shale-gas systems: The Mississippian Barnett shale of north-central Texas as one model for thermogenic shale-gas assessment[J]. AAPG Bulletin, 91(4): 475-499.

Davie G H, Tracy E L. 2004. Fractured shale gas potential in New York [J]. Northeastern Geology and Environmental Sciences, 26(1-2): 57-78.

Dawson F M. 2008. Shale gas resources of Canada: Opportunities and challenges [R]. Canadian Society for Unconventional Gas Technical Luncheon.

De Boer J H. 1958. The structure and properties of porous materials [M]//Everett D H, Stone F S. Proceedings of the Tenth Symposium of the Colston Research Society held in the University of Bristol, Butterworths, London: 68.

Decher A D, Hill D G, Wicks D E. 1993. Log-based gas content and resource estimates for the Antrim shale, Michigan Basin [C]. Low Permeability Reservoirs Symposium, Society of Petroleum Engineers.

Decker D, Coates J M P, Wicks D. 1992. Stratigraphy, gas occurrence, formation evaluation and fracture characterization of the Antrim shale, Michigan Basin: Gas Research Institute Topical Report [J]. Contract, 5091: 213-230.

Dewhurst D N, Aplin A C, Sarda J P. 1999a. Influence of clay fraction on pore-scale properties and hydraulic conductivity of experimentally compacted mudstones [J]. Journal of Geophysical Research: Solid Earth, 104(B12): 29261-29274.

Dewhurst D N, Yang Y, Aplin A C. 1999b. Permeability and fluid flow in natural mudstones [J]. Geological Society, London, Special Publications, 158(1): 23-43.

Dubinin M M, Stoeckli H F. 1980. Homogeneous and heterogeneous micropore structures in carbonaceous adsorbents [J]. Journal of Colloid and Interface Science, 75(1): 34-42.

EIA. 2007. Annual Energy Outlook 2007 with Projections to 2030[R]. Energy Information Administration, Washington DC.

EIA. 2011. Annual Energy Outlook 2011[OL]. http://www.eia.gov/forecasts/aeo/pdf/0383er(2011).pdf.

EIA. 2012. http://www.eia.doe.gov/dnav/ng/ng_prod_shalegas_s1_a.htm.

Eseme E, Littke R, Krooss B M. 2006. Factors controlling the thermo-mechanical deformation of oil shales: implications for compaction of mudstones and exploitation [J]. Marine and Petroleum Geology, 23(7): 715-734.

Ewing T E. 2006. Mississippian Barnett shale, Fort Worth Basin: North-central Texas: Gas-shale play with multi-tcf potential: Discussion [J]. AAPG Bulletin, 90: 963-966.

Faraj B, William H, Addison G, et al. 2004. Gas potential of selected shale formations in the Western Canadian sedimentary basin: Department of energy [J]. Gas Technology Institute, Gas TIPS, 10(4): 21-25.

Frantz J H, Jochen Jr V. 2005. Shale gas[R]. Schlumberger White Paper.

Gale J F M, Reed R M, Hold J. 2007. Natural fractures in the Barnett shale and their importance for hydraulic fracture treatments [J]. AAPG Bulletin, 91(4): 603-622.

Gilman J, Robinson C. 2011. Success and failure in shale gas exploration and development: Attributes that make difference [C]//AAPG Internal Conference and Exhibition, (80132): 31.

Gregg S J, Sing K S. 1982. Adsorption Surface Area and Porosity[M]. 2nd ed. New York: Academic Press Inc: 32-150+290-350.

Hartwig A, Konitzer S, Boucsein B, et al. 2010. Applying classical shale gas evaluation concepts to Germany-Part II: Carboniferous in Northeast Germany [J]. Geochemistry, 70: 93-106.

Hartwig A, Schulz H M. 2010. Applying classical shale gas evaluation concepts to Germany-Part I The basin and slope deposits of the Stassfurt Carbonate (Ca2, Zechstein, Upper Permian) in Brandenburg [J]. Chemie der Erde-Geochemistry, 70: 77-91.

Hawkins S, Rimmer S M. 2002. Pyrite framboid size and size distribution in marine black shales: A case study from the Devonian–Mississippian of central Kentucky [C]. Geological Society of America Abstracts with Programs, 34: 38.

Henk F, Breyer J, Jarvie D M. 2000. Lithofacies, petrology, and geochemistry of the Barnett shale in conventional core and Barnett shale outcrop geochemistry (abs.) [C]. Barnett Shale Symposium

Fort Worth Texas: Oil Information Library of Fort Worth, Texas.

Henry J D. 1982. Stratigraphy of the Barnett shale (Mississippian) and associated reefs in the northern Fort Worth Basin [J]. Petroleum geology of the Fort Worth Basin and Bend arch area: Dallas Geological Society, 157-178.

Hickey J J, Henk B. 2007. Lithofacies summary of the Mississippian Barnett shale, Mitchell 2 T. P. Sims well, Wise County, Texas [J]. AAPG Bulletin, 91 (4): 437-443.

Hildenbrand A, Krooss B M, Busch A, et al. 2006. Evolution of methane sorption capacity of coal seams as a function of burial history—A case study from the Campine Basin, NE Belgium[J]. International Journal of Coal Geology, 66 (3): 179-203.

Hill D G. 2002. Gas storage characteristics of fracture shale plays [C]//Strategic Research Institute Gas Shale Conference, Denver, Colorado.

Hill R J, Etuan Z B, Jay K, et al. 2007. Modeling of gas generation from the Barnett shale, Fort Worth Basin, Texas [J]. AAPG Bulletin, 91 (4): 501-521.

Huang J Z, Chen S J, Song J R, et al. 1997. Hydrocarbon source systems and formation of gas fields in Sichuan Basin [J]. Science in China Series D: Earth Sciences, 40 (1): 32-42.

Hunt J M. 1996. Petroleum Geology and Geochemistry [M]. New York: Freeman, 1-58.

Jarvie D. 2003. Evaluation of hydrocarbon generation and storage in the Barnett shale, Fort Worth basin, Texas[R]. Texas: Humble Geochemical Serices Division.

Jarvie D M, Hill R J, Pollastro R M. 2004. Assessment of the gas potential and yields from shales: The Barnett Shale model[C]// Cardott B J. Unconventional Energy Resources in the Southern Mid-continent, 2004 Conference: Oklahoma Geological Survey Circular 110: 34.

Jarvie D M, Hill R J, Pollastro R M. 2005. Assessment of the gas potential and yields from shales: The Barnett shale model [J]. Oklahoma Geological Survey Circular, 110: 37-50.

Jarvie D M, Hill R J, Ruble T E, et al. 2007. Unconventional shale-gas systems: The Mississippian Barnett shale of north-central Texas as one model for thermogenic shale-gas assessment [J]. AAPG Bulletin, 91 (4): 475-499.

Javadpour F, Fisher D, Unsworth M. 2007. Nanoscale gas flow in shale gas sediments [J]. Journal of Canadian Petroleum Technology, 46 (10): 55-61.

Jenkins C D, Boyer C M. 2008. Coalbed- and shale-gas reservoirs [J]. Journal of Petroleum Technology, 60(2): 92-99.

Kang S M, Fathi E, Ambrose R J, et al. 2011. Carbon dioxide storage capacity of organic-rich shales [J]. SPE Journal, 16(4): 842-855.

Kawata Y, Fujita K. 2001. Some predictions of possible unconventional hydrocarbons availability until 2100 [C]//SPE Asia Pacific Oil and Gas Conference and Exhibition, Society of Petroleum Engineers.

Kinley T J, Cook L W, Breyer J A, et al. 2008. Hydrocarbon potential of the Barnett shale (Mississippian), Delaware Basin, west Texas and southeastern New Mexico [J]. AAPG Bulletin, 92(8): 967-991.

Kissell F N, McCulloch C M, Elder C H. 1973. The direct method of determining methane content of coalbeds for ventilation design [M]. Washing DC: National Institute for Occupational Safety and

Health.

Krishna R. 2009. Describing the diffusion of guest molecules inside porous structures [J]. The Journal of Physical Chemistry C, 113(46): 19756-19781.

Kuuskraa V A. 2009. Challenges facing increased production and use of domestic natural gas [C]. Global Energy and Environment Initiative (GEEI), Washington.

Law B E, Curtis J B. 2002. Introduction to unconventional petroleum systems [J]. AAPG Bulletin, 86(11): 1851-1852.

Loucks R G, Reed R M, Ruppel S C, et al. 2009. Morphology, genesis, and distribution of nanometer-scale pores in siliceous mudstones of the Mississippian Barnett shale [J]. Journal of Sedimentary Research, 79(12): 848-861.

Loucks R G, Ruppel S C. 2007. Mississippian Barnett shale: Lithofacies and depositional setting of a deep-water shale-gas succession in the Fort Worth Basin, Texas [J]. AAPG Bulletin, 91(4): 579-601.

Lu X C, Li F C, Watson A T. 1995. Adsorption measurements in Devonian shales [J]. Fuel, 74(4): 599-603.

Manger K C, Oliver S J P, Scheper R J. 1991. The Antrim shale: Structural and stratigraphic influences on gas production [J]. AAPG Bulletin, 75(3): 629.

Martineau D F. 2007. History of the Newark East field and the Barnett shale as a gas reservoir[J]. AAPG Bulletin, 91(4): 399-403.

Martini A M, Walter L M, Ku T C W, et al. 2003. Microbial production and modification of gases in sedimentary basins: A geochemical case study from a Devonian shale gas play, Michigan basin[J]. AAPG bulletin, 87(8): 1355-1375.

Mavor M. 2003. Barnett shale gas-in-place volume including sorbed and free gas volume [C]//AAPG Southwest Section Meeting, Fort Worth, Texas, USA.

Milner M R, McLin J P. 2010. Imaging texture and porosity in mudstones and shales: Comparison of secondary and ion-milled backscatter: SEM methods [C]//Canadian Unconventional Resources & International Petroleum Conference, Society of Petroleum Engineers.

Montgomery S L, Jarvie D M, Bowker K A, et al. 2005. Mississippian Barnett shale, Fort Worth basin, north-central Texas, gas-shale play with multi-trillion cubic foot potential [J]. AAPG Bulletin, 89(2): 155-175.

Neimark A V, Ravikovitch P I, Vishnyakov A. 2003. Bridging scales from molecular simulations to classical thermodynamics: Density functional theory of capillary condensation in nanopores [J]. Journal of Physics: Condensed Matter, 15(3): 347-365.

Nelson R A. 1985. Geologic Analysis of Naturally Fractured Reservoirs: Contributions in Petroleum Geology and Engineering [M]. Houston: Gulf Publishing Company, 320.

Noel B W, George L H III, James C S. 2004. Overview of coal and shale gas measurement: Field and laboratory procedures [C]//International Coalbed Methane Symposium: University of Alabama, Tuscaloosa, Alabama.

Nuttall S F, Solis B C, Parris M P, et al. 2005. Siting coal-fired power plants in a carbon-managed future; the importance of geologic sequestration reservoirs [J]. Search & Discovery.

Petrohawk Energy Corp. 2010. Presentation: in Investor and Analyst Meeting(MIT).

Pollastro R M, Hill R J, Jarvie D M, et al. 2003. Assessing undiscovered resources of the Barnett-Paleozoic total petroleum system, bend arch-Fort Worth basin province, Texas [J].

Pollastro R M, Jarvie D M, Hill R J, et al. 2007. Geologic framework of the Mississippian Barnett shale, Barnett-Paleozoic total petroleum system, bend arch-Fort Worth Basin, Texas [J]. AAPG Bulletin, 91(4): 405-436.

Ramos S. 2004. The effect of shale composition on the gas sorption potential of organic-rich mudrocks in the Western Canadian sedimentary basin [D]. Vancouver, Canada: University of British Columbia.

Ran L H. 2006. Characteristics of oil-gas resources in Sichuan Basin [J]. China Oil & Gas, 13(4): 24-27.

Raut U, Fama M, Teolis B D, et al. 2007. Characterization of porosity in vapor-deposited amorphous solid water from methane adsorption [J]. Journal of Chemical Physics, 127(20): 204-213.

Reed R M, Loucks R G. 2007. Imaging nanoscale pores in the Mississippian Barnett shale of the northern Fort Worth Basin [C]. AAPG Annual Convention Abstracts, 16: 115.

Rogner H H. 1997. An assessment of world hydrocarbon resources [J]. Annual Review of Energy and the Environment, 22(1): 217-262.

Ross D J K. 2004. Sedimentology, geochemistry and gas shale potential of the early Jurassic Nordegg Member, northeastern British Columbia [D]. Vancouver, Columbia: University of British Columbia.

Ross D J K, Bustin R M. 2007a. Shale gas potential of the Lower Jurassic Gordondale Member northeastern British Columbia, Canada [J]. Bulletin of Canadian Petroleum Geology, 55(1): 51-75.

Ross D J K, Bustin R M. 2007b. Impact of mass balance calculations on adsorption capacities in microporous shale gas reservoirs [J]. Fuel, 86(17): 2696-2706.

Ross D J K, Bustin R M. 2008. Characterizing the shale gas resource potential of Devonian Mississippian strata in the Western Canada sedimentary basin: Application of an integrated formation evalution [J]. AAPG Bulletin, 92(1): 87-125.

Ross D J K, Bustin R M. 2009a. The importance of shale composition and pore structure upon gas storage potential of shale gas reservoirs [J]. Marine and Petroleum Geology, 26(6): 916-927.

Ross D J K, Bustin R M. 2009b. Investigating the use of sedimentary geochemical proxies for paleo-environment interpretation of thermally mature organic-rich strata, examples from the Devonian–Mississippian shales, Western Canadian Sedimentary Basin [J]. Chemical Geology, 260(1-2): 1-19.

Rullkötter J, Rinna J, Bouloubassi I, et al. 1998. Biological marker significance of organic matter origin and transformation in sapropels from the Pisano Plateau, Site 964 [C]//Proceedings-Ocean Drilling Program Scientific Results, 271-284.

Rutherford D W, Chiou C T, Eberl D D. 1997. Effects of exchanged cation on the microporosity of montmorillonite [J]. Clays and Clay Minerals, 45(4): 534-543.

Sawyer W K, Zuber M D, Williamson J R. 1999. A simulation-based spreadsheet program for history matching and forecasting shale gas production [C]//SPE Eastern Regional Conference and Exhibition, Society of Petroleum Engineers.

Schettler Jr P D, Parmely C R. 1990. The measurement of gas desorption isotherms for Devonian shale [J]. GRI Devonian Gas Shale Technology Review, 7(1): 4-9.

Schettler Jr P D, Parmely C R, Juniata C. 1991. Contributions to total storage capacity in Devonian shales [C]//SPE Eastern Regional Meeting, Society of Petroleum Engineers.

Schmoker J W. 1980. Determination of organic-matter content of Appalachian Devonian shales from gamma-ray logs [J]. AAPG Bulletin, 64(12): 2156-2165.

Shirley K. 2002. Barnett shale living up to potential [J]. AAPG Explorer, 23(7): 19-27.

Sing K S W, Everett D H, Haul R A W, et al. 1985. Reporting physisorption data for gas/solid systems with special reference to determination of surface area and porosity [J]. Pure and Applied Chemistry, 57(4): 603-619.

Thommes M. 2004. Physical adsorption characterization of ordered and amorphous mesoporous materials [M]//Lu M G, Zhao X S. Nanoporous Materials Science and Engineering. London: World Scientific Press: 317-364.

Tissot B P. 1984. Recent advances in petroleum geochemistry applied to hydrocarbon exploration [J]. AAPG Bulletin, 68(5): 545-563.

Venaruzzo J L, Volzone C, Rueda M L, et al. 2002. Modified bentonitic clay minerals as adsorbents of CO, CO_2 and SO_2 gases [J]. Microporous and Mesoporous Materials, 56(1): 73-80.

Wang C C, Juang L C, Lee C K, et al. 2004. Effects of exchanged surfactant cations on the pore structure and adsorption characteristics of montmorillonite [J]. Journal of Colloid and Interface Science, 280(1): 27-35.

Warlick D. 2006. Gas shale and CBM development in North America [J]. Oil and Gas Financial Journal, 3(11): 1-5.

Wignall P B, Maynard J R. 1993. The sequence stratigraphy of transgressive black shales: Chapter 4 [J]. Source Rocks in a Sequence Stratigraphic Framework, 35-47.

Wilkin R T, Barnes H L. 1996. Pyrite formation by reactions of iron monosulfides with dissolved inorganic and organic sulfur species [J]. Geochimica et Cosmochimica Acta, 60(21): 4167-4179.

Wilkin R T, Barnes H L. 1997. Formation processes of framboidal pyrite [J]. Geochimica et Cosmochimica Acta, 61(2): 323-339.

World Energy Council. 2010. Survey of Energy Resources: Focus on Shale Gas.

Xiao X, Song Z, Liu D, et al. 2000. The Tazhong hybrid petroleum system, Tarim Basin, China [J]. Marine and Petroleum Geology, 17(1): 1-12.

Yang Y, Aplin A C. 2010. A permeability–porosity relationship for mudstones [J]. Marine and Petroleum Geology, 27(8): 1692-1697.

Zhang Q, Ten G E, Meng Q Q, et al. 2008. Genesis of marine carbonate natural gas in the northeastern Sichuan basin, China [J]. Acta Geologica Sinica (English Edition), 82(3): 577-584.

Zhao H, Givens N B, Curtis B. 2007. Thermal maturity of the Barnett shale determined from well-log analysis [J]. AAPG Bulletin, 91(4): 535-549.

Zhu Y M, Hao F, Zou H Y, et al. 2007. Jurassic oils in the central Sichuan basin, southwest China:

Unusual biomarker distribution and possible origin [J]. Organic Geochemistry, 38(11): 1884-1896.

Zou H Y, Hao F, Zhu Y M, et al. 2008. Source rocks for the giant Puguang gas field Sichuan basin: Implication for petroleum exploration in marine sequences in South China [J]. Acta Geologica Sinica (English Edition), 82(3): 477-486.